现代电力系统丛书

现代电力系统保护

董新洲 王 宾 施慎行 编著

U0227811

清华大学出版社
北京

内 容 简 介

本书是"现代电力系统丛书"之一,丛书由著名电力系统专家卢强院士策划并领导相关学者撰写,截至目前该系列丛书已出版十本,丛书在提高我国电力系统学术水平和高层次人才培养方面具有重要作用。本书主要介绍了现场应用较多的继电保护新技术,如高压线路光纤电流差动保护、工频变化量距离保护等;同时在本科电力系统继电保护原理基础上增加了直流保护、行波保护、系统保护等内容,以期扩大继电保护学科范畴和研究人员的视野。本书可作为研究生教材,也可作为本科高年级学生和工程技术人员的参考书。

图书在版编目(CIP)数据

现代电力系统保护/董新洲,王宾,施慎行编著.—北京:清华大学出版社,2023.3
(现代电力系统丛书)
ISBN 978-7-302-62837-8

Ⅰ.①现… Ⅱ.①董… ②王… ③施… Ⅲ.①电力系统—继电保护 Ⅳ.①TM77

中国国家版本馆 CIP 数据核字(2023)第 029002 号

责任编辑:王　欣
封面设计:常雪影
责任校对:王淑云
责任印制:宋　林

出版发行:清华大学出版社
　　　　　网　　　址:http://www.tup.com.cn,http://www.wqbook.com
　　　　　地　　　址:北京清华大学学研大厦 A 座　　　邮　　　编:100084
　　　　　社 总 机:010-83470000　　　　　　　　　　邮　　　购:010-62786544
　　　　　投稿与读者服务:010-62776969,c-service@tup.tsinghua.edu.cn
　　　　　质量反馈:010-62772015,zhiliang@tup.tsinghua.edu.cn
印　装　者:三河市铭诚印务有限公司
经　　　销:全国新华书店
开　　　本:170mm×240mm　　印　　张:18　　　字　　　数:353 千字
版　　　次:2023 年 3 月第 1 版　　　　　　　　　印　　　次:2023 年 3 月第 1 次印刷
定　　　价:68.00 元

产品编号:100410-02

《现代电力系统丛书》编委会(第三届)

主　　编：卢　强

副 主 编：周孝信　韩祯祥　陈寿孙

编　　委：(按姓氏笔画排序)

王祥珩　甘德强　卢　强　余贻鑫　张伯明

杨奇逊　陈　陈　陈寿孙　周孝信　贺仁睦

赵争鸣　倪以信　夏道止　徐　政　顾国彪

梁恩忠　程时杰　韩英铎　韩祯祥

责任编辑：张占奎

丛 书 序

当我剪烛为这篇短序时,竟几次因思绪万千未开头便搁笔。出版"现代电力系统丛书"是我的导师高景德院士于1990年开始构思、策划的。作为一位科学家和教育家,高先生十分重视"丛书"对提高我国电力系统学术水平和高层次人才培养方面的重要作用。先生认为:各领域的科技专著应是那个领域最前沿和最高水平科技成果的结晶,是培育一代代科技精英和先锋人物的沃野和圣堂。先生对我说:优秀著作是人类先进思想和成果最重要的载体,正是它们构成了人类文化、科技发展万世不竭的长河。导师的教导音犹在耳。

1997年因这位清华大学老校长烛炬耗尽致使"丛书"出版工作一度停顿。三年后,清华大学出版社重新启动了"丛书"的出版工作,于2002年组成了第二届编委会,继擎着高景德院士亲手点燃的火炬前行。

自1992年以高先生为主编的第一届编委会成立起,至2006年止,我国的电力装机提高了2.7倍,年均以将近20%的速度增长。这在世界各国电力工业发展史上是绝无仅有的。此刻我想到,高先生的在天之灵会问我们这些晚辈:我国电力高科技含量的增长是否也与我国的电力总量的增长相匹配?这一问题是要我国电力科技工作者用毕生不懈的努力来回答的。

时光如梭,2002年的第二届编委会又到了换届之时,感谢数位资深编委出色完成了他们的职责。时至2007年5月,第三届编委会在清华大学出版社主持下成立。编委共19名,包括四位中国科学院院士,四位中国工程院院士,其他皆为处于我国电力系统顶尖之列的精英学者,其中不乏新充实的优秀中青年学者,从而保证了"丛书"的火炬不仅能得以传承,而且会越燃越旺。本届编委会进一步明确"丛书"涵盖的领域:电力系统建模、分析、控制,以安全稳定经济运行为主;新能源并网发电,如风力发电、太阳能发电等;分布式能源电力系统等内容。

至今,该丛书系列已出版专著约十本,预计今明两年将至少再出版六部。应该说已出版的该系列专著已经引领几代青年学者、科技工作者走上了科技大道。近年来,我们在"电力系统灾变防治和经济运行重大科学问题"方面得到国家首期"973"项目资助和支持,并取得了一些突破性进展;电力领域第二期"973"项目"提高超大规模输电系统的运行可靠性研究"从2004年推着前浪前进,成果丰硕。所取得的这些前沿成果将在"丛书"中得到充分的体现。有些成果在世界上未有先例。

因此，我们相信中国电力科学会引领世界电力科技的发展；相信"丛书"系列还将继续引领和帮助一代代电力界科技工作者开辟康庄之途。

按照高景德院士的教育思想，"丛书"的作用主要不是去"灌满一桶桶的水"，而是去"点燃一把把的火"。

导师英名长存。感谢清华大学出版社使"丛书"之炬得以传承。

相信中国电力科技能为世界电力科技引路之光。

卢 强

2007 年 7 月于清华园

前　　言

继电保护是电力系统的第一道安全屏障，是专门的反故障技术，历经百年发展，理论和技术日臻完善，形成了特色鲜明的电力系统故障分析理论和故障检测技术体系，有效保护了电气设备安全，有力保障了电力系统的安全稳定运行。近年来，随着交直流混联电网的出现以及新能源发电大量接入电网，电力系统对于继电保护提出了诸多新要求，这些要求包括更快的继电保护动作速度、更严格的选择性需求以及对于电网稳定运行更强的支撑能力；另一方面，凭借微型计算机强大的平台处理能力，新的保护原理和技术不断涌现，继电保护呈现出快速发展的势头。编写本书的目的就是在经典继电保护理论和技术的基础上，尽力反映继电保护在理论研究和实际工程应用中的新进展。本书可作为研究生在电力系统继电保护原理本科课程的基础上继续学习继电保护知识的教材或者参考书，也可供工程技术人员参考。

本书的编写体系传承我国电力系统继电保护原理教材体系，让读者不陌生。但是重点介绍现场应用较多的继电保护新技术，譬如高压线路光纤电流差动保护、工频变化量距离保护等；同时在本科阶段继电保护知识的基础上增加了直流保护、行波保护、系统保护等内容，以期扩大继电保护学科范畴和研究人员的视野。

本书内容分为 8 章，董新洲编写第 1 章绪论和第 5 章电力线路行波保护，施慎行编写第 2 章电流保护、第 4 章输电线路电流差动保护、第 7 章主设备保护，王宾编写第 3 章距离保护、第 6 章直流输电系统故障分析与保护和第 8 章系统保护，全书由董新洲统稿。

特别需要说明的是，卢强先生在 15 年前的《现代电力系统丛书》中就规划了现代电力系统保护的内容，但是由于作者忙于日常的教学和科研工作，更由于自己对于继电保护的理解不深、贡献甚微，因此迟迟不敢下笔，以至于一直迟滞至今。去年 9 月本书初稿成型，作者亲自呈送先生审阅，先生给予了高度的评价和肯定。然而就在本书杀青前夕，卢强先生溘然长逝，未能让先生目睹本书的问世，成为作者终生的遗憾。这里以本书的出版，作为对卢强先生信任和支持的回报，同时表达对卢强先生的尊敬与追思。

　　感谢国家自然科学基金重点项目(故障行波理论及其在电力系统故障检测中的应用,50077029)、国家重点研发计划项目(大型交直流混联电网运行控制与保护,6B6000)的经费支持! 感谢所有对于本书的编撰成稿有帮助的技术发明者、理论研究者的贡献,感谢继电保护前辈的倾力支持! 感谢白丽博士对全部书稿的编辑、排版以及部分章节的录入工作!

作者　于清华园

2023 年 3 月

目　　录

第1章 绪 论

1.1 现代电力系统

最早的发电机、电动机都是直流电机,照明设备也是直流设备。因为传输距离近,当时没有电网的概念。自从 1886 年美国西屋公司的交流输电方案中标魁北克电网,世界电力系统变成了交流电网。由于交流易于通过变压器变换电压等级,因此输电距离越来越远,发电机和负荷越来越多,就逐渐形成了电网。我国、俄罗斯等国家交流电网的频率是 50Hz,美国、韩国等国家交流电网的频率是 60Hz。我国交流高压电网电压等级包括 110kV、220kV、330kV、500kV、750kV、1000kV,国外电压等级包括 132kV、232kV、400kV、765kV。需要说明的是,直流输电并未停止发展革新,伴随着远距离、大功率传输需求,直流输电这些年得到了快速发展,直流传输容量不断增大,直流电压等级也不断提高,电压等级包括 ±320kV、±400kV、±500kV、±800kV、±1100kV 等。截至 2021 年年底,我国建成并投运的直流输电系统有 40 个,输电线路总长度达到 47432km,额定输送容量为 200GW。

我国和世界电网规模都在不断增大,截至 2021 年年底,全世界发电装机容量为 8011GW,全世界发电量为 26960TW·h,我国发电装机容量为 2377GW,占比全世界 29.7%,总发电量达到 8376.8TW·h,占全世界发电量的 31.1%。近年来,为解决环境问题并应对能源危机,以新能源发电为标志的电力系统建设步入了"快车道"。全世界光伏发电装机容量为 848GW,风电发电装机容量为 823GW,我国光伏装机为 310GW,占比 36.6%,风电装机为 330GW,占比 40.1%。我国光伏发电量为 327TW·h,风电发电量为 655.6TW·h,分别占比全世界发电量 39.4% 和 41.3%。表 1-1 展示出了我国和世界主要国家电力系统规模的对比情况。

表 1-1 2021 年我国电网规模和其他国家对照

	总装机	总发电量	光伏装机	光伏发电量	风电装机	风电发电量
世界	8011GW	26960TW·h	848GW	830.7TW·h	823GW	1588.6TW·h
中国	2377GW	8376.8TW·h	310GW	327TW·h	330GW	655.6TW·h
美国	1200GW	4115.4TW·h	90GW	116TW·h	130GW	341.8TW·h
欧洲	1240GW	3602TW·h	72GW	68.4TW·h	107GW	209.3TW·h

中国数据来源：《2021 年全国电力工业统计快报一览表》　　世界数据来源：《2022 年可再生能源报告》
（中国电力企业联合会）　　　　　　　　　（国际可再生能源署）

　　特别的标志性事件有：我国于 2011 年建成全世界电压等级最高的 1000kV 交流输电线路，输电容量达 500 万 kW；2018 年建成全世界电压等级最高的 ±1100kV 直流线路，传输距离达 3300km，传输容量达 1200 万 kW；2019 年建成全世界电压等级最高、容量最大的 ±500kV 张北四端柔性直流电网，主力电源容量为 500 万 kW；2020 年建成 ±800kV 乌东德柔性直流和传统直流混合的混合柔直电网。

　　可以毫不夸张地说，中国已经建成全世界电压等级最高、直流输电占比最高、消纳新能源发电最多的交直流混联大电网。

1.2　现代电网对于继电保护的要求

　　如此巨大的人造能源网络，是人类征服自然、改造自然的壮举。同样地，如此庞大的系统和众多的发电机、变压器和电力线路在运行中难免出现故障，包括短路和断线等。继电保护是检测并自动清除故障的技术，通过快速检测并熔断自身（熔断器、保险丝）来隔离故障设备或者控制断路器跳闸来切除故障设备，从而达到保证故障设备不会因为故障而损坏、非故障电网继续安全运行的目的。它是电力系统的安全卫士，是电力系统第一道安全防线，是保障电网建设和运行最为重要的技术之一。现代电网对继电保护提出了更高的要求：

　　（1）可靠性。要求继电保护在故障时必须可靠动作以清除故障设备、非故障时可靠不动作。衡量可靠性的主要指标是继电保护正动率，目前我国继电保护的正动率大约为 99.99%，还希望进一步提高。

　　（2）选择性。要求继电保护仅仅清除故障设备，不能切除非故障设备，以免造成故障停电范围的扩大和蔓延，甚至导致连锁反应。选择性要求是至关重要的。如果超（特）高压电网中的线路、发电机、变压器发生了故障，继电保护一般都能有选择性地动作，切除故障设备。但是我国配电网由于网架结构和技术原因，迄今不能做到有选择性地切除故障区段，一般来讲是从变电站出线位置配置继电保护装置，如果该馈出线路发生故障，则从变电站出线处切除整条线路，毫无疑问，扩大了故障停电范围，不符合选择性要求。对于大电网，又存在另外一个问题，就是故障设备被切除后，互联电网会发生潮流转移并导致功率失衡，造成过负荷或者系统振荡，由于过负荷和振荡表现出来的特征和故障很相似，因此高压线路必不可少的后备距离保护可能不正确动作,此时故障虽然被正确地切除,但却造成了次生灾害。这个后果往往比单纯的电气设备故障更为严重,波及范围更为广泛。著名的美加大停电、印度大停电和巴西大停电中 70% 的故障都与后备继电保护不正确动作有关。

(3)快速性。既然是故障,就要快速清除,继电保护动作越快,故障对于电气设备和电网的损害程度越小。目前我国的高压线路和发电机、变压器的动作时间大约是数十毫秒。但是张北柔直电网建设给继电保护提出了特别苛刻的要求:动作时间小于 3ms。原因是柔性直流电网是以多电平换流器为核心构建的电压源型直流电网,由于换流器输出电压稳定为常数,因此,当线路发生故障时,会出现巨大的短路电流,类似于交流电网。但是直流短路电流没有过零点,短路产生的电弧难以熄灭,因此直流断路器的开断容量有限。基于此,张北柔直工程提出动作时间小于 3ms 的继电保护动作速度要求,这无疑给继电保护提出了巨大的挑战。

(4)灵敏性。要求继电保护既能检测出严重故障,也能检测出轻微的故障。有关灵敏性的话题,大家在本科教科书上学习过,任何继电保护不仅要能开断最大运行方式下靠近被保护线路首端的三相短路,还要能开断最小运行方式下被保护线路末端发生的两相短路,并且要有一定的裕度(可靠系数)。近年来,新能源发电大量接入电网,给传统的继电保护提出了挑战,原因是:新能源发电一般经逆变器接入电网,而逆变器输出的电流是受控的,即使发生短路,短路电流也不会增加很大,现有继电保护不能灵敏地检测出故障。更有甚者,由于酒泉、陕西多地发生的电弧接地故障,在电力系统现场提出了能够检测出中性点非有效接地系统单相经数千欧的双高系统接地故障(中性点高阻抗、接地点高阻抗,回路接地电流毫安级)的要求,直接挑战继电保护的极限。

1.3 现代电力继电保护的系统构成

19 世纪后期,熔断器开始应用于电力系统,它通过感受电流增大并熔断自身达到隔断短路的目的,从而保证故障电气设备不损坏、不故障设备不停电。19 世纪 30 年代,美国物理学家约瑟夫·亨利在研究电路控制时利用电磁感应现象发明了继电器,它利用电磁铁在通电和断电下磁力产生和消失的现象来控制另外一个高电压大电流电路的开合,它的出现使得电路的远程控制和保护等工作得以顺利进行。继电器是人类科技史上的一项伟大发明创造,它不仅是电气工程的基础,也是电子技术、微电子技术的重要基础。当继电器用于电力系统保护之后,就出现了一个固化的专业术语,继电保护。

从电磁式继电保护起,继电保护经历了四个发展阶段:电磁式继电器、晶体管继电器、集成电路继电保护装置、微机继电保护装置。1969 年,美国人 Rockfeller

提出了计算机保护的概念,但真正实现并广泛应用的是基于单片机的微机继电保护,迄今依然是继电保护最主要的构成形式。图 1-1 示出了微机继电保护的系统构成,主要包括数据采集系统、微型机主系统和输入/输出系统。图 1-2 示出了一个微机继电保护装置实物图。

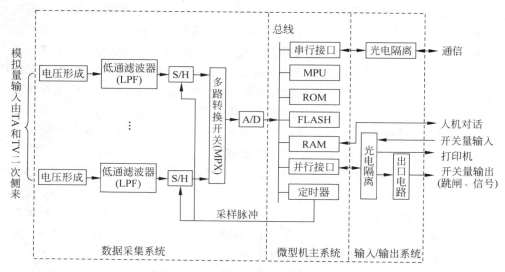

图 1-1　微机继电保护装置硬件构成

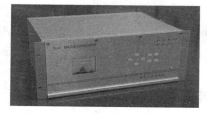

图 1-2　特高压输电线路数字式行波差动保护装置实物图

　　21 世纪初,由 ABB、西门子、ALSTOM 等公司共同提出了数字变电站(我国称为智能变电站)的概念和相关标准,并为此制定了著名的数字变电站规约 IEC 61850,迄今还是国内外继电保护学术会议的主题。该规约的基本出发点是:在一个变电站的不同电气设备可以进行电压、电流采样,而这些采样值是可以被共享的,不同制造厂家获取的采样数据可以相互使用,避免了重复性采样,简化了二次系统的构成,而且可据此改善传统继电保护和控制的性能。数字变电站的主要构成包括非传统互感器(包括光学互感器和电子式互感器,在中国实践中由于可靠性问题被暂时停用)、数据合并单元(merging unit,MU)、继电保护装置、智能终端单元。其本质区别是把微机继电保护中的数据采集系统(数据合并单元)、继电保护装置(微型机主系统)和输入/输出系统(智能终端单元)分离,以增加透明度和采样数据的其他应用。

从微机继电保护和基于 IEC 61850 标准的数字变电站(智能变电站)的构成体系不难看出,现代继电保护仅仅是在微机硬件平台和通信系统支持下的一个继电保护判据和软件算法。这也从客观上为实现各种原理先进但构成相对复杂的继电保护创造了条件。

1.4 本书的内容安排

编写本书的目的首先是反映清华大学继电保护课题组和国内外同行在继电保护领域所取得的最新理论和技术进展;其次是试图反映在实际电力系统中所使用的来自不同国家和制造厂家的最新继电保护技术;还要反映现代电力系统的新需求以及由此产生的新技术。本书读者应该具有本科生电气工程专业基础,最好系统地学习过电力系统继电保护课程。但是考虑读者的实际状况,本书也通过很短的篇幅介绍一些基本的继电保护概念,以期达到电气工程专业毕业生能够有所收获、没有电气工程专业基础或者没有学习过电力系统继电保护课程的专业人员基本上能接受的程度。本书第 1 章介绍了现代电力系统概况以及对于继电保护的要求;第 2 章介绍了基本的电流保护,重点介绍无通道保护;第 3 章介绍了距离保护,重点介绍电力系统主要应用的工频变化量距离保护;第 4 章介绍了纵联保护,着重介绍电力系统广泛使用的光纤电流差动保护;第 5 章介绍了继电保护的新进展——行波保护;第 6 章介绍了直流输电系统保护,既包括换流站保护,也包括直流线路保护,既介绍特高压超长距离直流线路保护,也介绍应用于柔直电网中的超高速保护;第 7 章介绍了主设备保护,尤其是巨型发电机组故障分析方法和继电保护技术;第 8 章介绍了系统保护,包括部分切机切负荷的内容,也包括防御连锁故障、具有系统视觉的继电保护技术。

第 2 章　电　流　保　护

电流是描述电力设备运行状态的基础电气量。电流保护是利用电力设备电流特征构成的保护，是最早提出和应用的保护。电流保护原理简单，实现容易，在电力系统中获得广泛应用。电流是表征回路状态的电气量，同一回路不同电气设备具有相同的电流特征，如何基于本地电流增大识别被保护对象故障，满足选择性要求是电流保护需要解决的问题之一。同时电流保护基于量值比较，三相电力系统中性点接地方式、运行方式、故障类型都直接影响电流量值，如何以整定值应付动态系统中的多变随机故障，提高灵敏性，是电流保护需要重点关注的问题。现代继电保护技术以微机为基础。相较之前的继电保护技术，微机保护具有强大的数值计算和数据存储功能，易于获取并凸显故障特征，能更好地实现基于故障前后电气量变化的故障分量保护，能够实现故障类型识别和运行方式判定，易于实现电气量之间相对复杂关系特征。针对电流保护关注的选择性和灵敏性问题，基于微机保护技术，本章介绍了基于电流全量的常规三段式过电流保护、利用零序电流的电流保护、配电线路无通道保护、针对中性点非有效接地系统单相接地故障的相电流变化量保护和电流初始行波选线保护。

2.1　过电流保护

过电流保护是反映保护安装处电流增大的保护。其基本原理是正常运行设备上流过额定电流或者小于额定电流的工作电流，而故障时会有很大的短路电流流过。由于同一回路中电流特征相同，电流增大与被保护对象故障的关系不一定是充分必要条件，因此，为满足保护选择性的要求，电流保护根据其动作时间特征分为电流速断保护、限时电流速断保护和定时限过电流保护[1-3]。

2.1.1　电流速断保护

电流速断保护是基于电流增大并瞬时动作的过电流保护。其保护动作判据可写成：

$$I_k \geqslant I_{op}^{I} \tag{2-1}$$

式中，I_k 为保护安装处的电流；I_{op}^{I} 为保护动作电流整定值。

电流速断保护又称为瞬时电流速断保护、无时限电流速断保护或Ⅰ段电流保护。通常,电流速断保护利用的是相电流。电流速断保护是保护判据一旦满足,直接动作出口,不需要额外延时。需要注意的是,保护速断故障不等于故障发生后零秒被动作隔离,故障信息被保护检测到和保护判断出故障都需要时间。

电流速断保护只要检测出电流大于整定值就动作,对于多条线路或者设备串联组成的单电源辐射状网络,需要考虑保护动作的选择性,以尽量减小因为短路造成的停电范围。电流速断保护只有一个定值,只能通过提高保护动作整定值来满足选择性。在三相系统中,短路故障类型和运行方式都会对故障电流产生影响。因此,为保证选择性,需采用故障电流最大的故障类型和最大运行方式计算保护整定值。相应地,电流速断保护的定值一旦确定,其保护范围直接受故障类型和运行方式的影响。其最大保护范围为在最大运行方式下发生最严重的三相短路故障时的范围。在最小运行方式下,电流速断保护存在不能保护线路全长的问题。

2.1.2 限时电流速断保护

针对电流速断保护无法保护线路全长的问题,提出了能够保护线路全长的限时电流速断保护,也称为Ⅱ段电流保护。限时电流速断保护通过增加保护动作时间延迟,实现保护选择性并达到保护线路全长的目的,其构成为电流判据和时间判据。其电流整定值满足小于线路全长范围内最小故障电流的要求,其时间延迟为躲过相邻下一段线路电流速断保护动作断路器隔离故障的时间。因此,断路器分闸隔离故障时间和电流速断保护故障发生后动作出口时间是延时时间的主要考虑因素。

三相电力系统运行方式和故障类型直接影响被保护对象故障电流,而通常的电流保护采用固定的整定值。一个固定的整定值去适应变化的故障电流,存在动作判据不满足的可能。基于此,提出了灵敏度指标表征电流保护的灵敏性。定义被保护线路末端发生两相短路时,限时电流速断保护能够做出反应的能力为灵敏度,用 K_{sen} 表示。其计算式如下:

$$K_{sen} = \frac{I_{k \cdot min}}{I_{oper}^{II}} \qquad (2-2)$$

式中, $I_{k \cdot min}$ 为被保护线路末端发生两相短路时保护安装处的电流; I_{oper}^{II} 为保护动作电流的整定值。

为满足保护现场运行的需要,要求灵敏度大于 1.3。如果灵敏度不满足要求,则限时电流速断保护不能用于保护被保护对象,需研究新的保护方式。

2.1.3 定时限过电流保护

针对电流速断保护不能保护全长,限时电流速断保护不满足灵敏度要求的情况,且结合限时电流速断保护即使能够保护线路全长,但是不能作为相邻线路后备保护的特点,提出了定时限过电流保护,或称Ⅲ段电流保护。其是既能保护本线路全长,还能保护相邻线路全长的电流保护。

定时限过电流保护动作电流按大于最大负荷电流整定,时间延迟按照梯形原则从线路末端负荷到线路首端电源依次增加。其灵敏度校验按照近后备和远后备分别校验:近后备灵敏度校验选择本线路末端两相短路作为校验点,灵敏度要求大于 1.3;远后备灵敏度校验选择相邻线路末端两相短路作为校验点,灵敏度要求大于 1.2。

电流速断保护能瞬时切除故障,但不能保护线路全长;限时电流速断保护能够保护线路全长,并有本线路后备保护能力,但没有相邻线路后备保护能力;定时限过电流保护动作值最低,动作最灵敏,而且具有近后备和远后备保护能力,但动作时间较长。以上三种保护组合在一起,构成一套完整的三段式电流保护。其中Ⅰ段、Ⅱ段、Ⅲ段分别对应电流速断保护、限时电流速断保护和定时限过电流保护。

2.1.4 方向过电流保护

双电源供电网络和单电源环网为了提高供电可靠性,缩小停电面积,在母线两侧均装设有断路器。故障后要求从线路两端切除故障,且仅切除故障线路。如果采用三段式电流保护,则会出现发生一个故障,母线两侧保护同时动作的情况,如图 2-1 所示。在图 2-1(a)所示的双电源供电网络中,当线路 PQ 上的 K1 点发生短路故障时,在故障点的 M 侧,电流保护 1、保护 2 和保护 3 都流过故障电流 $\dot{I}_{KM}$;在故障点的 N 侧,电流保护 4、保护 5 和保护 6 都流过故障电流 $\dot{I}_{KN}$。由于三段式电流保护不存在方向性,保护 2、保护 3、保护 4 和保护 5 存在同时动作的问题。在图 2-1(b)所示的环网供电网络中,线路 PN 上的 K1 点发生短路故障,也存在电流保护 2、保护 3、保护 4 和保护 5 同时动作的问题。

为解决上述问题,提出了方向过电流保护。由图 2-1 可以看出,线路运行时,母线两侧的电流方向一侧为线路流向母线,另一侧为母线流向线路。以母线电压为参考,以母线流向线路为电流正方向,有功功率的正负直接反映电流方向。有功功率的计算式如下:

$$P = UI\cos\varphi \tag{2-3}$$

正向故障时,$P > 0$,此时电压和电流相量的夹角 $-90° < \varphi < 90°$;反向故障时,$P < 0$,电压和电流相量的夹角 $90° < \varphi < 180°$ 或 $-180° < \varphi < -90°$。

电压和电流同相位时,功率方向继电器具有最大输出,亦即最灵敏。发生金属性故障时,故障电压与电流相位相差线路阻抗角,如果把电压相量向后旋转阻抗角或者把电流相量向前旋转阻抗角,功率方向继电器动作最灵敏。电压为 0V 时,如

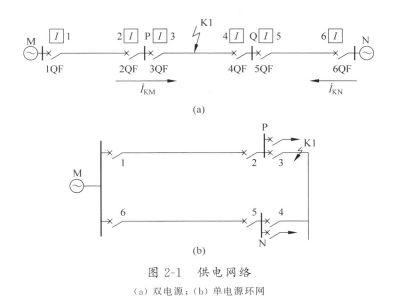

图 2-1 供电网络

(a) 双电源；(b) 单电源环网

果母线出口故障,此时 $P=0W$,功率方向继电器不能正确动作,这种情况称为电压死区。

三相电力系统可以接入不同的电压和电流来判断功率方向。同名相电压和电流接入方向继电器的接线方式称为 0°接线。采用一相的电流作为电流量,另外两相的相间电压(线电压)作为电压量的接线方式称为 90°接线。之所以称为 90°接线,是因为三相对称时,系统中一相电压与其他两相的相间电压的相位差为 90°。

90°接线的优点是可缩小电压死区。0°接线方式在保护正方向出口发生三相短路、两相接地、单相接地短路时,接入的故障相电压很低,以上故障情况均为保护动作死区。而 90°接线只有出口三相短路才为死区。

方向过电流保护由方向元件和电流元件构成,有时还配合时间元件,实现时间延迟。方向过电流保护逻辑为方向元件和电流元件都动作,才出口跳闸。

2.2 零序电流保护

过电流保护利用电力系统中三相电流互感器直接测量得到的相电流,基于故障电流大于正常运行时负荷电流的基本特征构成。其实现的方式是通过设定整定值,整定值既要大于非故障运行时的电流,又要小于故障电流。由于非故障运行时负荷电流存在变化,尤其是电动机负荷启动时可出现较大的启动电流,而故障时故障类型、故障位置和故障点情况(如过渡电阻)都不确定,可出现较小的电流,因此可能导致过电流保护不能正确动作。基于电力系统是为用户提供合格电能的本质目的,正常运行时以正序电流为主,而在发生接地故障时会存在显著的零序电流,因此提出了零序电流保护。

零序电流保护利用的是接地故障时产生的零序电流。系统三相对称运行时不存在零序电流,零序电流保护相比过电流保护更加灵敏。零序电流保护应用于接地故障。由三相电力系统故障分析可知:三相接地和两相接地时,故障相电流和零序电流同时增大;而发生单相接地故障时,受制于中性点接地方式,故障相电流不一定增大。本节介绍不同中性点接地方式下的零序电流特征及其保护。

2.2.1　中性点有效接地方式下的零序电流保护

中性点有效接地方式分为中性点直接接地和中性点经小电阻接地。由故障分析可知:中性点有效接地方式下故障接地点、中性点和故障相导线构成短路回路,短路电流大。具体而言,接地相电压降低、电流增大;非接地相电压和电流基本不变;零序电流显著增大[1-3]。

与过电流保护相似,中性点有效接地方式下零序电流保护分为零序电流瞬时速断(零序Ⅰ段)保护、零序电流限时速断(零序Ⅱ段)保护和零序过电流(零序Ⅲ段)保护。零序电流瞬时速断保护反映测量点的零序电流大小而瞬时动作,其整定原则为躲开下一条线路出口处单相或两相接地短路时可能出现的最大零序电流,躲开断路器三线触头不同期合闸时可能出现的最大零序电流,以及躲开非全相运行状态下又发生系统振荡时出现的最大零序电流。零序电流限时速断保护动作电流与下一条线路零序Ⅰ段配合,并带一个时限。零序过电流保护动作电流躲开下一条线路出口相间短路时所出现的最大不平衡电流,时间定值逐级配合。

如图 2-2(a)所示的中性点有效接地双电源网络,当 K1 点和 K2 点发生单相接地故障时,其零序网络分别如图 2-2(b)和图 2-2(c)所示。接地点增加零序电压源,变压器 T1 和 T2 中性点直接接地侧分别存在零序电抗,变压器中性点不接地侧零序网络开路。K1 点和 K2 点故障时,母线 N 两侧都流过零序电流,但方向相反。如果不涉及零序电流方向,则存在母线 N 两侧保护都动作的误动可能。因此,在电源中性点都接地的双电源网络中,零序电流保护同过电流保护一样,需加装方向元件,构成方向性零序电流保护,实现选择性。零序方向元件按照电流流出母线为参考正向,零序电流超前零序电压一定角度(95°~110°)时保护动作。零序方向元件因故障点零序电压最高,越靠近故障点零序电压越高,对出口故障不存在电压死区;而对保护安装处远离故障点,零序电压降低,零序方向元件可能不启动。

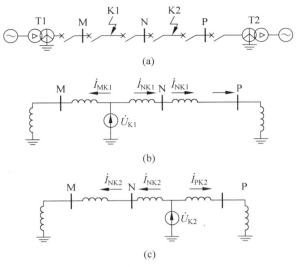

图 2-2 中性点有效接地双电源系统单相接地电流

(a) 双电源网络；(b) K1 点接地零序网络；(c) K2 点接地零序网络

由于零序电流特征仅与系统中的零序网络有关,与系统运行方式、负荷以及系统振荡无关,因此中性点有效接地系统下的零序电流保护相比过电流保护具有更高的灵敏度。现代电力系统中,过电流保护和零序电流保护(也称为接地电流保护)通常同时配置。

2.2.2 中性点不接地方式下的零序电流保护

中性点有效接地系统中,单相接地故障存在显著的零序回路,零序电流特征明显,可构成灵敏度较高的零序电流保护。中性点非有效接地系统中,单相接地故障不构成有效短路回路,接地电流为对地电容电流。近年来,中性点非有效接地系统中的单相接地故障引发的次生灾害,如火灾、人身触电等恶性事故时有发生,因此,提出了中性点非有效接地系统单相接地保护要求。本节分析了中性点不接地系统中单相接地零序电流的特征,并基于此构成了单相接地零序电流保护判据[1-3]。

图 2-3 所示的中性点不接地系统,包括电源线路和馈出线路。为简明起见,馈出线路用两回线路表示,其中一回表示接地线路,另一回表示未发生接地的线路。当然,实际系统中馈出线路通常有多回,多回馈出线路情况下的单相接地特征与上述两回线路的特征相似,不再赘述。设馈出线路 I 上三相对地电容为 C_{01},馈出线路 II 上三相对地电容为 C_{02},电源线路上三相对地电容为 C_{0G};电源线路上的三相电压为 $\dot{U}_A$、$\dot{U}_B$ 和 $\dot{U}_C$。假定馈出线路 II 上发生 A 相接地,则系统中 A 相对地电压变为零,其他两相的对地电压升高,如图 2-4 所示。

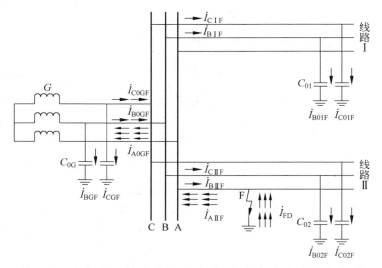

图 2-3 中性点不接地系统 A 相接地时线路对地电容电流

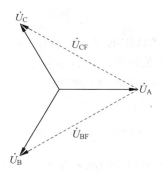

图 2-4 中性点不接地系统 A 相接地前后的三相电压矢量图

A 相接地后,系统中三相电压 $\dot{U}_{AF}$、$\dot{U}_{BF}$ 和 $\dot{U}_{CF}$ 为

$$\begin{cases} \dot{U}_{AF} = 0 \\ \dot{U}_{BF} = \dot{U}_B - \dot{U}_A = \sqrt{3}\dot{U}_B \angle -30° \\ \dot{U}_{CF} = \dot{U}_C - \dot{U}_A = \sqrt{3}\dot{U}_C \angle 30° \end{cases} \tag{2-4}$$

接地点 F 的零序电压 $\dot{U}_{0F}$ 为

$$\dot{U}_{0F} = \frac{1}{3}(\dot{U}_{AF} + \dot{U}_{BF} + \dot{U}_{CF}) = -\dot{U}_A \tag{2-5}$$

式中,$\dot{U}_A$、$\dot{U}_B$ 和 $\dot{U}_C$ 为正常运行时系统中的三相电压。

假定系统中三相电压相等,单相接地后线路上的三相电压为 $\dot{U}_{AF}$、$\dot{U}_{BF}$ 和

$\dot{U}_{CF}$，则电源线路、馈出线路Ⅰ（非接地线路）和馈出线路Ⅱ（接地线路）三相对地电容上流过的电流分别为

$$\begin{cases} \dot{I}_{AGF} = 0 \\ \dot{I}_{BGF} = j\omega C_{0G}\dot{U}_{BF} = \sqrt{3}j\omega C_{0G}\dot{U}_{B}\angle -30° \\ \dot{I}_{CGF} = j\omega C_{0G}\dot{U}_{CF} = \sqrt{3}j\omega C_{0G}\dot{U}_{C}\angle 30° \end{cases} \quad (2\text{-}6)$$

$$\begin{cases} \dot{I}_{A01F} = 0 \\ \dot{I}_{B01F} = \sqrt{3}j\omega C_{01}\dot{U}_{B}\angle -30° \\ \dot{I}_{C01F} = \sqrt{3}j\omega C_{01}\dot{U}_{C}\angle 30° \end{cases} \quad (2\text{-}7)$$

$$\begin{cases} \dot{I}_{A02F} = 0 \\ \dot{I}_{B02F} = \sqrt{3}j\omega C_{02}\dot{U}_{B}\angle -30° \\ \dot{I}_{C02F} = \sqrt{3}j\omega C_{02}\dot{U}_{C}\angle 30° \end{cases} \quad (2\text{-}8)$$

式中，$\dot{I}_{AGF}$、$\dot{I}_{BGF}$ 和 $\dot{I}_{CGF}$ 为电源线路三相对地电容上流过的电流；$\dot{I}_{A01F}$、$\dot{I}_{B01F}$ 和 $\dot{I}_{C01F}$ 为馈出线路Ⅰ（非接地线路）三相对地电容上流过的电流；$\dot{I}_{A02F}$、$\dot{I}_{B02F}$ 和 $\dot{I}_{C02F}$ 为馈出线路Ⅱ（接地线路）三相对地电容上流过的电流。

如图 2-3 所示，根据基尔霍夫电流定律，馈出线路Ⅰ（非接地线路）始端量测点三相流过的对地电容电流 $\dot{I}_{AIF}$、$\dot{I}_{BIF}$、$\dot{I}_{CIF}$ 与线路上的三相对地电容电流相等，方向为母线流向线路，即

$$\begin{cases} \dot{I}_{AIF} = \dot{I}_{A01F} = 0 \\ \dot{I}_{BIF} = \dot{I}_{B01F} = \sqrt{3}j\omega C_{01}\dot{U}_{B}\angle -30° \\ \dot{I}_{CIF} = \dot{I}_{C01F} = \sqrt{3}j\omega C_{01}\dot{U}_{C}\angle 30° \end{cases} \quad (2\text{-}9)$$

馈出线路Ⅱ（接地线路）始端量测点非接地相流过的对地电容电流 $\dot{I}_{BⅡF}$、$\dot{I}_{CⅡF}$ 与线路上的对地电容电流相等，方向为母线流向线路，即

$$\begin{cases} \dot{I}_{BⅡF} = \dot{I}_{B02F} = \sqrt{3}j\omega C_{02}\dot{U}_{B}\angle -30° \\ \dot{I}_{CⅡF} = \dot{I}_{C02F} = \sqrt{3}j\omega C_{02}\dot{U}_{C}\angle 30° \end{cases} \quad (2\text{-}10)$$

馈出线路Ⅱ（接地线路）始端量测点接地相流过的对地电容电流 $\dot{I}_{AⅡF}$ 与接地点电流相等，方向为线路流向母线，即

$$\dot{I}_{AⅡF} = \dot{I}_{FD} \quad (2\text{-}11)$$

而接地点电流 $\dot{I}_{FD}$ 为全网的对地电流之和,即

$$\dot{I}_{FD} = \dot{I}_{AGF} + \dot{I}_{A01F} + \dot{I}_{A02F} + \dot{I}_{BGF} + \dot{I}_{B01F} + \dot{I}_{B02F} + \dot{I}_{CGF} + \dot{I}_{C01F} + \dot{I}_{C02F}$$

$$= \sqrt{3}\,j\omega C_{0G}\dot{U}_B\angle-30° + \sqrt{3}\,j\omega C_{01}\dot{U}_B\angle-30° + \sqrt{3}\,j\omega C_{02}\dot{U}_B\angle-30° +$$

$$\sqrt{3}\,j\omega C_{0G}\dot{U}_C\angle30° + \sqrt{3}\,j\omega C_{01}\dot{U}_C\angle30° + \sqrt{3}\,j\omega C_{02}\dot{U}_C\angle30°$$

$$= -3j\omega C_{0G}\dot{U}_A + (-3j\omega C_{01}\dot{U}_A) + (-3j\omega C_{02}\dot{U}_A)$$

$$(2\text{-}12)$$

因此,接地线路接地相上流过全网的对地电容电流,且方向为线路流向母线。

如图 2-3 所示,电源线路末端量测点流过的三相对地电容电流分别满足以母线为节点的基尔霍夫电流定律,即非接地相和接地相的电流都等于线路Ⅰ和线路Ⅱ的对应相流过的对地电容电流之和,即

$$\begin{cases} \dot{I}_{A0GF} = \dot{I}_{AIF} + \dot{I}_{AⅡF} = \dot{I}_{AⅡF} \\ \dot{I}_{B0GF} = \dot{I}_{BIF} + \dot{I}_{BⅡF} \\ \dot{I}_{C0GF} = \dot{I}_{CIF} + \dot{I}_{CⅡF} \end{cases} \quad (2\text{-}13)$$

因此,电源线路接地相末端流过的对地电容电流为全网的对地电容电流之和,方向为母线流向线路;非接地相流过的对地电容电流为所有馈出线路的对地电容电流之和,方向为线路流向母线。

对上述非接地线路、接地线路和电源线路量测点三相电容电流分别求和,可得各自线路上的对地电容性零序电流。非接地线路Ⅰ出口零序电流为

$$3\dot{I}_{0IF} = \dot{I}_{AIF} + \dot{I}_{BIF} + \dot{I}_{CIF}$$

$$= \sqrt{3}\,j\omega C_{01}\dot{U}_B\angle-30° + \sqrt{3}\,j\omega C_{01}\dot{U}_C\angle30°$$

$$= -3j\omega C_{01}\dot{U}_A \quad (2\text{-}14)$$

其大小为正常运行时本线路的对地电容电流,方向为母线流向线路。

由于接地线路Ⅱ上 A 相电流参考方向与 B 和 C 两相相反,因此接地线路Ⅱ出口零序电流为

$$3\dot{I}_{0ⅡF} = -\dot{I}_{AⅡF} + \dot{I}_{BⅡF} + \dot{I}_{CⅡF}$$

$$= 3j\omega C_{0G}\dot{U}_A + 3j\omega C_{01}\dot{U}_A + 3j\omega C_{02}\dot{U}_A - 3j\omega C_{02}\dot{U}_A$$

$$= 3j\omega C_{0G}\dot{U}_A + 3j\omega C_{01}\dot{U}_A \quad (2\text{-}15)$$

其大小为正常运行时本线路以外的全网对地电容电流之和,方向为线路流向母线。

电源线路末端出口零序电流为

$$3\dot{I}_{0\mathrm{GF}} = \dot{I}_{A0\mathrm{GF}} + \dot{I}_{B0\mathrm{GF}} + \dot{I}_{C0\mathrm{GF}} = -3\mathrm{j}\omega C_{0\mathrm{G}}\dot{U}_A \qquad (2\text{-}16)$$

其大小为正常运行时电源线路的对地电容电流,方向为母线流向线路。

由上述分析出的故障点零序电压、非故障线路零序电流、故障线路零序电流以及电源线路零序电流可得单相接地时的零序等效网络,如图 2-5(a) 所示。接地点存在零序电压 $\dot{U}_{0\mathrm{F}}$,而零序电流的回路是通过各条线路的对地电容构成的。中性点不接地电网中的零序电流就是各线路的对地电容电流,其矢量关系如图 2-5(b) 所示(图中 $\dot{I}_{0\mathrm{II}}$ 表示线路 II 本身的零序电容电流),这与直接接地电网是完全不同的。

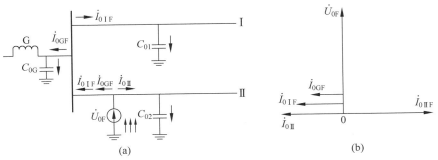

图 2-5 单相接地时的零序等效网络及矢量图
(a) 等效网络;(b) 矢量图

中性点不接地电网中的单相接地故障,非故障线路上的零序电流等于其本身的对地电容电流,电容性无功功率的实际方向为由母线流向线路;故障线路上的零序电流为全系统非故障元件对地电容电流之和,电容性无功功率的实际方向为由线路流向母线。

中性点不接地电网中的单相接地故障零序电流保护基于上述特征构成。为了保证动作的选择性,零序电流保护的启动电流 I_{act} 大于本线路的电容电流,即

$$I_{\mathrm{act}} = K_{\mathrm{rel}}3U_{\varphi}wC_0 \qquad (2\text{-}17)$$

式中,C_0 为被保护线路每相的对地电容;K_{rel} 为可靠性系数,通常取 1.2;U_{φ} 为相电压额定值;w 为系统频率,为 50Hz 或 60Hz。

中性点不接地系统通常为配电网,配电网三相线路不完全交叉换位,且存在单相负载的情况,所以正常运行时中性点不接地系统中会存在零序电流。同时,上述分析表明中性点不接地系统单相接地时接地线路的零序电流为全网中除接地线路以外的对地电容电流,其自身值有限。中性点不接地系统中的零序电流保护一方面需躲过正常运行时的零序电流,另一方面接地时的零序电流特征不明显,因此零序电流保护有时灵敏度不能满足要求。

当零序电流保护不能满足灵敏度要求或者不能满足接线复杂网络的要求时,

可利用故障线路与非故障线路零序功率方向不同的特点来实现有选择性的保护，
也可基于下文的相电流变化量保护来提高接地故障保护的灵敏度。

2.3 中性点不接地系统单相接地电流变化量保护

在图 2-3 所示的中性点不接地系统正常运行时，线路上三相对地电容电流值
分析如下[1-3]。重画正常运行时的中性点不接地系统，如图 2-6 所示，其中馈出线
路 I 上三相对地电容为 C_{01}，馈出线路 II 上三相对地电容为 C_{02}，电源线路上三相
对地电容为 C_{0G}；电源线路上的三相电压为 $\dot{U}_A$、$\dot{U}_B$ 和 $\dot{U}_C$。

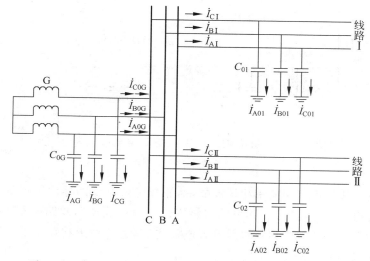

图 2-6 中性点不接地系统正常运行时对地电容电流

正常运行时，在相电压的作用下，电源线路和馈出线路对地电容上流过的电流
分别为

$$\begin{cases} \dot{I}_{AG} = j\omega C_{0G}\dot{U}_A \\ \dot{I}_{BG} = j\omega C_{0G}\dot{U}_B \\ \dot{I}_{CG} = j\omega C_{0G}\dot{U}_C \end{cases} \qquad (2\text{-}18)$$

$$\begin{cases} \dot{I}_{A01} = j\omega C_{01}\dot{U}_A \\ \dot{I}_{B01} = j\omega C_{01}\dot{U}_B \\ \dot{I}_{C01} = j\omega C_{01}\dot{U}_C \end{cases} \qquad (2\text{-}19)$$

$$\begin{cases} \dot I_{A02} = j\omega C_{02}\dot U_A \\ \dot I_{B02} = j\omega C_{02}\dot U_B \\ \dot I_{C02} = j\omega C_{02}\dot U_C \end{cases} \tag{2-20}$$

式中，$\dot I_{AG}$、$\dot I_{BG}$ 和 $\dot I_{CG}$ 为电源线路上三相对地电容电流；$\dot I_{A01}$、$\dot I_{B01}$ 和 $\dot I_{C01}$ 为馈出线路 I 上三相对地电容电流；$\dot I_{A02}$、$\dot I_{B02}$ 和 $\dot I_{C02}$ 为馈出线路 II 上三相对地电容上流过的电流。三相对地电容电流方向为线路指向地。三相电压对称情况下，三相对地电容电流幅值相等。

对于线路量测点而言，线路 I 和线路 II 出口始端量测点三相对地电容电流 $\dot I_{AI}$、$\dot I_{BI}$、$\dot I_{CI}$ 与 $\dot I_{AII}$、$\dot I_{BII}$、$\dot I_{CII}$ 分别与对应线路上的对地电容电流相等，方向为母线流向线路，即

$$\begin{cases} \dot I_{AI} = \dot I_{A01} = j\omega C_{01}\dot U_A \\ \dot I_{BI} = \dot I_{B01} = j\omega C_{01}\dot U_B \\ \dot I_{CI} = \dot I_{C01} = j\omega C_{01}\dot U_C \end{cases} \tag{2-21}$$

$$\begin{cases} \dot I_{AII} = \dot I_{A02} = j\omega C_{02}\dot U_A \\ \dot I_{BII} = \dot I_{B02} = j\omega C_{02}\dot U_B \\ \dot I_{CII} = \dot I_{C02} = j\omega C_{02}\dot U_C \end{cases} \tag{2-22}$$

根据基尔霍夫电流定律可得，电源线路出口端三相量测点流过的对地电容电流为线路 I 和线路 II 对应相对地电容电流之和，方向为线路流向母线，即

$$\begin{cases} \dot I_{A0G} = \dot I_{AI} + \dot I_{AII} = j\omega C_{01}\dot U_A + j\omega C_{02}\dot U_A \\ \dot I_{B0G} = \dot I_{BI} + \dot I_{BII} = j\omega C_{01}\dot U_B + j\omega C_{02}\dot U_B \\ \dot I_{C0G} = \dot I_{CI} + \dot I_{CII} = j\omega C_{01}\dot U_C + j\omega C_{02}\dot U_C \end{cases} \tag{2-23}$$

由 2.2.2 节可知，馈出线路 II 上发生 A 相接地时，各回线路量测点的三相对地电容性电流为

$$\begin{cases} \dot I_{AIF} = 0 \\ \dot I_{BIF} = \sqrt3 j\omega C_{01}\dot U_B \angle -30° \\ \dot I_{CIF} = \sqrt3 j\omega C_{01}\dot U_C \angle 30° \end{cases} \tag{2-24}$$

$$\begin{cases} \dot{I}_{A\text{II}F} = -3j\omega C_{0G}\dot{U}_A + (-3j\omega C_{01}\dot{U}_A) + (-3j\omega C_{02}\dot{U}_A) \\ \dot{I}_{B\text{II}F} = \sqrt{3}\,j\omega C_{02}\dot{U}_B\angle -30° \\ \dot{I}_{C\text{II}F} = \sqrt{3}\,j\omega C_{02}\dot{U}_C\angle 30° \end{cases} \quad (2\text{-}25)$$

$$\begin{cases} \dot{I}_{A0GF} = -3j\omega C_{0G}\dot{U}_A + (-3j\omega C_{01}\dot{U}_A) + (-3j\omega C_{02}\dot{U}_A) \\ \dot{I}_{B0GF} = \sqrt{3}\,j\omega C_{01}\dot{U}_B\angle -30° + \sqrt{3}\,j\omega C_{02}\dot{U}_B\angle -30° \\ \dot{I}_{C0GF} = \sqrt{3}\,j\omega C_{01}\dot{U}_C\angle 30° + \sqrt{3}\,j\omega C_{02}\dot{U}_C\angle 30° \end{cases} \quad (2\text{-}26)$$

式中，$\dot{I}_{A\text{I}F}$、$\dot{I}_{B\text{I}F}$、$\dot{I}_{C\text{I}F}$ 为非接地线路 I 始端量测点流过的三相对地电容电流；$\dot{I}_{A\text{II}F}$、$\dot{I}_{B\text{II}F}$、$\dot{I}_{C\text{II}F}$ 为接地线路 II 始端量测点流过的三相对地电容电流；$\dot{I}_{A0GF}$、$\dot{I}_{B0GF}$、$\dot{I}_{C0GF}$ 为电源线路末端量测点三相对地电容电流。馈出线路的电流方向为母线指向线路，电源线路的电流方向为线路指向母线。

　　基于接地前后的线路上的三相对地电容电流，可得三相对地电容电流变化量。线路 II 发生 A 相接地前后，非接地线路 I 始端量测点的三相电流变化量为

$$\begin{cases} \Delta\dot{I}_{A\text{I}F} = \dot{I}_{A\text{I}F} - \dot{I}_{A\text{I}} = -j\omega C_{01}\dot{U}_A \\ \Delta\dot{I}_{B\text{I}F} = \dot{I}_{B\text{I}F} - \dot{I}_{B\text{I}} = \sqrt{3}\,j\omega C_{01}\dot{U}_B\angle -30° - j\omega C_{01}\dot{U}_B = -j\omega C_{01}\dot{U}_A \\ \Delta\dot{I}_{C\text{I}F} = \dot{I}_{C\text{I}F} - \dot{I}_{C\text{I}} = \sqrt{3}\,j\omega C_{01}\dot{U}_C\angle 30° - j\omega C_{01}\dot{U}_C = -j\omega C_{01}\dot{U}_A \end{cases}$$
$$(2\text{-}27)$$

接地线路 II 始端量测点的三相电流变化量为

$$\begin{cases} \Delta\dot{I}_{A\text{II}F} = \dot{I}_{A\text{II}F} - \dot{I}_{A\text{II}} = -3j\omega C_{0G}\dot{U}_A + (-3j\omega C_{01}\dot{U}_A) + (-4j\omega C_{02}\dot{U}_A) \\ \Delta\dot{I}_{B\text{II}F} = \dot{I}_{B\text{II}F} - \dot{I}_{B\text{II}} = -j\omega C_{02}\dot{U}_A \\ \Delta\dot{I}_{C\text{II}F} = \dot{I}_{C\text{II}F} - \dot{I}_{C\text{II}} = -j\omega C_{02}\dot{U}_A \end{cases} \quad (2\text{-}28)$$

电源线路末端量测点的三相电流变化量为

$$\begin{cases} \Delta\dot{I}_{A0GF} = \dot{I}_{A0GF} - \dot{I}_{A0G} = -3j\omega C_{0G}\dot{U}_A + (-4j\omega C_{01}\dot{U}_A) + (-4j\omega C_{02}\dot{U}_A) \\ \Delta\dot{I}_{B0GF} = \dot{I}_{B0GF} - \dot{I}_{B0G} = -j\omega C_{01}\dot{U}_A - j\omega C_{02}\dot{U}_A \\ \Delta\dot{I}_{C0GF} = \dot{I}_{C0GF} - \dot{I}_{C0G} = -j\omega C_{01}\dot{U}_A - j\omega C_{02}\dot{U}_A \end{cases}$$
$$(2\text{-}29)$$

　　不考虑电源线路，仅比较接地线路与非接地线路的相电流变化量幅值，可得：非接地线路的三相电流变化量相同，而接地线路接地相的电流变化量远大于非接地相。基于此，构成中性点不接地系统单相接地相电流变化量保护。

进一步研究接地线路接地点电源侧和负荷侧的相电流变化量的关系。在接地点的负荷侧,当 A 相接地后,B 相和 C 相的相对地电流变化情况与接地点电源侧相似,相电流变化量为本相的对地电容电流。但是对于接地相 A 相,由于此时 A 相的对地电容被故障点短接,此时线路上对地电容电流为 0A,对地电容电流变化量也为本相的对地电容电流。由此可得,接地线路接地点负荷侧三相电流变化量方向相同、幅值相等。

通过上述分析可得,在接地线路接地点电源侧的量测点检测到的三相电流变化量,接地相远大于非接地相;在接地点负荷侧检测到的接地前后三相电流变化量,接地相和非接地相幅值相等。

利用上述原理,可以构成中性点不接地系统单相接地相电流变化量保护。其保护判据为电流变化量的比率大于定值,即

$$\frac{\Delta \dot{I}_{\max}}{\Delta \dot{I}_{\min}} > K_{\mathrm{set}} \tag{2-30}$$

式中,$\Delta \dot{I}_{\max}$ 为三相电流变化量的最大值;$\Delta \dot{I}_{\min}$ 为三相电流变化量的最小值;定值 K_{set} 通常取 2~3。

比较相电流变化量保护与零序电流保护可得:零序电流保护受系统正常运行不平衡电流的影响,需躲过正常运行不平衡电流才能正确动作,相电流变化量保护不受正常运行不平衡电流的影响;接地线路零序电流小于接地线路接地相的电流变化量,相电流变化量保护的灵敏度可以更高;零序电流保护基于零序电流的绝对值,而相电流变化量保护基于相电流变化量的相对值,相电流变化量保护抗接地电阻能力可以更强,但是变化量保护与全量保护相比,有一个持续时间的不足,过了计算周期后,相电流变化量将不存在。对于常用的利用前后相差两个周期的数据计算的变化量而言,其故障特征存续的时间仅为两个周波,相电流变化量保护也不能免除。如果能配合零序电压,则能改善该性能:基于相电流变化量判断被保护线路是否发生了接地,基于零序电压判断接地故障是否消失。

2.4 配电线路无通道保护

2.4.1 无分支配电线路无通道保护

1. 原理和判据

从理论上讲,当线路上发生不对称故障时,三相电压与电流不对称;当故障切除后,三相电压与电流又恢复对称。故障时电压与电流将产生负序和零序分量,因此可根据检测到的负序和零序分量判定系统运行状态,决定断路器的动作行为。

双电源供电的网络,故障切除要求线路两侧保护动作,跳开线路两侧断路器。无分支配电线路无通道保护利用对端断路器动作前后所造成的本端电流的变化识别故障区域,用序分量的变化确定远端断路器的动作行为,闭锁故障区外的断路器,用不对称故障时健全相的电流值加速跳闸[4-5]。

无分支配电线路无通道保护利用单端工频电气量,用一个实时处理算法抽取电流正序、负序、零序分量,算出序分量的均方根值,比较它们的大小,确定系统状态。判断系统运行状态的方程如下:

$$R_1 = (S_0 + S_2)/S_1 \tag{2-31}$$

式中,S_0、S_1、S_2 分别代表零序、正序、负序分量的有效值。

2. 保护构成

在无分支配电线路无通道保护中,所有的继电器被安排成两种动作模式:按照梯形原则整定的固定时间动作模式和按照新原理的加速动作模式。当发生故障时,首先通过系统运行状态判断故障类型,接着对不同的故障类型启动不同的保护方案。当发生不对称故障时,所有的继电器首先按照固定时间模式动作,其中某个继电器检测出故障,并启动相应的断路器跳闸,接着利用新原理再判断系统的运行状况,如果系统恢复对称运行,则继电器向其对应的断路器发闭锁信号,如果系统没能恢复对称运行,则检测是否有相的电流值低于阈值(很小,接近 0A):如果有,则证明该条线路的对端断路器跳闸了,故障发生在区内,应启动相应的断路器跳闸;如果没有,则证明故障在保护线路外,应发闭锁信号。当发生对称故障时,利用过电流保护瞬时启动方案,瞬时切除故障。

当发生不对称故障时,R_1 值会变得很大,故障切除后,R_1 又为零。对相间不接地故障,R_1 值为 1;对接地故障,远端断路器打开,R_1 值为 2。R_1 值远大于零,保护中可设 R_1 的阈值为 0.2~0.4。

3. 保护动作性能分析

下面通过具体的例子说明无分支配电线路无通道保护的工作原理和构成。图 2-7 示出了一个具有多段传输线的中性点直接接地配电系统。在图 2-7 中,R1F、R1R、R2F、R2R、R3F、R3R、R4F、R4R 是过电流方向保护继电器,BF1、BR1、BF2、BR2、BF3、BR3、BF4、BR4 是断路器,时间配合示于图中。

在该保护构成中,继电器被分成两组:固定时间动作继电器包括 R1R、R2R、R3F、R4F,这些继电器在过电流方向保护中动作速度较快,其固定动作时刻分别为 0.1s、0.5s、0.5s、0.1s;加速动作继电器包括 R1F、R2F、R3R、R4R,这些继电器在过电流方向保护中动作速度较慢。对加速动作继电器应用新保护技术来提高其响应速度。

如图 2-7 所示,对一个发生在线路 LINE1 上的不对称故障,如在 F1 点,因为对于继电器 R1F、R1R、R2R、R3R、R4R 而言,该故障是正向故障,它们将检测出故

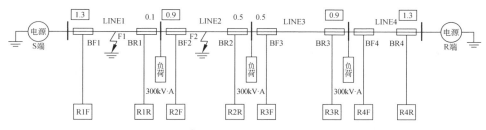

图 2-7　具有四段线路的双电源配电系统

障。继电器 R1R 将最快动作,跳开断路器 BR1。断路器 BR1 跳开后,故障就与线路 LINE2、LINE3、LINE4 隔离,相应的继电器 R2R、R3R、R4R 将通过新保护检测出系统又恢复对称运行状态而发闭锁信号。然而,断路器 BR1 跳开后,线路 LINE1 上还有故障。继电器 R1F 首先检测出系统仍处于不对称运行状态,接着通过健全相电流确定故障是在保护区内,向断路器 BF1 发跳闸信号。断路器 BF1 跳开,将故障线路与系统隔离。故障发生在区内还是区外的检测只用几个周波时间,这样跳开断路器 BF1 的时间将大为减少。

如图 2-7 所示,对一个发生在线路 LINE2 上的故障,如在 F2 点,继电器 R1F、R2R、R2F、R3R、R4R 将检测出故障。继电器 R2R 在延时 0.5s 后将最快动作,跳开断路器 BR2。断路器 BR2 跳开后,故障就与线路 LINE3、LINE4 隔离,相应的继电器 R3R、R4R 将闭锁。然而,断路器 BR2 跳开后,线路 LINE1、LINE2 上还有故障,因为继电器 R2F 在固定延时 0.5s 期间检测出远端断路器的动作行为,其工作模式由固定延时变为加速模式。而继电器 R2F 在固定延时 0.5s 后用新原理检测出故障在保护区内,跳开相应的断路器 R2F,将故障线路 LINE2 与系统隔离;同时,继电器 R1F 检测出故障在保护区外,闭锁相应的断路器。在这种情况下,断路器 R2F 跳闸时间为从 R2F 动作到 R2F 确认故障在保护区内这一段时间,这段时间在断路器 BR2 断开后很短的时间内完成。

对不同类型的故障,无分支配电线路无通道保护都能可靠动作。对不对称故障,该保护能显著提高过电流保护的响应速度。

2.4.2　有分支配电线路无通道保护

1. 保护原理

有分支配电线路无通道保护的基本内容:当有分支线路发生不对称故障时,故障线路一端断路器基于过电流保护原理而动作跳闸,引起系统结构变化,将造成系统非故障相电流突变。据此,故障线路另一端保护加速动作[6-7]。

另一端保护之所以能根据非故障相电流突变量正确地加速动作,是因为该突变量有其时间特性。依据如下:由于过电流方向保护有时间延迟,同一方向侧各段线路的保护动作跳闸时间不同,造成另一方向侧同一继电器安装处产生该突变量的时间不一样。据此,另一方向侧继电器通过产生非故障相电流突变量的时间来判断保护跳闸线路所在,从而在区内故障时加速动作。

该保护只有在线路发生不对称故障时才允许加速动作,那么可通过设置检测零序和负序电流分量的大小,即比值判据 R_1 来判断故障是否存在。其依据是:根据对称分量法,A、B、C 三相电流可以分解为正序、负序和零序三组对称分量。电力系统正常运行和系统发生对称故障时,三相电流对称,不会出现负序和零序分量;当系统发生不对称故障时,三相电流处于不对称运行状态,将产生正序、负序和零序分量。

2. 保护判据

(1) 比值判据:用于判断故障是否存在。

$$R_1 = (I_2 + I_0)/I_1 \tag{2-32}$$

式中,I_1、I_2 和 I_0 分别为正序、负序和零序电流分量。

(2) 差值判据:用于检测故障时非故障相电流的突变。

$$I_s(k) = I(k) - I(k-n) \tag{2-33}$$

式中,$I(k)$、$I(k-n)$ 分别表示非故障相电流一周波前后的采样值,k 表示采样时间,n 表示周期。$I_s(k)$ 的计算可用图 2-8 表示。

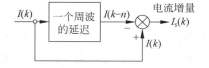

图 2-8　电流增量 $I_s(k)$ 计算流程

(3) 时间判据:设置该判据的目的是保证所提出保护的选择性。

非故障相电流的突变可能是由保护区内故障线路一端断路器动作引起,也可能是由保护区外其他线路的断路器动作(故障或操作)引起。仅仅依靠非故障相电流的突变尚不能保证被加速动作的断路器是应该动作的故障线路断路器,或者说不能保证保护动作的选择性。

实际保护有动作顺序,对应的断路器动作存在时间差别。因此,可以通过设置合适的加速时段 τ 来解决选择性问题,这就是时间判据。所谓加速时段,是指在特定时间段内无通道保护可以被加速,否则不能加速。

综上所述,当有分支配电线路发生不对称故障时,在无通道保护加速时段 τ 内,若继电器检测到比值判据 R_1 大于定值且不变为零(故障存在),同时差值判据 I_s 大于定值,就认定故障是区内故障,从而加速跳闸;否则,认为故障是区外故障,保护不动作。

3. 保护动作分析

下面结合具体的配电系统实例进一步说明保护原理和各个判据的作用。图 2-9 所示配电系统是双电源配电系统,电源的短路容量、线路长度和负荷大小在图中均已标明。其中 R1F、R1R、R2F、R2R、R3F、R3R、R4F 和 R4R 为继电器，B1F、B1R、B2F、B2R、B3F、B3R、B4F 和 B4R 为断路器。

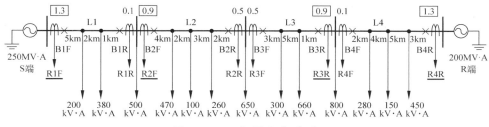

图 2-9　双电源配电系统

该配网系统配置有过电流方向保护和有分支配电线路无通道保护。过电流保护的动作定值按照躲过最大负荷电流整定，各继电器都整定为 5A（系统 CT 变比为 630A/5A）；无通道保护的比值判据 R_1 整定值为 0.4，差值判据 I_s 整定值根据线路潮流分布情况整定为 20A（一次侧实际值）。各继电器的保护配置和时间整定情况见表 2-1。

表 2-1　保护配置和时间整定

继电器名称	过电流保护时间整定	无通道保护加速时段整定
R1R	0.1s	不投
R2R	0.5s	不投
R3R	0.9s	0.5～0.6s
R4R	1.3s	0.1～0.2s
R1F	1.3s	0.1～0.2s
R2F	0.9s	0.5～0.6s
R3F	0.5s	不投
R4F	0.1s	不投

实际上，继电器的保护配置分为两种情况：一种情况是同一线路段中，过电流保护中时间整定值小的，不配置无通道保护，如继电器 R1R、R2R、R3F 和 R4F；另一种情况是同一线路段中，过电流保护中时间整定值较大的，配置无通道保护，如图 2-10 中所示有下划线的继电器 R1F、R2F、R3R 和 R4R。如前所述，无通道保护加速时段 τ 的整定值是和线路对端继电器过电流保护的时间整定值相对应的，本例中整定为其后的 100ms 内。如继电器 R1F 和 R4R 处无通道保护加速时段 τ 的整定范围是 0.1～0.2s，继电器 R2F 和 R3R 处无通道保护加速时段 τ 的整定范围是 0.5～0.6s。

按照前述保护配置方案，若线路 L1 发生单相接地故障（如 A 相），系统响应如下：

（1）当线路 L1 发生 A 相接地故障时，故障相 A 相电流急剧增大。

（2）根据过电流方向保护原理以及继电器在系统中的位置，继电器 R1F、R1R、R2R、R3R 和 R4R 都将检测到系统发生了故障。

（3）时间延时最短的继电器 R1R 在 0.1s 动作，跳开对应的断路器 B1R。

（4）线路 L2、线路 L3 和线路 L4 在断路器 B1R 跳闸后和故障线路隔离，因而继电器 R2R、R3R 和 R4R 返回。

另一方面，对于线路 L1 来说，由于故障并未切除，并且断路器 B1R 在 0.1s 左右跳闸将引起非故障相电流变化，因此继电器 R1F 在无通道保护加速时段 τ 的整定范围 0.1～0.2s 内将检测到比值判据 R_1 大于定值且不变为零，同时差值判据 I_s 大于定值，因而认定故障为区内故障，从而继电器 R1F 在 0.2s 左右加速跳开对应的断路器 B1F，实现了无通道保护的快速性。

由此可见，无通道保护的应用缩短了故障全线切除时间，从 1.3s 缩短到 0.2s 左右。

下面再以线路 L2 发生两相短路故障（如 B、C 两相短路）为例，进一步说明系统响应以及无通道保护的选择性：

（1）当线路 L2 发生 B、C 两相短路故障时，故障相 B 相、C 相电流急剧增大。

（2）根据过电流方向保护原理以及继电器在系统中的位置，继电器 R1F、R2F、R2R、R3R 和 R4R 都将检测到系统发生了故障。

（3）时间延迟最短的继电器 R2R 在 0.5s 动作，跳开对应的断路器 B2R。

（4）线路 L3 和线路 L4 在断路器 B2R 跳闸后和故障线路隔开，因而继电器 R3R 和 R4R 返回到初始状态。

和单相接地故障类似，对于线路 L1 和线路 L2 来说，由于故障并未切除，并且断路器 B2R 在 0.5s 左右跳闸将引起非故障相电流变化。继电器 R2F 在无通道保护加速时段 τ 的整定范围 0.5～0.6s 内将检测到比值判据 R_1 大于定值且不变为零，同时差值判据 I_s 大于定值，因而认定故障为区内故障，从而保护在 0.6s 左右加速跳开对应的断路器 B2F。而继电器 R1F 在无通道保护加速时段 τ 的整定范围 0.1～0.2s 内将检测到差值判据为零，不满足动作要求，因而认定故障为区外故障，保护不动作，实现了无通道保护的选择性。之后，线路 L1 与故障线路隔开从而恢复正常，继电器 R1F 返回到初始状态。

由此可见，无通道保护的应用缩短了故障全线切除时间，从 0.9s 缩短到 0.6s 左右；同时保证了无通道保护的选择性。

2.4.3 单电源辐射状配电线路无通道保护

基于辐射状配电线路故障信息的识别、处理和利用，在双电源配电线路无通道保护的基础上，提出了辐射状配电线路无通道保护原理[8-9]。

1. 保护原理和判据

在辐射状配网中,线路发生故障时,在有电源侧将产生过电流,而在无电源侧检测到的故障特征是电压降低、电流减小。根据这个特点,在有电源侧使用过电流继电器,而在无电源侧使用低电压继电器。在线路两侧继电器可以正确动作的前提下,应用无通道保护,对每段线路中时间整定值比较长的继电器进行加速。

对于中性点直接接地和经小电阻接地的中低压配网,在系统发生不对称故障的时候,根据电流、电压等工频量信息,构成无通道保护的判据。

1)启动判据

定义如下两个比值参数:

$$R_i = (I_0 + I_2)/I_1 \tag{2-34}$$

$$R_v = [V_s(k-2n) - V_s(k)]/V_s(k-2n) \tag{2-35}$$

式中,R_i 和 R_v 分别是电流和电压比值启动判据;I_0、I_1 和 I_2 分别是零序、正序和负序电流分量的有效值;$V_s(k-2n)$ 和 $V_s(k)$ 分别是两周期前和当前时刻某相的电压有效值,s 代表 A、B、C 三相中的某一相,k 表示当前时刻,$2n$ 表示两个周期。

和负序方向元件相结合,当方向为正向时,加速过电流(AOC)模块的启动采用比值 R_i,越过门槛即启动;而低电压(DUV)模块和加速低电压(ADUV)模块的启动判据采用比值 R_v,当某一相的 R_v 比值大于门槛时保护启动。

另外,由于 R_v 是一个突变量判据,仅能维持一个较短的时间,因此在保护启动之后将该信号锁定,同时开始检测故障是否消失,即设定一个返回判据。假如返回判据满足,则解开锁定的启动信号,保护返回。返回判据可以有很多种,通过实践最终确定的方案如下:检测三相电压是否有一定幅值,比如均超过 10V,并且三相对称,则认为故障消失。对称判据类似于上述 R_i 判据:

$$R_{restrain} = (V_0 + V_2)/V_1 \tag{2-36}$$

式中,V_0、V_1 和 V_2 分别是零序、正序和负序电压分量的有效值。

2)加速判据

加速过电流(AOC)模块的加速判据如下:

$$I_s(k) = I(k) - I(k-n) \tag{2-37}$$

式中,$I(k)$、$I(k-n)$ 分别表示非故障相电流一周波前后的采样值,k 表示采样时间,n 表示周期。

这里的差值判据用于检测故障时非故障相电流的突变,其原理和有分支配电线路无通道保护相同,不再过多描述。

在实际系统中,应根据潮流分布情况来选择差值判据 I_s 的门槛值,既要避免正常运行时电流变化扰动,又要反映系统结构改变带来的电流突变。$I_s(k)$ 的计算流程如图 2-8 所示。

加速低电压(ADUV)模块的加速判据如下:

$$I_{A,B,C} < \varepsilon \tag{2-38}$$

式中,$I_{A,B,C}$为三相电流的有效值;ε为正值,并且接近 0。

为了保证保护的选择性,需要设置时间判据,和加速判据配合使用。这是因为对于 AOC 模块来说,非故障相电流的突变可能由保护区内故障线路一端断路器动作引起,也可能由保护区外其他线路的断路器动作(故障或操作)引起。仅仅依靠非故障相电流的突变尚不能保证被加速动作的断路器是应该动作的断路器,或者说不能保证断路器保护动作的选择性。同样,对于 ADUV 模块来说,有电源侧首先动作后,下游线路中的电流和电压全部消失,此时只有根据时间特性来判断故障是否在区内,从而将故障线路的断路器打开。

由于实际保护有动作顺序,对应的断路器动作存在时间差别,因此可以通过设置合适的加速时段 τ 来解决选择性问题,这就是时间判据。所谓加速时段,是指在特定时间段内同时满足启动和加速跳闸条件,无通道保护可以被加速,否则不能加速。

加速时段 τ 的设定原则是:一端断路器动作应该伴随着另一端断路器的动作,这样加速时段 τ 的中心点时刻是对端保护动作时间;考虑断路器分断和熄弧时间(10~60ms)、无通道保护本身的计算与判断时间(约 20ms)、裕度(20ms)等,加速时段的半径可以选择 50~100ms。

2. 保护动作分析

图 2-10 所示是一个典型的单电源环网配电系统,由于其在电源供应方面的诸多优点而在现代配网系统中被广泛采用。在常开节点 O 不闭合的情况下,环网被分为两条辐射网 LINE1 和 LINE2。以 LINE1 为例,过电流(OC)方向继电器 RF1 和 RR1、RF2 和 RR2、RF3 和 RR3 分别装在线路 L1、L2 和 L3 上。BF1、BR1、BF2、BR2、BF3 和 BR3 是断路器。系统电源、线路参数和负荷情况也在图中示出。在线路 L3 和线路 L4 末端母线之间有一个常开节点 O。

如图 2-10 所示,环形主系统有一套典型的传统时间梯度配合的值。假如线路 L1 发生故障,继电器 RF1 将在 2.3s 动作,继电器 RR1 将在 0.1s 动作,这个时间配合整定的原理已经众所周知,这里就不再介绍。从图中可以看到,越接近电源的继电器动作时间越长,而越接近电源故障电流也越大,该故障电流存在时间越长对于系统越不利。并且随着线路的加长,根据梯级时间配合的原理,这个时间整定值将更大。

在无通道保护方案中,根据每段线路上两个继电器过流保护时间整定的长短,分别启动无通道保护的加速(AT)模式和定时(DT)模式。DT 模式包括继电器 RR1、RR2 和 RR3,它们在传统的梯度配合中动作时间更快,固定的动作时间分别为 0.1s、0.5s 和 0.9s。AT 模式包括继电器 RF1、RF2 和 RF3,它们在传统方案中

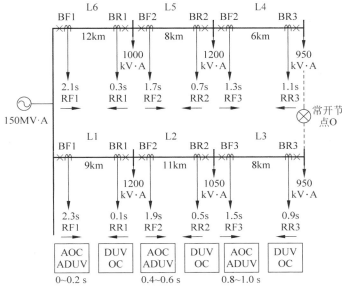

图 2-10　典型单电源环网配电系统

处于动作时间较慢的位置,可以进行加速。每个继电器的方向在图 2-10 中用箭头示出。

参考图 2-10,对于发生在线路 L1 上的故障,方向继电器 RF1、RR1、RR2 和 RR3 利用 OC 功能以及 DT 模式的 DUV 功能将检测到故障,因为对于这些继电器故障为正向。继电器 RR1 有着最快的时间整定,因此将最先动作并在 0.1s 时刻打开连接的断路器 BR1。在断路器 BR1 打开之后,故障和线路 L2 以及 L3 隔离,因此它们连接的断路器 RR2 和 RR3 将不动作。但是,打开断路器 BR1 并没有清除线路 L1 上的故障,继电器 RF1 将利用加速模块的 AOC 功能开始检测健全相电流情况来判定远端断路器的动作情况。断路器 BR1 的打开意味着故障在被保护线路 L1 上,RF1 可以检测到电流突变,并且该突变发生在其加速时段(0～200ms)内,因此将加速跳开所连接的断路器 BF1,将故障和线路 L1 隔离开。断路器动作情况的检测只需要几个工频周期,因此继电器 RF1 的动作速度将显著提高。

当故障发生在线路 L2 上时,继电器 RF1、RF2、RR2 和 RR3 将检测到故障。其中继电器 RR2 有着最快的动作时间(0.5s),因此首先跳开所连接的断路器 BR2。断路器 BR2 打开之后,故障和线路 L3 隔离开,所连接的断路器 BR3 不动作。但是线路 L1 和 L2 上的故障并没有清除。根据无通道保护原理,继电器 RF2 在 0.5s 根据健全相电流的变化检测到断路器 BR2 的动作,判断为区内故障,加速跳开连接的断路器 BF2,将故障线路 L2 从系统中完全切除。故障和线路 L1 隔离之后,继电器 RF1 的健全相电流将恢复正常,而不是变为 0A,据此可判断故障在区外,RF1 正确返回。在这个过程中可以看到继电器 RF2 的动作速度得到显著的提高。

注意加速模块实际上包括两个功能:AOC 和 ADUV。在上述过程中继电器 RF1 和 RF2 的 ADUV 功能有可能启动,因为故障后负序方向元件检测到故障方向为正向,假如故障靠近电源,故障相电压有可能降低较多,导致 ADUV 功能启动。但是在对端断路器首先断开后,线路中不可能出现三相电流变为 0A 的情况,因此不会误加速动作。

当线路结构发生改变时,比如图 2-10 中的 L1 线路发生故障,被从两端切除,此时为了保证对健全线路 L2 和 L3 的供电,需要闭合 O 点,其结果如图 2-11 所示。

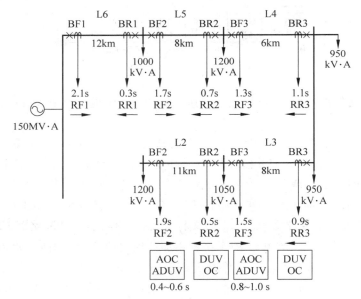

图 2-11 线路结构变化后的单电源环网配电系统

此时线路 L2 和 L3 中的继电器所处的电源侧和无电源侧发生交换,例如继电器 RR2 现在处于有电源侧,RF2 处于无电源侧。当线路 L2 上发生故障时,所有处于正方向上的继电器包括 RF2、RR2、RR3、RR4、RR5 以及 RR6 都将检测到故障并启动,其中继电器 RR2 的过电流(OC)整定为 0.5s,因此最先跳闸,并打开其连接的断路器 BR2。此后继电器 RR3、RR4、RR5 以及 RR6 和故障隔离,因此正常返回。而此时继电器 RF2 检测到在其加速时段(0.4~0.6s)内三相电流均接近于 0A,因此 ADUV 功能可以判定是内部故障,该现象是由断路器 BR2 跳开所造成的,因此将其连接的断路器 BF2 打开。此时故障线路 L2 被从两端切除,假如线路 L1 恢复正常,那么就可以恢复正常供电,而不受线路 L2 的影响,这样就最大限度地保证了健全线路的供电。

2.4.4 单断路器配置的配电线路无通道保护

基于单断路器配置的辐射状配电线路故障信息的识别、处理和利用,在双端电源配电线路无通道保护和辐射状配电线路无通道保护的基础上,提出了对仅配置单断路器的实用化配电线路无通道保护[10]。

1. 保护原理和判据

配电线路无通道保护的基本思想,是利用对端断路器动作后本端继电器感受到的工频电气量的变化来判断是区内故障还是区外故障,在区内故障时加速本端断路器的跳闸,在区外故障时可靠返回不动作。在单断路器配置的配电线路中,要将故障从线路两端切除,任何一个断路器既要承担无电源端故障开断任务,又要承担有电源端故障开断任务。为此,相应的继电器首先要能够正确区分故障发生在该断路器的哪一侧,然后投入不同的保护动作模式。如果故障来自电源侧,则继电器为负荷侧继电器,启动相应的负荷侧定时限动作模块(低电压(DUV)模块)和加速动作模块(低电压加速(ADUV)模块)。如果故障来自无电源侧,则继电器为电源侧继电器,启动相应的电源侧定时限动作模块(过电流(OC)模块)和加速动作模块(过电流加速(AOC)模块)。能否实现加速动作,取决于加速动作判据是否满足,若满足,则加速动作,若不满足,则按定时限动作跳闸。随着潮流方向的改变,电源侧继电器和负荷侧继电器会发生相应的变化,因此必须是潮流方向和故障方向两者共同决定继电器是电源侧继电器还是负荷侧继电器。潮流方向元件采用正序功率方向元件,继电器启动后,潮流方向元件不再使用。故障方向元件采用负序方向元件。继电器的结构如图 2-12 所示。

潮流方向元件	故障方向元件	
	电源侧	OC
		AOC
	负荷侧	DUV
		ADUV

图 2-12 继电器的构成

对于中性点直接接地和经小电阻接地的中低压配网,在系统发生不对称故障的时候,根据电流、电压等工频量信息构成无通道保护的判据。其中过电流(OC)模块的原理众所周知,这里不再赘述。下面重点介绍另外三个模块(AOC 模块、DUV 模块和 ADUV 模块)的保护判据。

1) AOC 模块

启动判据:

$$R_i(n) = [I_0(n) + I_2(n)]/I_1(n) \tag{2-39}$$

式中,I_0、I_2 和 I_1 分别是零序、负序和正序电流分量的有效值;n 表示当前时刻。

正常运行时,零序和负序电流分量很小,电流比值判据 R_i 接近于零。当发生不对称故障时,零序或负序电流分量增大,导致 R_i 增大,并且这种状况一直持续到故障切除,系统恢复到正常对称运行状态为止。R_i 的取值范围为 $0\sim2$,其动作门槛通常可以设为 0.5。

加速判据:

$$I_s > I_{set} \tag{2-40}$$

式中,I_s 为健全相电流一周波前后采样值差值的有效值。

只有在规定的加速时段内检测到的电流增量才是有效的加速判据。

差值判据 I_s 用于检测故障时非故障相电流的突变,原理和有分支配电线路无通道保护相同,这里不再过多描述。

在实际系统中,应根据潮流分布情况来选择差值判据 I_s 的门槛值,既要躲过正常运行时电流的扰动,又要正确反映系统结构改变带来的电流突变。

为了保证单断路器配置的配电线路无通道保护的选择性,需要设置时间判据,和加速判据配合使用。

2) DUV 模块

启动判据:

$$R_v = [V_s(n-2N) - V_s(n)]/V_s(n-2N) \tag{2-41}$$

式中,$V_s(n-2N)$ 和 $V_s(n)$ 分别是两周期前和当前时刻某相的电压有效值,s 代表 A、B、C 三相中的某一相,n 表示当前时刻,$2N$ 表示两个周期。

正常运行时,R_v 的值为零。当系统发生故障时,故障相电压降低,R_v 增大。由于 R_v 是一个突变量判据,仅能维持一个较短的时间,因此在保护启动之后将该信号锁定,同时开始检测故障是否消失,即设定一个返回判据。假如返回判据满足,则解开锁定的启动信号,保护返回。返回判据可以有很多种,通过实践最终确定的方案为:检测三相电压是否有一定幅值,比如均超过额定电压的 80%,并且三相对称,则认为故障消失。对称判据类似于上述 R_i 判据:

$$R_{restrain} = [V_0(n) + V_2(n)]/V_1(n) \tag{2-42}$$

式中,$V_0(n)$、$V_2(n)$ 和 $V_1(n)$ 分别是零序、负序和正序电压分量的有效值。

DUV 模块是定时限动作模块,其动作不需要依赖对端断路器的动作,固定延时到达时保护不返回即可动作。

3) ADUV 模块

ADUV 模块的启动判据和 DUV 模块的启动判据一样,也是 R_v,即检测到故障相电压降低,保护启动,启动后再不断地检测返回条件。

加速判据:

$$I_{A,B,C} < \varepsilon \tag{2-43}$$

式中,$I_{A,B,C}$ 为三相电流的有效值;ε 为正值,并且接近 0。

只有在规定的加速时段内检测到三相电流接近零才是有效的加速判据。

　　和 AOC 模块一样,为了保证选择性,其加速判据必须和时间判据相配合。对于 ADUV 模块来说,有电源侧首先动作后,下游线路中的电流和电压全部消失,此时只有根据时间特性来判断故障是否在区内,从而将正确的断路器打开。加速时段 τ 的设定原则与 AOC 模块的一样。

2. 保护动作分析

　　图 2-13 所示是一个典型的单电源单断路器配电系统,由于其在电源供应方面的诸多优点而在现代配电系统中被广泛采用。在联络开关 Bc 不闭合的情况下,环网被分为两条辐射状线路。其中一条辐射状线路被断路器 B1、B2 和 B3 分为三段:L1、L2 和 L3。另一条辐射状线路被断路器 B4、B5 和 B6 分为三段:L4、L5 和 L6。这种单断路器配电线路与双断路器配电线路相比,大大节约了断路器的投资。联络开关 Bc 在正常情况下是打开的,此为运行方式一。电源短路容量、线路长度和负荷情况也在图 2-13 中示出。

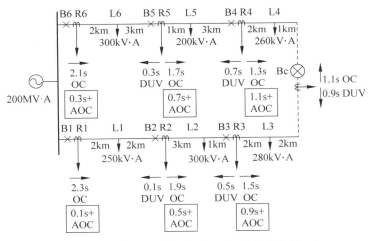

图 2-13　单电源单断路器配电系统(方式一)

　　如图 2-13 所示,环形主系统有两套典型的传统时间梯度配合的值:一套是顺时针方向的 0.3s、0.7s、1.1s、1.5s、1.9s、2.3s;另一套是逆时针方向的 0.1s、0.5s、0.9s、1.3s、1.7s、2.1s。时间间隔均为 0.4s。各保护模块的动作时间和故障方向在其上方示出。故障发生时,各继电器根据故障方向判断出故障来自哪一侧,再结合潮流方向判断出是电源侧继电器还是负荷侧继电器,进而启动相应的动作模块。若规定潮流方向和故障方向从左向右为正,则线路 L1 发生故障时,继电器 R1 检测到潮流方向和故障方向均为正,继电器 R1 为电源侧继电器,其 OC 模块启动,动作时间为 2.3s;继电器 R2 检测到潮流方向为正,故障方向为反,继电器 R2

为负荷侧继电器,其 DUV 模块启动,动作时间为 0.1s。从图 2-13 中可以看到,越接近电源的继电器动作时间越长,而越接近电源故障电流也越大,该故障电流存在时间越长对于系统越不利。并且随着线路的加长,根据梯级时间配合的原理,这个时间整定值将更大。以上由 OC 和 DUV 等定时限动作模块构成的方案为无通道保护的基本配置方案。

在加速方案中,根据每段线路上两个继电器动作时间的不同,可以对动作时间长的继电器进行加速,实现相继速动。例如在图 2-13 中,对于动作时间较长的电源侧继电器,安装电源侧加速动作模块 AOC,其动作时间与对端继电器的 DUV 模块的动作时间相配合,当对端断路器跳开后,本端感受到工频电气量的变化而加速跳闸。根据时间的阶梯型整定原则可知,同一个继电器仅有一侧故障可以加速。

参考图 2-13,对于发生在线路 L1 上的故障,继电器 R1 为电源侧继电器,继电器 R2 和 R3 为负荷侧继电器。继电器 R1 的 OC 和 AOC 模块启动,继电器 R2 和 R3 的 DUV 模块启动。继电器 R2 有着最快的时间整定,因此最先动作,并在 0.1s 时刻打开连接的断路器 B2。在断路器 B2 打开之后,故障和线路 L2 以及 L3 隔离,因此继电器 R3 将返回。但是,打开断路器 B2 并没有清除线路 L1 上的故障,继电器 R1 将利用加速模块的 AOC 功能开始检测健全相电流情况,来判定远端断路器的动作情况。断路器 B2 的打开意味着故障在被保护线路 L1 上,R1 可以检测到电流突变,并且该突变发生在其加速时段(0～200ms)内,因此将加速跳开所连接的断路器 B1,将故障和线路 L1 隔离开。断路器动作情况的检测只需要几个工频周期,因此继电器 R1 的动作速度将显著提高。

当故障发生在线路 L2 上时,继电器 R1 和 R2 为电源侧继电器,继电器 R3 为负荷侧继电器。其中继电器 R3 有着最快的动作时间(0.5s),因此首先跳开所连接的断路器 B3。断路器 B3 打开之后,故障和线路 L3 隔离开,但是线路 L1 和 L2 上的故障并没有清除。根据无通道保护的加速原理,继电器 R2 在 0.5s 根据健全相电流的变化检测到断路器 B3 的动作,判断为区内故障,加速跳开连接的断路器 B2,将故障线路 L2 从系统中完全切除。故障和线路 L1 隔离之后,继电器 R1 的健全相电流将恢复正常。继电器 R1 在其加速时段(0.1s 左右)内没有检测到健全相电流的变化,据此可判断故障在区外,R1 正确返回。在这个过程中可以看到继电器 R2 的动作速度得到显著的提高。

当线路结构发生改变时,比如图 2-13 中的断路器 B6 发生故障需要进行检修,为了保证对健全线路 L4、L5 和 L6 的继续供电,需要闭合联络开关 Bc,其结果如图 2-14 所示。

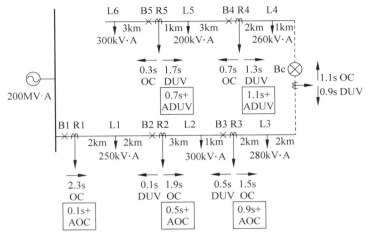

图 2-14   线路结构变化后的单电源环网配电系统(方式二)

此时,继电器 R4 和 R5 处的潮流方向发生改变,其电源侧动作模块和负荷侧动作模块也发生相应的变化。例如,当线路 L5 发生故障时,继电器 R4 由原来的负荷侧继电器变为电源侧继电器,而继电器 R5 由原来的电源侧继电器变为负荷侧继电器。继电器 R4 检测到潮流方向为反,故障方向为反,其电源侧动作模块 OC 启动,于 0.7s 左右跳开所连接的断路器 B4。继电器 R5 检测到潮流方向为反,故障方向为正,其负荷侧动作模块 DUV 和 ADUV 启动。在对端断路器 B4 跳开后,其 ADUV 模块检测到三相电流为零,加速跳开其对应的断路器 B5,至此故障线路 L5 从两端切除。

综上所述,继电器 R5 的基本保护构成如下:正向潮流,正向故障过电流(FFOC)模块;正向潮流,反向故障低电压(FRDUV)模块;反向潮流,反向故障过电流(RROC)模块;反向潮流,正向故障低电压(RFDUV)模块。其加速保护构成为:正向潮流,正向故障过电流加速(FFAOC)模块;反向潮流,正向故障低电压加速(RFADUV)模块。继电器 R5 的保护配置和时间整定见表 2-2。

表 2-2   R5 的保护配置和时间整定

保护模块	时间整定/s
FFOC	1.7
RFDUV	1.7
RROC	0.3
FRDUV	0.3
FFAOC	0.7~0.8
RFADUV	0.7~0.8

2.5　中性点非有效接地系统单相接地电流行波选线保护

　　中性点非有效接地系统发生单相接地故障时,由于工频稳态接地电流小,故障特征不够明确,接地检测困难。但是,众所周知,电力线路具有分布参数特征。故障发生后,电力系统中电气量的变化是通过行波形式生成的,行波可从本质上反映被保护设备状态的改变。行波具有时空传播特征,当行波尚未达到量测点时,其不受量测点设备电气特性的影响。在中性点非有效接地系统中,当行波首先到达量测点而未到达中性点时,中性点的接地方式对量测点能否检测到行波没有影响。同时故障发生后引起的行波具有高频暂态特性,而系统正常运行时电气量具有稳态工频特征,因此故障初始行波具有优越的反映故障的能力。电力线路上的初始行波分析如下[11-14]。

　　故障发生后,故障支路可等效为附加电源。在故障后附加电压源的作用下,系统中出现沿线路传播的故障行波,如图 2-15 所示。

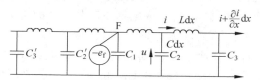

图 2-15　单相导线的分布参数等值电路和故障行波的传播

　　行波电压和电流与导线参数的关系可以表达为波动方程:

$$\begin{cases} -\dfrac{\partial u}{\partial x} = L\,\dfrac{\partial i}{\partial t} \\[2mm] -\dfrac{\partial i}{\partial x} = C\,\dfrac{\partial u}{\partial t} \end{cases} \tag{2-44}$$

　　式(2-44)可变形为

$$\begin{cases} \dfrac{\partial^2 u}{\partial x^2} = LC\,\dfrac{\partial^2 i}{\partial t^2} \\[2mm] \dfrac{\partial^2 i}{\partial x^2} = LC\,\dfrac{\partial^2 u}{\partial t^2} \end{cases} \tag{2-45}$$

式(2-44)与式(2-45)中,L 是线路单位长度电感,H/km;C 是单位长度电容,F/km;u 和 i 分别表示距离故障点 x 处的电压和电流。

　　式(2-45)的通解可以写成:

$$\begin{cases} u = u_1\left(t - \dfrac{x}{v}\right) + u_2\left(t + \dfrac{x}{v}\right) \\ i = \dfrac{1}{Z_c}\left[u_1\left(t - \dfrac{x}{v}\right) - u_2\left(t + \dfrac{x}{v}\right)\right] \end{cases} \tag{2-46}$$

式中，Z_c 是波阻抗，$Z_c = \sqrt{\dfrac{L}{C}}$；$v$ 是波速度，$v = \dfrac{1}{\sqrt{LC}}$；$u_1\left(t - \dfrac{x}{v}\right)$ 被称为前行波或者正向行波，它的物理意义是随着时间增大，前行波沿正方向远离故障点；$u_2\left(t + \dfrac{x}{v}\right)$ 被称为反行波或者反向行波。

在三相系统的故障分量网络中，将系统从故障点分开，一侧为包括三线路的系统侧，另一侧为故障叠加的故障支路。分别列写两侧的电气约束方程。根据相模转换原理，系统侧线路上的电压与电流的关系可用三个独立的模量电压电流方程来表示，即

$$\begin{cases} u_0 = Z_0 i_0 \\ u_1 = Z_1 i_1 \\ u_2 = Z_1 i_2 \end{cases} \tag{2-47}$$

式中，u_0、u_1 和 u_2 分别为故障点的模量 0、模量 1 和模量 2 的电压瞬时值；i_0、i_1 和 i_2 分别为故障点附近的输电线路上模量 0、模量 1 和模量 2 的电流瞬时值；Z_0、Z_1 和 Z_2 分别为线路上模量 0、模量 1 和模量 2 的波阻抗。

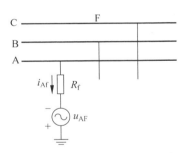

图 2-16 单相接地故障边界条件

在系统中发生单相接地（假设 A 相）故障时，如图 2-16 所示，故障支路的约束方程可写为

$$\begin{cases} u_{Af} - R_f i_{Af} + u_{AF} = 0 \\ i_{Bf} = 0 \\ i_{Cf} = 0 \end{cases} \tag{2-48}$$

式中，u_{Af} 为故障点的 A 相电压初始行波；i_{Af}、i_{Bf} 和 i_{Cf} 分别为故障点的故障支路侧 A 相、B 相和 C 相电流初始行波；u_{AF} 为故障点的故障支路侧上的 A 相叠加电压源；R_f 为故障电阻。

并且，故障点的系统侧与故障支路侧的电气量之间满足故障点电压相等的关系，即

$$\begin{cases} u_{\text{Af}} = u_{\text{A}} \\ u_{\text{Bf}} = u_{\text{B}} \\ u_{\text{Cf}} = u_{\text{C}} \end{cases} \tag{2-49}$$

式中，u_{Af}、u_{A} 分别为故障点的故障支路侧和系统侧 A 相电压初始行波；u_{Bf}、u_{B} 分别为故障点的故障支路侧和系统侧 B 相电压初始行波；u_{Cf}、u_{C} 分别为故障点的故障支路侧和系统侧 C 相电压初始行波。

故障点的系统侧与故障支路侧电流初始行波之间应满足基尔霍夫电流定律，即

$$\begin{cases} i_{\text{Af}} + 2i_{\text{A}} = 0 \\ i_{\text{Bf}} + 2i_{\text{B}} = 0 \\ i_{\text{Cf}} + 2i_{\text{C}} = 0 \end{cases} \tag{2-50}$$

式中，i_{Af}、i_{Bf} 和 i_{Cf} 分别为故障点的故障支路侧 A 相、B 相和 C 相电流初始行波；i_{A}、i_{B} 和 i_{C} 分别为故障点的系统侧线路上 A 相、B 相和 C 相电流初始行波。

由于变量的相模变换不影响方程未知数的个数，所以联立式（2-47）～式（2-50）可得 12 个未知数的 12 个方程。12 个未知数为故障点系统侧的三个故障点电压初始行波、故障点故障支路侧的三个故障点电压初始行波、故障点系统侧线路上三个电流初始行波和故障点故障支路侧的三个电流初始行波。求解该方程组即可得单相接地故障点初始行波。

为简化分析，假设线路完全换位，相模变换矩阵采用凯伦贝尔变换阵，则故障点系统侧的三个独立模量方程转化为

$$\begin{cases} u_{\text{A}} + u_{\text{B}} + u_{\text{C}} = Z_0(i_{\text{A}} + i_{\text{B}} + i_{\text{C}}) \\ u_{\text{A}} - u_{\text{B}} = Z_1(i_{\text{A}} - i_{\text{B}}) \\ u_{\text{A}} - u_{\text{C}} = Z_1(i_{\text{A}} - i_{\text{C}}) \end{cases} \tag{2-51}$$

式中，u_{A}、u_{B} 和 u_{C} 分别为故障点的 A 相、B 相和 C 相电压初始行波；i_{A}、i_{B} 和 i_{C} 分别为故障点两侧线路上的 A 相、B 相和 C 相电流初始行波。

求解可得，故障点的电压初始行波和故障点两侧线路上的电流初始行波为

$$\begin{cases} u_{\text{A}} = -\dfrac{Z_0 + 2Z_1}{Z_0 + 2Z_1 + 6R_{\text{f}}} u_{\text{AF}} \\[4mm] u_{\text{B}} = -\dfrac{Z_0 - Z_1}{Z_0 + 2Z_1 + 6R_{\text{f}}} u_{\text{AF}} \\[4mm] u_{\text{C}} = -\dfrac{Z_0 - Z_1}{Z_0 + 2Z_1 + 6R_{\text{f}}} u_{\text{AF}} \end{cases} \tag{2-52}$$

$$\begin{cases} i_A = -\dfrac{3}{Z_0 + 2Z_1 + 6R_f} u_{AF} \\ i_B = 0 \\ i_C = 0 \end{cases} \tag{2-53}$$

由于不同模量的行波在输电线路上的传播速度不同,所以测量点不能获得相量上的故障点初始行波,而只能在不同时刻获得不同模量上的故障点初始行波,所以利用相模变换将故障点相量上的初始行波转化为模量初始行波,如式(2-54)与式(2-55)所示。

$$\begin{cases} u_0 = -\dfrac{Z_0}{Z_0 + 2Z_1 + 6R_f} u_{AF} \\ u_1 = -\dfrac{Z_1}{Z_0 + 2Z_1 + 6R_f} u_{AF} \\ u_2 = -\dfrac{Z_1}{Z_0 + 2Z_1 + 6R_f} u_{AF} \end{cases} \tag{2-54}$$

$$\begin{cases} i_0 = -\dfrac{1}{Z_0 + 2Z_1 + 6R_f} u_{AF} \\ i_1 = -\dfrac{1}{Z_0 + 2Z_1 + 6R_f} u_{AF} \\ i_2 = -\dfrac{1}{Z_0 + 2Z_1 + 6R_f} u_{AF} \end{cases} \tag{2-55}$$

由于不同模量的行波速度不同,因此速度较快的线模行波先到达测量点,速度较慢的零模行波后到达测量点,如式(2-56)与式(2-57)所示。

$$\begin{cases} i_{Apl} = -\dfrac{2}{Z_0 + 2Z_1 + 6R_f} u_{AF} \\ i_{Bpl} = \dfrac{1}{Z_0 + 2Z_1 + 6R_f} u_{AF} \\ i_{Cpl} = \dfrac{1}{Z_0 + 2Z_1 + 6R_f} u_{AF} \end{cases} \tag{2-56}$$

$$\begin{cases} i_{Apz} = -\dfrac{1}{Z_0 + 2Z_1 + 6R_f} u_{AF} \\ i_{Bpz} = -\dfrac{1}{Z_0 + 2Z_1 + 6R_f} u_{AF} \\ i_{Cpz} = -\dfrac{1}{Z_0 + 2Z_1 + 6R_f} u_{AF} \end{cases} \tag{2-57}$$

式中,i_{Apl}、i_{Bpl} 和 i_{Cpl} 分别为 A 相、B 相和 C 相线模电流初始行波;i_{Apz}、i_{Bpz} 和

i_{Cpz} 分别为 A 相、B 相和 C 相零模电流初始行波。

当发生 A 相单相接地时,电流行波的入射波 i_{Fx}(下标 x 表示模量)从接地点传播到母线时,由于母线处波阻抗不连续而发生折反射,其折射波 i_{refractx} 和反射波 i_{reflectx} 分别为

$$i_{\mathrm{refractx}} = -\frac{2Z_{\mathrm{Bx}}}{Z_{\mathrm{Bx}} + Z_{\mathrm{Nx}}} i_{\mathrm{Fx}} \tag{2-58}$$

$$i_{\mathrm{reflectx}} = \frac{Z_{\mathrm{Nx}} - Z_{\mathrm{Bx}}}{Z_{\mathrm{Bx}} + Z_{\mathrm{Nx}}} i_{\mathrm{Fx}} \tag{2-59}$$

式中,i_{Fx} 为入射电流波;Z_{Bx} 为母线的等效波阻抗;Z_{Nx} 为接地线路的波阻抗。

入射波和反射波叠加形成接地线路 N 的初始 x 模量电流行波,其表达式为

$$i_{\mathrm{Nx}} = -\frac{2Z_{\mathrm{Nx}}}{Z_{\mathrm{Bx}} + Z_{\mathrm{Nx}}} i_{\mathrm{Fx}} \tag{2-60}$$

若设非接地线路 l_k 的波阻抗为 Z_{kx},则从接地线路折射到非接地线路的折射波在各非接地线路分流,形成非接地线路的 x 模量电流初始行波,其表达式为

$$i_{kx} = \frac{2Z_{\mathrm{Bx}}^2}{Z_{kx}(Z_{\mathrm{Nx}} + Z_{\mathrm{Bx}})} i_{\mathrm{Fx}}, \quad (k = 1 \sim N-1) \tag{2-61}$$

对比式(2-60)和式(2-61)可以发现:由于一般变电站母线接有较多的出线回路,因此母线的等效波阻抗远小于非接地线路的波阻抗,即 $Z_{\mathrm{Bx}} \ll Z_{kx}$。所以,接地线路的初始电流行波幅值远远大于非接地线路的初始电流行波的幅值,并且极性和非接地线路的相反;所有非接地线路的初始电流行波的幅值接近相等、极性相同。

上述推导过程证明了暂态初始行波与中性点接地方式无关,这为从根本上解决中性点非有效接地系统接地选线问题提供了新思路。基于此,可实现中性点非有效接地系统单相接地选线保护。根据所利用的行波电气量的不同,基于电流行波的选线保护原理可分成两大类:模量行波选线保护原理和相量行波选线保护原理。

1. 模量行波选线保护原理

根据测量点模量行波的幅值和极性特点(故障线路的行波幅值远大于非故障线路,故障线路的行波极性与非故障线路极性相反),基于模量行波的故障选线原理又可分为幅值选线原理、极性选线原理和幅值极性选线原理。幅值选线原理比较所有线路测量点的模量行波的幅值,行波幅值最大的为故障线路,所有幅值一样大的为母线故障;极性选线原理比较所有线路模量行波的极性,极性与众不同的为故障线路,极性全一样的为母线故障;幅值极性选线原理先比较幅值,找出所有

线路中行波幅值最大的三条线路,再比较这三条线路的行波极性,三条线路中极性与众不同的为故障线路,三条线路行波极性都相同的则为母线故障。根据所利用的具体的模量,模量行波选线原理还可分为线模行波选线和零模行波选线。线模行波通常有由 A 相和 B 相获得的 α 模量、由 A 相和 C 相获得的 β 模量和由 B 相和 C 相获得的 γ 模量。零模行波既可由 A、B、C 三相行波获得,也可通过零序电流互感器直接获得。

2. 相量行波选线保护原理

根据测量点相量行波的特点(无论是故障相还是非故障相,故障线路的行波幅值远大于非故障线路、故障线路的行波极性与非故障线路极性相反),可构成基于相量行波的故障选线原理。它同模量行波选线原理一样,也可分为幅值选线原理、极性选线原理和幅值极性选线原理。

进一步,以母线工频电压和电压行波为基准,可构成比较故障初始电流行波和电压行波极性的单相接地保护原理。接地线路的电流初始行波与电压初始行波极性相反,非接地线路的电流初始行波与电压初始行波极性相同。利用小波变换模极大值理论获取故障初始行波极性。下面以线模行波为例,介绍基于电流初始行波的单相接地保护构成方案。

对获取的三相电压行波进行相模变换,取变换后电压线模行波进行二进小波变换,并对变换后的 2^2、2^3 和 2^4 三个尺度的小波分量进行分析,如果各尺度的模极大值极性相同,且幅值随尺度增大依次增大或保持不变,说明该模极大值对应故障行波波头,取 2^4 尺度模极大值作为故障电压行波模极大值 $U_{M\alpha}$ 和 $U_{M\beta}$。

同理,对获取的三相电流行波进行相模变换,取变换后电流线模行波进行二进小波变换,并对变换后的 2^2、2^3 和 2^4 三个尺度的小波分量进行分析,如果各尺度的模极大值极性相同,且幅值随尺度增大依次增大或保持不变,说明该模极大值对应故障行波波头,取 2^4 尺度模极大值作为故障电流行波模极大值 $I_{M\alpha}$ 和 $I_{M\beta}$。

如果任意一个模量的电压行波和电流行波模极大值相反,则行波判据满足,否则保护复归。

在行波判据满足一个周波后,利用傅里叶变换计算零序电压幅值 U_0。如果 U_0 大于 U_{set}(U_{set} 按照系统正常运行下可能出现的最大零序电压幅值乘以可靠性系数整定),则保护判为发生接地故障。随后利用傅里叶变换计算三相电流幅值,如果所有相电流幅值均小于 I_{set}(I_{set} 按照系统正常运行下可能出现的最大负荷电流乘以可靠性系数整定),则保护判断为发生单相接地故障,可根据现场需求给出跳闸信号或报警信号。

综上所述,保护的动作逻辑如图 2-17 所示。

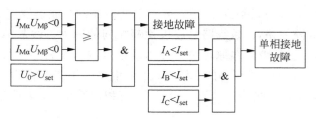

图 2-17　保护动作逻辑

参考文献

[1]　贺家李.电力系统继电保护原理[M].4 版.北京：中国电力出版社,2010.

[2]　张保会.电力系统继电保护[M].2 版.北京：中国电力出版社,2010.

[3]　邰能灵.现代电力系统继电保护原理[M].北京：中国电力出版社,2012.

[4]　施慎行,董新洲,刘建政,等.配电线路无通道保护研究[J].电力系统自动化,2001(6)：31-34.

[5]　施慎行,董新洲,薄志谦,等.配电线路无通道保护的实现与试验[J].电力系统自动化,2002(12)：45-47,63.

[6]　刘建凯,董新洲,薄志谦.有分支配电线路无通道保护研究[J].电力系统自动化,2003(1)：37-41.

[7]　刘建凯,董新洲,薄志谦.有分支配电线路无通道保护的实现[J].电力系统自动化,2003(23)：41-44.

[8]　陈飞,董新洲,薄志谦.快速有选择性的辐射状配电网无通道保护[J].电力系统自动化,2003(22)：45-49.

[9]　陈飞,董新洲,薄志谦.快速有选择性辐射状配电网无通道保护的实现[J].电力系统自动化,2004(24)：46-50.

[10]　张梅,董新洲,薄志谦,等.实用化的配电线路无通道保护方案[J].电力系统自动化,2005(12)：68-72.

[11]　DONG Xinzhou, SHI Shenxing. Identifying Single-phase-to-ground fault feeder in neutral non-effectively grounded distribution system using wavelet transform[J]. IEEE Transactions on Power Delivery,2008,23(4)：1829-1837.

[12]　董新洲,毕见广.配电线路暂态行波的分析和接地选线研究[J].中国电机工程学报,2005(4)：1-6.

[13]　毕见广,董新洲.周双喜.基于两相电流行波的接地选线方法[J].电力系统自动化,2005(3)：112-121.

[14]　施慎行,董新洲,周双喜.单相接地故障行波分析[J].电力系统自动化,2005,29(23)：29-32,53.

第 3 章 距离保护

3.1 距离保护的作用原理和时限特性

距离保护和电流保护一样是反映输电线路一端电气量变化的保护,在图 3-1 所示的电网中,将输电线路一端的电压 U_m、电流 I_m 加到阻抗继电器中,阻抗继电器反映的是它们的比值,称之为阻抗继电器的测量阻抗 Z_m,$Z_m = U_m/I_m$。

反映输电线路一端电气量变化的保护一定要满足两个条件:首先,它必须能区分正常运行和短路故障;其次,它应该能

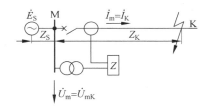

图 3-1 阻抗继电器接线示意图

反映短路点的远近。正常运行时,加在阻抗继电器上的电压是额定电压 U_N,电流是负荷电流 I_L,阻抗继电器的测量阻抗是负荷阻抗:$Z_m = Z_L = U_N/I_L$。短路时,加在阻抗继电器上的电压是母线处的残压 U_{mK},电流是短路电流 I_K,阻抗继电器的测量阻抗是短路阻抗:$Z_m = Z_K = U_{mK}/I_K$。由于 $|U_{mK}| < |U_N|$,$|I_K| > |I_L|$,因而 $|Z_K| < |Z_L|$。所以,阻抗继电器的测量阻抗可以区分正常运行和短路故障。如果在 K 点发生的是金属性短路,短路点到保护安装处的线路阻抗为 Z_K,流过保护的电流为 I_K,则保护安装处的电压为 $U_{mK} = I_K Z_K$,阻抗继电器的测量阻抗是 $Z_m = U_{mK}/I_K = Z_K$。这说明阻抗继电器的测量阻抗反映了短路点到保护安装处的阻抗,也就是反映了短路点的远近。所以,可以用它来构成反映一端电气量的保护。

由于阻抗继电器的测量阻抗反映了短路点的远近,也就是反映了短路点到保护安装处的距离,所以把以阻抗继电器为核心构成的反映输电线路一端电气量变化的保护称作距离保护[1]。

距离保护相对于电流保护来说,其突出的优点是受运行方式变化的影响小。距离保护第 I 段只保护本线路的一部分,在保护范围内发生金属性短路时,一般在短路点与保护安装处之间没有其他分支电流,所以它的测量阻抗完全不受运行方式变化的影响。保护背后电源运行方式越大(小),流过保护的短路电流 I_K 越大

（小），但保护安装处的电压 U_{mK} 也越大（小），仍然满足 $U_{mK}=I_K Z_K$ 的关系。电压与电流的比值即测量阻抗仍然是 Z_K，所以它不受运行方式变化的影响。距离保护第Ⅱ段、第Ⅲ段的保护范围延伸到相邻线路上，在相邻线路上发生短路时，由于在短路点和保护安装处之间可能存在分支电流，所以它们在一定程度上将受运行方式变化的影响。

　　由于测量阻抗可以反映短路点的远近，所以可以做成阶梯形的时限特性，如图 3-2 所示。短路点越近，保护动作得越快；短路点越远，保护动作得越慢。第Ⅰ段按躲过本线路末端短路（本质上是躲过相邻元件出口短路）时继电器的测量阻抗（也就是本线路阻抗）整定。它只能保护本线路的一部分，其动作时间是保护的固有动作时间（软件算法时间），一般不带专门的延时。第Ⅱ段应该可靠保护本线路的全长，它的保护范围将延伸到相邻线路上，其定值一般按与相邻元件的瞬动段例如相邻线路的第Ⅰ段定值相配合整定，以 $t_{Ⅱ}$ 延时发跳闸命令。第Ⅲ段作为本线路Ⅰ、Ⅱ段的后备，在本线路末端短路时要有足够的灵敏度。在 110kV 系统中，第Ⅲ段还作为相邻线路保护的后备，在相邻线路末端短路时要有足够的灵敏度。第Ⅲ段的定值一般按与相邻线路Ⅱ、Ⅲ段定值相配合并躲最小负荷阻抗整定，以 $t_{Ⅲ}$ 延时发跳闸命令。在 220kV 及以上系统中，在装设了双重化配置的两套功能完整的纵联保护的情况下，为了简化后备保护的整定，第Ⅱ段、第Ⅲ段允许与相邻线路的主保护（纵联保护、线路Ⅰ段）和变压器的主保护（差动保护、瓦斯保护）配合整定。

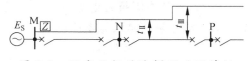

图 3-2　距离保护的阶梯形时限特性

3.2　工频变化量阻抗继电器

　　对继电保护从原理上划分，有反映稳态量的保护和反映暂态量的保护两大类。最早研究并使用的都是反映稳态量的保护，例如通常的电流、电压保护，零序电流保护，用上面分析的阻抗继电器为核心构成的距离保护，以及纵联保护等都是反映稳态量的保护。反映暂态量的保护有：反映工频变化量的保护，反映行波初始特征的行波保护，反映电气量中的暂态分量的保护等。

　　反映工频变化量的保护是由我国科学家首先提出并付诸实现的。20 世纪 80 年代初，我国科学家首先提出工频变化量阻抗继电器和工频变化量方向继电器的理论，并立即将它们应用在集成电路保护中且取得了良好的业绩。随后，反映工频变化量的保护又应用在微机线路保护、微机母线保护和主设备保护中，使工频变化量继电器的理论更加成熟,应用更加广泛,分析更加完善。下面以工频变化量阻抗继电器为例,分析工频变化量继电器的原理。

3.2.1 叠加原理的应用

　　像工频变化量继电器这种反映暂态分量的继电器的理论基础都是叠加原理。图 3-3(a)是发生短路后的系统图。在 F 点发生经过渡电阻 R_g 的短路,可以理解成在过渡电阻 R_g 的下方 K 点发生金属性短路,K 点对中心点的电压为零。现在在 K 点与中性点之间串入幅值相等、相位相反的两个电压源 $\Delta \dot{U}_F$ 后,依然保持 K 点的电位是零,没有改变短路后的状态,所以图 3-3(a)是短路后的系统图。根据叠加原理,图 3-3(a)所示的系统图可以分解成由 $\dot{E}_S$、$\dot{E}_R$ 和上面一个 $\Delta \dot{U}_F$ 三个电压源作用的系统图(如图 3-3(b)所示)和由下面一个 $\Delta \dot{U}_F$ 电压源单独发挥作用的系统图(如图 3-3(c)所示)的叠加。由叠加原理可知,图 3-3(a)中某点对中性点的电压,例如 M 母线处的电压 $\dot{U}$,是图 3-3(b)和图 3-3(c)中相应点的电压 $\dot{U}_1$ 和 $\Delta \dot{U}$ 之和。图 3-3(a)中某支路中的电流,例如 MF 支路中的电流 $\dot{I}$,是图 3-3(b)和图 3-3(c)中相应支路中的电流 $\dot{I}_1$ 和 $\Delta \dot{I}$ 之和。从叠加原理本身来说,图中 $\Delta \dot{U}_F$ 的幅值取任意值,图 3-3(a)始终是图 3-3(b)和图 3-3(c)的叠加。但是在继电保护中,通常 $\Delta \dot{U}_F$ 取短路点 F 在短路前的电压 $\dot{U}_{F|0}$。由于两侧电动势 $\dot{E}_S$ 和 $\dot{E}_R$ 在短路前后是不变的,所以图 3-3(b)中的 $\dot{E}_S$ 和 $\dot{E}_R$ 也是短路前的电动势,K 点的电压是短路前 F 点的电压 $\dot{U}_{F|0}$。如果短路前系统是正常运行方式,则图 3-3(b)就是短路前的正常负荷状态。在该状态下,流过过渡电阻 R_g 的电流为零,M 点的电压是负荷电压 $\dot{U}_1$,MF 支路中的电流是负荷电流 $\dot{I}_1$。图 3-3(c)称作短路附加状态,在短路附加状态下的电气量都加一个"Δ",在该图中的 $\Delta \dot{U}$ 和 $\Delta \dot{I}$ 可由下式求出:

$$\begin{cases} \Delta \dot{U} = \dot{U} - \dot{U}_1 \\ \Delta \dot{I} = \dot{I} - \dot{I}_1 \end{cases} \tag{3-1}$$

式(3-1)中的 $\dot{U}$ 和 $\dot{I}$ 分别是短路后的电压和电流,是微机保护当前采样得到的数据;而 $\dot{U}_1$ 和 $\dot{I}_1$ 分别是短路前的电压和电流,是微机保护在以前采样得到的数据。于是,微机保护将它们做减法运算,就可得到短路附加状态下的电压 $\Delta \dot{U}$ 和电流 $\Delta \dot{I}$。它们反映的是电压和电流的变化量。用这个 $\Delta \dot{U}$ 和 $\Delta \dot{I}$ 构成的保护就是变化量的保护,这种反映变化量的保护也是一种暂态分量的保护。如果用滤波方法只取它们的工频量,那么这种保护就称作工频变化量的保护。所以工频变化量的保

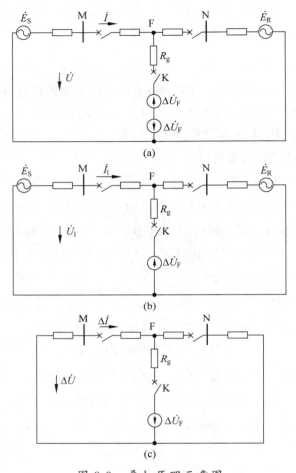

图 3-3 叠加原理示意图

（a）短路后状态；（b）正常负荷状态；（c）短路附加状态

护就是用短路附加状态下的电气量构成的保护。在分析工频变化量的保护时，就应该用图 3-3（c）所示的短路附加状态来进行分析。

最后需要说明的是，在把当前采样得到的电气量减去以前采样得到的电气量来获取工频变化量时，一定是减去一个周波或两个周波前的相应时刻的电气量，也就是同一个电气角度下的两个电气量相减才是真正意义上的变化量。由于计算机的采样周期是有误差的，所以，为了不带来更多的累计误差，一般只把当前的采样点的值减去 1～3 个周波前的采样点的值来获取工频变化量。这样在短路稳态时得到的工频变化量就是零，只有在短路初瞬才能有工频变化量。所以，反映工频变化量的保护只能用来构成快速的保护，无法用它来构成带时限的保护。

3.2.2 工作原理与动作方程

工频变化量阻抗继电器的工作电压 $\Delta\dot{U}_{\mathrm{OP}}$ 定义为

$$\Delta\dot{U}_{\mathrm{OP}} = \Delta(\dot{U}_{\mathrm{m}} - \dot{I}_{\mathrm{m}}Z_{\mathrm{set}}) = \Delta\dot{U}_{\mathrm{m}} - \Delta\dot{I}_{\mathrm{m}}Z_{\mathrm{set}} \tag{3-2}$$

式中，$(\dot{U}_{\mathrm{m}} - \dot{I}_{\mathrm{m}}Z_{\mathrm{set}})$ 表示一般的阻抗继电器的工作电压，该工作电压的变化量就是工频变化量阻抗继电器的工作电压；Z_{set} 为工频变化量阻抗继电器的整定阻抗；$\dot{U}_{\mathrm{m}}$ 和 $\dot{I}_{\mathrm{m}}$ 分别是由阻抗继电器接线方式决定的电压和电流。

对于接地阻抗继电器来说，$\Delta\dot{U}_{\mathrm{OP}\varphi} = \Delta[\dot{U}_{\varphi} - (\dot{I}_{\varphi} + K \times 3\dot{I}_0)Z_{\mathrm{set}}]$；对于相间阻抗继电器来说，$\Delta\dot{U}_{\mathrm{OP}\varphi\varphi} = \Delta(\dot{U}_{\varphi\varphi} - \dot{I}_{\varphi\varphi}Z_{\mathrm{set}})$。其中 φ 表示 A、B 或 C；$\varphi\varphi$ 表示 AB、BC 或 CA。

由于一般阻抗继电器的工作电压 $(\dot{U}_{\mathrm{m}} - \dot{I}_{\mathrm{m}}Z_{\mathrm{set}})$ 的物理概念是从保护安装处到保护范围末端流的是同一个电流 $\dot{I}_{\mathrm{m}}$ 时的保护范围末端电压，所以工频变化量阻抗继电器的工作电压 $\Delta\dot{U}_{\mathrm{OP}}$ 的物理概念是此时的保护范围末端电压的变化量。

在保护正方向发生金属性短路时，其短路附加状态如图 3-4(a) 所示。$\Delta\dot{U}_{\mathrm{m}}$ 是短路附加状态中保护安装处的电压，其规定的正方向是母线电位为正、中性点电位为负，图中 $\Delta\dot{U}_{\mathrm{m}}$ 的箭头方向是电位降的方向。$\Delta\dot{I}_{\mathrm{m}}$ 是短路附加状态下流过保护的电流，其规定的正方向是由保护安装处的母线流向被保护线路的方向，如图中箭头所示。于是可得到正方向短路的基本关系式：

$$\Delta\dot{U}_{\mathrm{m}} = -\Delta\dot{I}_{\mathrm{m}}Z_{\mathrm{S}} \tag{3-3}$$

式中，Z_{S} 是保护背后电源的等值正序阻抗。

在分析工频变化量阻抗继电器和工频变化量方向继电器时都要用到该基本关系式。将式(3-3)代入式(3-2)可得

$$\Delta\dot{U}_{\mathrm{OP}} = -\Delta\dot{I}_{\mathrm{m}}Z_{\mathrm{S}} - \Delta\dot{I}_{\mathrm{m}}Z_{\mathrm{set}} = -\Delta\dot{I}_{\mathrm{m}}(Z_{\mathrm{S}} + Z_{\mathrm{set}}) \tag{3-4}$$

由图 3-4(a) 中 $\Delta\dot{U}_{\mathrm{F}}$ 的箭头指向可得

$$\Delta\dot{U}_{\mathrm{F}} = \Delta\dot{I}_{\mathrm{m}}(Z_{\mathrm{S}} + Z_{\mathrm{K}}) \tag{3-5}$$

式中，Z_{K} 是从短路点 F 到保护安装处的正序阻抗。

如果在保护范围内发生短路，$Z_{\mathrm{K}} < Z_{\mathrm{set}}$，由式(3-4)和式(3-5)可得：$|\Delta U_{\mathrm{OP}}| > |\Delta U_{\mathrm{F}}|$。如果在保护范围外发生短路，$Z_{\mathrm{K}} > Z_{\mathrm{set}}$，由式(3-4)和式(3-5)可得：$|\Delta U_{\mathrm{OP}}| < |\Delta U_{\mathrm{F}}|$。所以，比较 ΔU_{OP} 和 ΔU_{F} 的幅值大小就可以区分区内、外的故障。

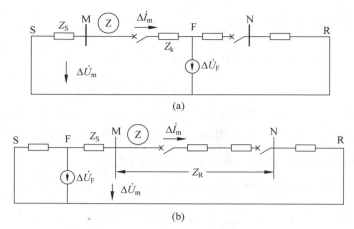

图 3-4 金属性短路时的短路附加状态

(a) 正方向短路；(b) 反方向短路

根据上述关系也可以画出图 3-5 所示的正方向短路电位图。该电位图反映的是短路时各点电压的变化量,也就是短路附加状态下的各点电压值,从电位图上可以更直观地观察到 $\Delta \dot{U}_{OP}$ 和 $\Delta \dot{U}_F$ 的幅值大小。

区内发生金属性短路时的电位图如图 3-5(a)所示。Y 点是保护范围末端,Y 点到保护安装处 M 点的正序阻抗是整定阻抗 Z_{set}；短路点 F 的电压是从短路前的 $\Delta \dot{U}_F$ 变到零,所以电压变化的幅值是 $\Delta \dot{U}_F$；保护安装处背后电动势 S 点的电压是不变的。将 S 点与 $\Delta \dot{U}_F$ 的端点相连并延长至与 Y 点的垂线相交,就可得到短路附加状态下的保护范围末端的电压——工作电压 $\Delta \dot{U}_{OP}$。这个电压并不是真正的保护范围末端的电压变化量,而是假设从保护安装处到保护范围末端流过的电流与流过保护的电流是同一个电流时的保护范围末端的电压变化量。从图 3-5(a)可见,区内短路时 $|\Delta \dot{U}_{OP}| > |\Delta \dot{U}_F|$。其实该电位图是与式(3-4)和式(3-5)对应的。式(3-4)中的($Z_S + Z_{set}$)在图 3-5(a)中对应 SY 线段的长度,该阻抗乘以 $-\Delta \dot{I}_m$,就是 SY 线段的长度乘以斜线的斜率,得到 $\Delta \dot{U}_{OP}$。式(3-5)中的($Z_S + Z_K$)在图 3-5(a)中对应 SF 线段的长度,该阻抗同样乘以 $-\Delta \dot{I}_m$,就是 SF 线段的长度乘以斜线的斜率,得到 $\Delta \dot{U}_F$。因为斜率是相同的,区内短路时由于 SY 比 SF 长,所以 $|\Delta \dot{U}_{OP}| > |\Delta \dot{U}_F|$。

区外发生金属性短路时的电位图如图 3-5(b)所示。Y 点是保护范围末端,Y 点到保护安装处 M 点的阻抗是整定阻抗 Z_{set}；短路点 F 的电压从短路前的 $\Delta \dot{U}_F$

变到零,电压变化的幅值仍然是 $\Delta \dot{U}_\mathrm{F}$;保护安装处背后电动势 S 点的电压是不变
的。将 S 点与 $\Delta \dot{U}_\mathrm{F}$ 的端点相连,与 Y 点的垂线相交就可得到短路附加状态下的
保护范围末端的电压——工作电压 $\Delta \dot{U}_\mathrm{OP}$。这个电压是真正的保护范围末端的电
压变化量。从图 3-5(b)可见,区外短路时 $|\Delta \dot{U}_\mathrm{OP}| < |\Delta \dot{U}_\mathrm{F}|$。该电位图也是与
式(3-4)和式(3-5)对应的。式(3-4)中的 $(Z_\mathrm{S} + Z_\mathrm{set})$ 在图 3-5(b)中对应 SY 线段的
长度,该阻抗乘以 $-\Delta \dot{I}_\mathrm{m}$,就是 SY 线段的长度乘以斜线的斜率,得到 $\Delta \dot{U}_\mathrm{OP}$。
式(3-5)中的 $(Z_\mathrm{S} + Z_\mathrm{K})$ 在图 3-5(b)中对应 SF 线段的长度,该阻抗同样乘以
$-\Delta \dot{I}_\mathrm{m}$,就是 SF 线段的长度乘以斜线的斜率,得到 $\Delta \dot{U}_\mathrm{F}$。因为斜率是相同的,区
外短路时由于 SY 比 SF 短,所以 $|\Delta \dot{U}_\mathrm{OP}| < |\Delta \dot{U}_\mathrm{F}|$。

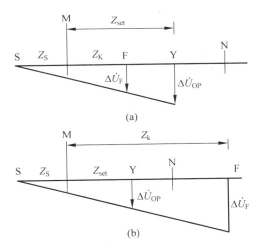

图 3-5 正方向短路时的电位图

(a) 区内短路;(b) 区外短路

在保护反方向发生金属性短路时,其短路附加状态如图 3-5(b)所示。按 $\Delta \dot{U}_\mathrm{m}$
和 $\Delta \dot{I}_\mathrm{m}$ 规定的正方向可得到反方向短路的基本关系式:

$$\Delta \dot{U}_\mathrm{m} = \Delta \dot{I}_\mathrm{m} Z_\mathrm{R} \tag{3-6}$$

式中,Z_R 是保护正方向的等值正序阻抗。

同样,在分析工频变化量阻抗继电器和工频变化量方向继电器时都要用到该
基本关系式。将式(3-6)代入式(3-2)可得

$$\Delta \dot{U}_\mathrm{OP} = \Delta \dot{I}_\mathrm{m} Z_\mathrm{R} - \Delta \dot{I}_\mathrm{m} Z_\mathrm{set} = \Delta \dot{I}_\mathrm{m} (Z_\mathrm{R} - Z_\mathrm{set}) \tag{3-7}$$

由图 3-5(b)中 $\Delta \dot{U}_{\mathrm{F}}$ 的箭头指向可得

$$\Delta \dot{U}_{\mathrm{F}} = -\Delta \dot{I}_{\mathrm{m}}(Z_{\mathrm{R}} + Z_{\mathrm{K}}) \tag{3-8}$$

比较式(3-7)和式(3-8),由于 $Z_{\mathrm{set}} \leqslant Z_{\mathrm{R}}$,所以 $|\Delta U_{\mathrm{OP}}| < |\Delta U_{\mathrm{F}}|$。这个关系也可以直接由电位图上直观地看出。图 3-6 是发生反方向金属性短路时各点的电位图。Y 点是保护范围末端,Y 点到保护安装处 M 点的正序阻抗是整定阻抗 Z_{set}。短路点 F 在保护安装处的反方向,它到 M 点的正序阻抗为 Z_{K}。短路点 F 的电压从短路前的 $\Delta \dot{U}_{\mathrm{F}}$ 变到零,电压变化的幅值还是 ΔU_{F}。保护安装处对端电动势 R 点的电压是不变的。将 R 点与 $\Delta \dot{U}_{\mathrm{F}}$ 的端点相连,与 Y 点的垂线相交就可得到短路附加状态下的保护范围末端的电压——工作电压 $\Delta \dot{U}_{\mathrm{OP}}$。该电压也是真正的保护范围末端的电压变化量。从图 3-6 可见,区外短路时 $|\Delta U_{\mathrm{OP}}| < |\Delta U_{\mathrm{F}}|$。该电位图与式(3-7)和式(3-8)是对应的。由于保护安装处正方向的等值阻抗是 Z_{R},式(3-7)中的 $(Z_{\mathrm{R}} - Z_{\mathrm{set}})$ 在图 3-6 中对应 RY 线段的长度,该阻抗乘以 $\Delta \dot{I}_{\mathrm{m}}$,就是 RY 线段的长度乘以斜线的斜率,得到 $\Delta \dot{U}_{\mathrm{OP}}$。式(3-8)中的 $(Z_{\mathrm{R}} + Z_{\mathrm{K}})$ 在图 3-6 中对应 RF 线段的长度,该阻抗同样乘以 $\Delta \dot{I}_{\mathrm{m}}$,就是 RF 线段的长度乘以斜线的斜率,得到 $\Delta \dot{U}_{\mathrm{F}}$。因为斜率是相同的,反方向短路时由于 RY 比 RF 短,所以 $|\Delta \dot{U}_{\mathrm{OP}}| < |\Delta \dot{U}_{\mathrm{F}}|$。

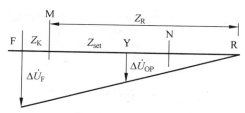

图 3-6　反方向短路时的电位图

从上面正方向的区内、区外短路和反方向短路的分析可见,只有在正方向区内短路时 $|\Delta \dot{U}_{\mathrm{OP}}| > |\Delta \dot{U}_{\mathrm{F}}|$。而在正方向区外短路和反方向短路时 $|\Delta \dot{U}_{\mathrm{OP}}| < |\Delta \dot{U}_{\mathrm{F}}|$。因此,按下式表达的动作方程构成的阻抗继电器可以满足只有区内短路时继电器才动作的要求:

$$|\Delta \dot{U}_{\mathrm{OP}}| > |\Delta \dot{U}_{\mathrm{F}}| \tag{3-9}$$

式(3-9)中的动作量 $\Delta \dot{U}_{\mathrm{OP}}$ 微机保护可以算出,但制动量 $\Delta \dot{U}_{\mathrm{F}}$ 微机保护无法算出。因为 $\Delta \dot{U}_{\mathrm{F}}$ 是短路点 F 在短路前的电压 $\dot{U}_{\mathrm{F[0]}}$,从某种意义上讲保护装置目

前正在寻找短路点的位置,所以短路点在短路前的电压是未知的。因此式(3-9)是一个无法真正实现的动作方程。为了构成一个可以实现的动作方程,可以用保护范围末端在短路前的电压来代替短路点在短路前的电压。由于整定阻抗 Z_{set} 是已知的,也就是保护范围末端是已知的,因而保护范围末端在短路前的电压是可以根据短路前的参数求得的。现在的问题是在用保护范围末端在短路前的电压来代替短路点在短路前的电压后,还能不能保证在区内短路时继电器动作,区外和反方向短路时继电器不动作。如果短路恰好发生在保护范围的末端,那么用保护范围末端在短路前的电压来代替短路点在短路前的电压是完全准确的,一点误差也没有的,这时继电器处于动作边界。这就说明保护范围末端这一点是准确的,换句话说保护范围是准确的。那么区内短路时继电器肯定能动作,这样代替的结果只是灵敏度高低的差别而已。同理,区外短路和反方向短路时继电器肯定不动作,这样代替的结果只是不动作的可靠性高低的差别而已。由于短路前在正常运行时各点的电压差别不大,都在额定电压附近,所以上述的差别并不是很大。

那么保护范围末端在短路前的电压怎么计算呢?图 3-7 是短路前正常运行时的系统图。保护安装处的电压 $\dot{U}_1$ 是负荷电压,流过保护的电流 $\dot{I}_1$ 是负荷电流,它们都是在正常运行时微机保护采样得到的值。$\dot{U}_1$ 和 $\dot{I}_1$ 规定的正方向为传统规定的正方向,如图 3-7 中箭头所示。短路前保护范围末端 Y 点的电压可按 $\dot{U}_1-\dot{I}_1 Z_{set}$ 计算得到。该计算式的结构形式与阻抗继电器的工作电压的结构形式完全一样,是阻抗继电器在正常运行时的工作电压,称作工作电压的记忆值,记为 $\dot{U}_{OP.M}$,下标 M 表示记忆值。于是 $\dot{U}_{OP.M}$ 可按下式求得:

$$\dot{U}_{OP.M} = \dot{U}_1 - \dot{I}_1 Z_{set} \tag{3-10}$$

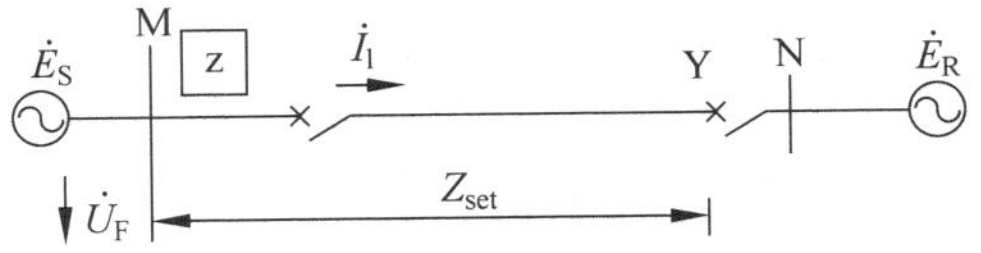

图 3-7　正常运行系统

这样,工频变化量阻抗继电器真正用以实现的动作方程为

$$|\Delta\dot{U}_{OP}| > |\Delta\dot{U}_{OP.M}| \tag{3-11}$$

动作量 $\Delta\dot{U}_{OP}$ 与制动量 $\Delta\dot{U}_{OP.M}$ 分别由式(3-7)和式(3-10)求得。

由以上分析可知,工频变化量阻抗继电器在正、反方向短路时具有非常良好的性能。同时,所有反映工频变化量的继电器都不反映负荷分量,负荷分量不会影响保护的性能,因为在它的实现过程中把负荷分量消除了。

但是反映工频变化量的继电器也有一些缺陷,主要有:

(1) 由于工频变化量的电气量只存在于短路初始的一段时间内,所以它只能用于构成快速保护,因而还需要与反映稳态量的保护配合使用。

(2) 在超高压远距离输电线路上,线路末端断路器因故跳开时,由于"电容效应"的影响,线路末端电压将升高。由于工频变化量阻抗继电器的动作量 $|\Delta \dot{U}_{OP}|$ 反映的是保护范围末端的电压,所以保护范围末端电压的升高将造成工频变化量阻抗继电器的误动。虽然对端断路器已经跳开了,本保护跳闸并不造成严重后果,但可以采用把工频变化量阻抗继电器与一个动作方程为 $|\dot{U}| < |\dot{I}Z_{set}|$ 的全阻抗继电器构成逻辑"与"的方法避免工频变化量距离保护误动。该全阻抗继电器整定阻抗 Z_{set} 很大,所以它很灵敏,电压、电流都采用半周积分算法,动作速度又很快,因此不会影响工频变化量距离保护的动作速度,且具有较强的保护过渡电阻的能力。而在上述对端断路器跳开的情况下,流过保护的电流只是本线路的电容电流和泄漏电流,电流很小,全阻抗继电器不动作,工频变化量距离保护就不会误动。

(3) 由于暂态电气量的影响,工频变化量阻抗继电器的离散性稍大一些。

3.3 免疫于过负荷与振荡的距离保护

线路的连锁跳闸往往会引起大停电事故,造成重大损失。而距离保护在事故过负荷及系统振荡中的不正确动作是连锁跳闸的重要原因。研究免疫于过负荷和系统振荡的距离保护,可以有效遏制线路连锁跳闸的发生,避免大停电事故的发生[2]。

3.3.1 免疫于过负荷的距离保护

事故过负荷的起因是一条或多条运行线路因故障或无故障跳闸,其过程为潮流发生转移,结果为并行输电断面的运行线路发生过负荷。为避免距离保护在事故过负荷下不必要的动作,需对事故过负荷进行识别。由于系统运行方式复杂多变,其动态过程中的不对称分量也很难通过序网分析与单相故障绝对区分。不同于故障,在一定条件下的事故过负荷才能导致距离保护Ⅲ段动作,因此在进行事故过负荷识别和闭锁之前,首先需明确事故过负荷引起保护动作的必要条件。

1. 事故过负荷引起保护动作的必要条件
1) 线路重载且两端等效系统功角稳定
以图 3-8 所示系统展开分析。

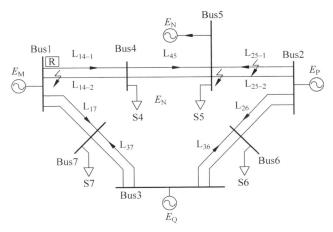

图 3-8   500kV 7 节点仿真系统

事故过负荷引发距离保护Ⅲ段启动主要发生在有功送端,即有功功率方向从母线流向线路。由功角特性可知,送端等效系统输出有功功率主要受两端系统功角差 δ,系统阻抗 Z_M 和 Z_N,线路阻抗 Z_L 的影响,其计算式为

$$P = \frac{E_M E_N}{Z_M + Z_N + Z_L} \sin \delta \tag{3-12}$$

对于图 3-8 所示系统,当功角差从 0°增加到 90°时,在 N-3 扰动后,$L_{14\text{-}1}$ 首端距离保护Ⅲ段比相结果如图 3-9 所示。当功角差大于 55°时,接地阻抗继电器Ⅲ段 A 相才会在潮流转移稳定后进入动作区。因此,只有在线路本身有功传输大的情况下,事故过负荷才能"雪上加霜",造成保护动作。

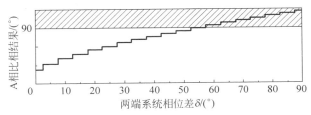

图 3-9   功角变化下的事故过负荷后比相结果

对于在系统暂态失稳失步振荡情况下发生的事故过负荷,由于振荡线路电压、电流及测量阻抗呈现周期性变化,距离保护Ⅲ段比相结果如图 3-10 所示。目前观察到的电力系统失步振荡周期不超过 1.5s,连续在动作区的时间小于保护动作时间,不会出口跳闸,因此在系统暂态失稳时,不会发生因事故过负荷造成的距离保护Ⅲ段出口动作。

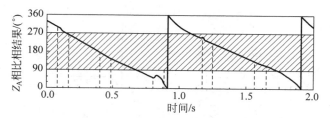

图 3-10　系统振荡且事故过负荷下距离保护Ⅲ段比相结果

2）线路重载且两端等效系统电压稳定

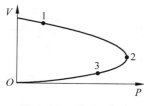

图 3-11　$P\text{-}V$ 曲线

线路传输功率不仅与功角稳定相关,还受电压稳定的约束。由图 3-11 所示的 $P\text{-}V$ 曲线可知,电压失稳点与线路传输功率达到最大值的点一致。由于事故过负荷下线路有功增加,因此当前线路传输功率必然小于最大传输功率,即事故过负荷必然处在电压稳定状态。

对变电站及两端系统进行戴维南等效,如图 3-12（a）所示。当负荷阻抗的复数等于传输阻抗的共轭复数时,负荷获得最大的功率,处于电压失稳的临界点,此时有 $|Z_L|=|Z_{thev}|$,如图 3-12（b）中的 Z_{L2} 所示;当阻抗模值比 $|Z_L|/|Z_{thev}|>1$ 时,节点电压稳定,如图 3-12（b）中 Z_{L1} 所示;当 $|Z_L|/|Z_{thev}|<1$ 时,节点电压失稳,如图 3-12（b）中 Z_{L3} 所示。由此,电压稳定性可以由阻抗模值比 $|Z_L|/|Z_{thev}|$ 表征,当发生事故过负荷时,$|Z_L|/|Z_{thev}|>1$。

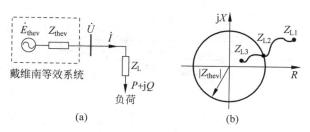

图 3-12　戴维南等效系统示意图

（a）对变电站及系统进行戴维南等效；（b）电压稳定与阻抗模值比的关系

3）保护安装于长线路

距离保护Ⅲ段的整定主要受线路长短影响。线路越长,距离保护Ⅲ段整定值越大,继电器载荷能力越小,保护越容易在过负荷下启动。不同于线路载流量,继电器载荷能力受限于距离保护在过负荷下的动作特性,以姆欧继电器为例,其载荷能力如图 3-13 所示。

图 3-13 中,Z_{set} 为距离保护Ⅲ段整定阻抗,φ_{set} 为线路正序阻抗角,φ_L 为负荷

功率因数角。在电压 U 下,继电器载荷量即引发
继电器动作的最小负荷 $S_{\min}$ 可由下式求得:

$$S_{\min} = \frac{U^2}{Z_{\text{set}} \cos(\varphi_{\text{set}} - \varphi_{\text{L}})} \quad (3\text{-}13)$$

由式(3-13)可知,保护线路越长,$S_{\min}$ 越小,
过负荷下保护启动的概率越高。另外,线路越长,
后备保护区尤其是远后备保护区的故障特征越不
明显,识别难度越大。

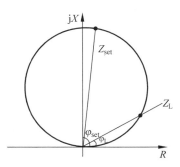

图 3-13 姆欧继电器载荷
能力示意图

2. 过负荷识别判据

在测得戴维南等效阻抗的前提下,进一步研
究戴维南等效阻抗与测量阻抗的幅值、相角关系,
以及与保护整定阻抗的关系,可对保护动作情况进行分类,进而实现对事故过负荷
与单相故障的识别。

1)测量阻抗与戴维南等效阻抗的幅值关系

在如图 3-14 所示的三节点系统中,送端节点 M、P 共同向受端 N 输送功率。
R 为安装于线路 J 首端的距离Ⅲ段保护,斜线区域为保护 R 的保护区段,本段及下
段线路总阻抗用 Z_{Lj} 表示。

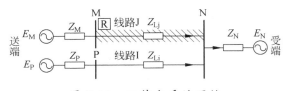

图 3-14 三节点系统网络

线路 J 接地距离保护测量阻抗 $Z_{\text{R}\Phi}$ 的计算式为

$$Z_{\text{R}\Phi} = \frac{\dot{U}_{\Phi}}{\dot{I}_{\Phi} + 3K_0 \dot{I}_0} = \frac{\dot{E}_{\text{M}\Phi} - \dot{U}_{\text{thev.}\Phi}}{\dot{I}_{\Phi} + 3K_0 \dot{I}_0} \quad (3\text{-}14)$$

式中,$\dot{E}_{\text{M}\Phi}$ 为 M 侧系统相电动势;$\dot{U}_{\text{thev.}\Phi}$ 为系统等效阻抗相电压降;K_0 为线路
零序电流补偿系数;$\dot{I}_{\Phi}$、$\dot{I}_0$ 分别为保护安装处相电流和零序电流。

Z_{thev1}、Z_{thev0} 分别表示戴维南正序、零序等效阻抗,对线路 J 等同于 Z_{M1}、
Z_{M0}。令 $K_{\text{t0}} = (Z_{\text{thev0}} - Z_{\text{thev1}})/(3Z_{\text{thev1}})$,定义补偿戴维南等效阻抗为

$$Z'_{\text{thev}} = \frac{\dot{U}_{\text{thev.}\Phi}}{\dot{I}_{\Phi} + 3K_0 \dot{I}_0} = \left[1 - \frac{\dot{I}_0(3K_0 - 3K_{\text{t0}})}{\dot{I}_{\Phi} + 3K_0 \dot{I}_0}\right] Z_{\text{thev1}} \quad (3\text{-}15)$$

由于事故过负荷下零序电流幅值较小,Z'_{thev} 与 Z_{thev1} 的幅值差别不大。经补

偿，Z'_{thev} 和 $Z_{R\Phi}$ 在同一个阻抗平面上，如图 3-15 所示。

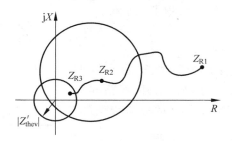

图 3-15　测量阻抗与补偿戴维南等效阻抗示意图

同理，相间距离保护测量阻抗 $Z_{R\Phi\Phi}$ 为

$$Z_{R\Phi\Phi} = \frac{\dot{U}_{\Phi\Phi}}{\dot{I}_{\Phi\Phi}} = \frac{\dot{E}_{M\Phi\Phi} - \dot{U}_{\text{thev.}\,\Phi\Phi}}{\dot{I}_{\Phi\Phi}} = \frac{\dot{E}_{M\Phi\Phi}}{\dot{I}_{\Phi\Phi}} - Z_{\text{thev1}} \tag{3-16}$$

式中，下标 $\Phi\Phi$ 表示相间，例如 AB、BC、CA，$\dot{U}_{\Phi\Phi}$ 为相间电压；$\dot{I}_{\Phi\Phi}$ 为线电流；$\dot{E}_{M\Phi\Phi}$ 为 M 侧的相间电动势；$Z_{R\Phi\Phi}$ 为相间测量阻抗；$\dot{U}_{\text{thev.}\,\Phi\Phi}$ 为相间戴维南等值电压。

在相间距离保护阻抗平面上，Z_{thev1} 和 $Z_{R\Phi\Phi}$ 也满足图 3-15 所示关系。根据前面的分析可知，事故过负荷下只有节点电压稳定才可能使得保护动作，此时满足负荷阻抗大于戴维南等效阻抗。由距离保护阻抗平面表示，节点电压稳定下应有 $|Z_{\Sigma R\Phi}| / |Z'_{\text{thev}}|$ 与 $|Z_{\Sigma R\Phi\Phi}| / |Z_{\text{thev1}}|$ 的值大于一个阈值 O_{TH}，即

$$\begin{cases} |Z_{\Sigma R\Phi}| / |Z'_{\text{thev}}| > O_{TH} \\ |Z_{\Sigma R\Phi}| / |Z_{\text{thev1}}| > O_{TH} \end{cases} \tag{3-17}$$

式中，$Z_{\Sigma R\Phi}$ 为所有出线的接地距离保护测量阻抗并联值；$Z_{\Sigma R\Phi\Phi}$ 为所有出线的相间距离保护测量阻抗并联值。

2）测量阻抗与戴维南等效阻抗的相角关系

定义接地距离保护测量阻抗 $Z_{E\Phi}$ 为

$$Z_{E\Phi} = \frac{\dot{E}_{M\Phi}}{\dot{I}_{\Phi} + 3K_0 \dot{I}_0} = Z_{R\Phi} + Z'_{\text{thev}} \tag{3-18}$$

在图 3-14 所示的系统中，当线路 I 三相开断造成三相潮流转移时，$Z_{E\Phi}$ 的相角由 $\dot{E}_{M\Phi}$ 和 $\dot{I}_{M\Phi}$ 决定。由功角特性可知，$\dot{E}_M$ 与 $\dot{E}_N$ 的夹角小于 $90°$，即 $\dot{E}_{M\Phi}$ 和 $\dot{I}_{M\Phi}$ 的夹角最大为 $45° + (90° - \varphi_{L1})$，其中 φ_{L1} 为线路正序阻抗角。

考虑单相跳闸所造成的单相潮流转移，$Z_{E\Phi}$ 分母项由线路 J 扰动前负荷电流 $\dot{I}_{j\Phi}^{[0]}$ 和线路 I 转移过来的电流 $\Delta\dot{I}_{ji1} + \dot{I}_{ji2} + (3K_0 + 1)\dot{I}_{ji0}$ 组成。忽略电动势幅值

差,有

$$
\begin{cases}
\dot{I}_{j\Phi}^{[0]} = \dfrac{\dot{E}_{M} - \dot{E}_{N}}{Z_{M1} + Z_{Lj1} + Z_{N1}} = \dfrac{2\dot{E}_{M}\sin\left(\dfrac{\delta_{MN}}{2}\right)e^{j\left(\frac{\pi-\delta_{MN}}{2}\right)}}{Z_{M1} + Z_{Lj1} + Z_{N1}} \\[3mm]
\Delta\dot{I}_{ji1} = \dfrac{Z_{P1}Z_{00}}{(Z_{M1} + Z_{Lj1} + Z_{N1})(Z_{11} + 2Z_{00})}\dot{I}_{iA}^{[0]} \\[3mm]
\dot{I}_{ji2} = \dfrac{Z_{P1}Z_{00}}{(Z_{M1} + Z_{Lj1} + Z_{P1})(Z_{11} + 11Z_{00})}\dot{I}_{iA}^{[0]} \\[3mm]
\dot{I}_{ji0} = \dfrac{Z_{11}Z_{P0}}{(Z_{M0} + Z_{Lj0} + Z_{P0})(Z_{11} + 2Z_{00})}\dot{I}_{iA}^{[0]} \\[3mm]
\dot{I}_{i\Phi}^{[0]} = \dfrac{\dot{E}_{P} - \dot{E}_{N}}{Z_{P1} + Z_{Li1} + Z_{N1}} = \dfrac{2\dot{E}_{P}\sin\left(\dfrac{\delta_{PN}}{2}\right)e^{j\left(\frac{\pi-\delta_{PN}}{2}\right)}}{Z_{P1} + Z_{Li1} + Z_{N1}}
\end{cases}
\tag{3-19}
$$

式中,$Z_{11} = Z_{Li1} + Z_{P1} + (Z_{M1} + Z_{N1})Z_{N1}/(Z_{M1} + Z_{N1} + Z_{Lj1})$,$Z_{00} = Z_{Li0} + Z_{P0} + (Z_{M0} + Z_{N0})Z_{N0}/(Z_{M0} + Z_{N0} + Z_{Lj0})$。$\delta_{MN}$、$\delta_{PN}$ 分别为 $\dot{E}_{M}$ 与 $\dot{E}_{N}$、$\dot{E}_{P}$ 与 $\dot{E}_{N}$ 间的功角差。根据对功角稳定的分析,可知事故过负荷区外故障阶段即潮流转移前期有 $\delta_{MN} < 90°$ 和 $\delta_{PN} < 90°$。当 $\delta_{MN} = 90°$ 时,$\dot{E}_{M}$ 与 $\dot{I}_{M}$ 的夹角最大,为 $45° + (90° - \varphi_{L1})$;同理,$\dot{E}_{N}$ 与 $\dot{I}_{N}$ 的负夹角最大也为 $45° + (90° - \varphi_{L1})$。由于输电网等效系统及线路的正序阻抗角和零序阻抗角相差较小,故转移至线路 J 的电流与扰动前线路 I 的负荷电流的夹角较小。又由于线路 I 和线路 J 具有共同的受端节点,因此,当线路 I、线路 J 送端均运行在静稳极限时,$Z_{E\Phi}$ 的角度有最大值,为 $45° + (90° - \varphi_{L1})$。

对线路阻抗角进行补偿,有

$$
\begin{cases}
\arg(Z'_{E\Phi}) = \arg(Z_{E\Phi}e^{\varphi_{L1}-90°}) < 45° \\[2mm]
\arg(Z'_{E\Phi\Phi}) = \arg(Z_{E\Phi\Phi}e^{\varphi_{L1}-90°}) < 45°
\end{cases}
\tag{3-20}
$$

3) 整定阻抗与戴维南等效阻抗的幅值关系

以姆欧继电器为例,保护启动须满足比幅条件:

$$
|Z_{set}/2| > |Z_{set}/2 - Z_{R\Phi}|
\tag{3-21}
$$

测量阻抗 Z_{E}、Z'_{E}、Z_{R} 与补偿戴维南等效阻抗 Z'_{hev} 及保护整定阻抗 Z_{set} 的相量关系如图 3-16 所示。

整定阻抗 Z_{set} 较大的情况下距离保护Ⅲ段才可能在事故过负荷时启动,因此,$|Z'_{thev}|/|Z_{set}|$ 存在极大值 O_{MAX}。

事故过负荷引发距离保护Ⅲ段启动的整定条件可量化为

$$
\begin{cases}
|Z'_{thev}|/|Z_{set}| < O_{MAX} \\[2mm]
|Z_{thev1}|/|Z_{set}| < O_{MAX}
\end{cases}
\tag{3-22}
$$

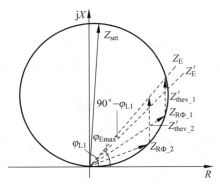

图 3-16   测量阻抗、整定阻抗、补偿戴维南等效阻抗示意图

若不满足式(3-22)，即便发生事故过负荷，也不可能进入距离保护Ⅲ段动作区。式(3-22)还限定了送端系统等效阻抗与整定阻抗的关系，可用于进一步识别。

4）保护启动域的划分

根据以上分析，提出距离保护Ⅲ段过负荷启动指标（overload start index, OSI）。根据 OSI，可以将保护启动域划分为故障启动域和事故过负荷启动域。只有 OSI 落入事故过负荷启动域，当前距离保护Ⅲ段启动才有可能是事故过负荷引起的，对故障启动域不会出现事故过负荷引起距离保护Ⅲ段启动的情况。对接地和相间距离保护Ⅲ段，其事故过负荷启动域的 OSI 条件如下。

对于接地故障，有

$$\begin{cases} \mathrm{OSI}_1 = |\,Z'_{\text{thev}}\,|\,/\,|\,Z_{\text{set}}\,| < O_{\text{MAX}} \\ \mathrm{OSI}_2 = |\,Z_{\Sigma R\Phi}\,|\,/\,|\,Z'_{\text{thev}}\,| > O_{\text{TH}} \\ \mathrm{OSI}_3 = \mathrm{Im}(Z'_{E\Phi})/\mathrm{Re}(Z'_{E\Phi}) < 1 \end{cases} \tag{3-23}$$

对于相间故障，有

$$\begin{cases} \mathrm{OSI}_1 = |\,Z_{\text{thev1}}\,|\,/\,|\,Z_{\text{set}}\,| < O_{\text{MAX}} \\ \mathrm{OSI}_2 = |\,Z_{\Sigma R\Phi\Phi}\,//\,|\,Z_{\text{thev1}}\,| > O_{\text{TH}} \\ \mathrm{OSI}_3 = \mathrm{Im}(Z'_{E\Phi\Phi})/\mathrm{Re}(Z'_{E\Phi\Phi}) < 1 \end{cases} \tag{3-24}$$

3.3.2   免疫于振荡的距离保护

1. 多相补偿距离保护

多相补偿距离保护早在电磁式保护时代就已经被提出并得到了广泛运用，但大多数判据为不同的相补偿电压比相或者不同的相间补偿电压比相。这里介绍一种基于相补偿电压与相间补偿电压比相的多相补偿距离保护，其核心判据为[3]

$$
\begin{cases}
P_{\text{A-BC}}:360° > \arg \dfrac{\dot{U}'_{\text{A}}}{\dot{U}'_{\text{BC}}} > 180° \\[2mm]
P_{\text{B-CA}}:360° > \arg \dfrac{\dot{U}'_{\text{B}}}{\dot{U}'_{\text{CA}}} > 180° \\[2mm]
P_{\text{C-AB}}:360° > \arg \dfrac{\dot{U}'_{\text{C}}}{\dot{U}'_{\text{AB}}} > 180°
\end{cases}
\tag{3-25}
$$

式中,$\dot{U}'_{\text{A}}$、$\dot{U}'_{\text{B}}$、$\dot{U}'_{\text{C}}$ 统一表示为 $\dot{U}'_{\varphi}$,$\dot{U}'_{\text{AB}}$、$\dot{U}'_{\text{BC}}$、$\dot{U}'_{\text{CA}}$ 统一表示为 $\dot{U}_{\varphi\varphi}$,并可由式(3-26) 计算得到。

$$
\begin{cases}
\dot{U}'_{\varphi} = \dot{U}_{\varphi} - (\dot{I}_{\varphi} + 3k\dot{I}_0)Z_{\text{set}} \\[2mm]
\dot{U}'_{\varphi\varphi} = \dot{U}_{\varphi\varphi} - \dot{I}_{\varphi\varphi}Z_{\text{set}}
\end{cases}
\tag{3-26}
$$

在式(3-26)中,$\dot{U}'_{\varphi}$ 和 $\dot{I}_{\varphi}$ 分别为测量点处测得的相电压和相电流,$\dot{U}_{\varphi\varphi}$ 和 $\dot{I}_{\varphi\varphi}$ 分别为测量点处测得的相间电压和相间电流,$\dot{I}_0$ 为测量点处的零序电流,Z_{set} 为距离保护的整定阻抗,k 定义为

$$
k = \frac{Z_0 - Z_1}{3Z_1}
\tag{3-27}
$$

式中,Z_1 和 Z_0 分别为传输线路的正序阻抗和零序阻抗。

　　以图 3-17 所示的两端系统为例对多相补偿距离的原理进行说明。M 为测量点,F 为故障点,距离保护的动作范围为从 M 到 Y。Z_{M} 和 Z_{N} 为线路两侧系统的等效阻抗,Z_{set} 为保护的整定阻抗,Z_{F} 为测量点到故障点的等效阻抗。$\dot{E}_{\text{M}}$ 和 $\dot{E}_{\text{N}}$ 为线路两侧系统的等效电动势。

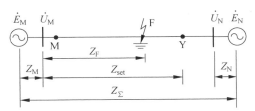

图 3-17　两端系统结构示意图

　　假设系统各部分的阻抗角一致且系统正序、负序、零序网结构相同,定义 k_{Y} 和 k_{F} 为

$$
k_{\text{Y}} = \frac{Z_{\text{M}} + Z_{\text{set}}}{Z_{\Sigma}}
\tag{3-28}
$$

$$k_F = \frac{Z_M + Z_F}{Z_\Sigma} \tag{3-29}$$

以式(3-25)中的判据 $P_{A\text{-}BC}$ 为例,考察其在不同情况下的比相结果。当系统正常运行时,测量点 M 处所对应的 A、B、C 三相的补偿电压 $\dot{U}'_A$、$\dot{U}'_B$ 和 $\dot{U}'_C$ 可表示为

$$\begin{cases} \dot{U}'_A = (1 - k_Y)\dot{E}_{MA} + k_Y\dot{E}_{NA} \\ \dot{U}'_B = \alpha^2\left[(1 - k_Y)\dot{E}_{MA} + k_Y\dot{E}_{NA}\right] \\ \dot{U}'_C = \alpha\left[(1 - k_Y)\dot{E}_{MA} + k_Y\dot{E}_{NA}\right] \end{cases} \tag{3-30}$$

式中,$\alpha = e^{j2\pi/3}$。

将式(3-30)代入式(3-25)的判据 $P_{A\text{-}BC}$ 中可得

$$\arg\frac{\dot{U}'_A}{\dot{U}'_{BC}} = \arg\frac{1}{\alpha^2 - \alpha} = 90° \tag{3-31}$$

由式(3-31)可知,当系统正常运行时,A 相补偿电压 $\dot{U}'_A$ 超前于 BC 相间补偿电压 $\dot{U}'_{BC}$ 90°,此时保护不会动作。当系统振荡时,$\dot{U}'_A$、$\dot{U}'_B$ 和 $\dot{U}'_C$ 的表达式与式(3-30)相同,因此,A 相补偿电压 $\dot{U}'_A$ 仍超前于 BC 相间补偿电压 $\dot{U}'_{BC}$ 90°,此时保护同样不会动作。

当 A 相发生接地故障时,不考虑过渡电阻,可求出相补偿电压 $\dot{U}'_A$、$\dot{U}'_B$ 和 $\dot{U}'_C$ 的表达式如式(3-32)所示。其中,$\dot{U}_{YA[0]} = (1 - k_Y)\dot{E}_{MA} + k_Y\dot{E}_{NA}$,即故障发生前整定点 Y 处的 A 相电压;$\dot{U}_{FA[0]} = (1 - k_F)\dot{E}_{MA} + k_F\dot{E}_{NA}$,即故障发生前故障点 F 处的 A 相电压;$Z_{\Sigma1}$ 和 $Z_{\Sigma0}$ 分别为 Z_Σ 对应的正序阻抗和零序阻抗。将式(3-32)代入式(3-25)的判据 $P_{A\text{-}BC}$ 中可计算得到式(3-33)。考虑到系统正常运行时 $\dot{U}_{YA[0]}$ 和 $\dot{U}_{FA[0]}$ 可认为近似相等,式(3-33)可进一步简化为式(3-34)。

$$\begin{cases} \dot{U}'_A = \dot{U}_{YA[0]} - \dfrac{k_Y}{k_F}\dot{U}_{FA[0]} \\[2mm] \dot{U}'_B = \alpha^2\dot{U}_{YA[0]} - \dfrac{k_Y(Z_{\Sigma0} - Z_{\Sigma1})}{k_F(2Z_{\Sigma1} + Z_{\Sigma0})}\dot{U}_{FA[0]} \\[2mm] \dot{U}'_C = \alpha\dot{U}_{YA[0]} - \dfrac{k_Y(Z_{\Sigma0} - Z_{\Sigma1})}{k_F(2Z_{\Sigma1} + Z_{\Sigma0})}\dot{U}_{FA[0]} \end{cases} \tag{3-32}$$

$$\arg\frac{\dot{U}'_A}{\dot{U}'_{BC}} = \arg\frac{\dot{U}_{YA[0]} - \dfrac{k_Y}{k_F}\dot{U}_{FA[0]}}{(\alpha^2 - \alpha)\dot{U}_{YA[0]}} \tag{3-33}$$

$$\arg \frac{\dot{U}'_A}{\dot{U}'_{BC}} \approx \arg \frac{1}{\alpha^2 - \alpha} + \arg \left(1 - \frac{k_Y}{k_F}\right) = 90° + \arg \left(1 - \frac{k_Y}{k_F}\right) \quad (3\text{-}34)$$

由式(3-34)和 k_Y、k_F 的定义可知,判据对于区内与区外故障的判别实质上是通过比较 k_Y/k_F 与1的大小来实现的:当故障发生在保护动作区外时,$1 - k_Y/k_F > 0$,$\dot{U}'_A$ 超前 $\dot{U}'_{BC}$ 90°,保护不动作;当故障发生在保护动作区内时,$1 - k_Y/k_F < 0$,$\dot{U}'_A$ 超前 $\dot{U}'_{BC}$ 270°,满足 $P_{A\text{-}BC}$ 判据,保护动作。

考虑过渡电阻的情况,设过渡电阻为 $R_g^{(1)}$,可求得 $\dot{U}'_A$、$\dot{U}'_B$ 和 $\dot{U}'_C$ 的表达式为

$$\begin{cases} \dot{U}'_A = \dot{U}_{YA[0]} - \dfrac{k_Y(1-k_F)(2Z_{\Sigma1}+Z_{\Sigma0})}{3R_g^{(1)} + k_F(1-k_F)(2Z_{\Sigma1}+Z_{\Sigma0})} \dot{U}_{FA[0]} \\[4mm] \dot{U}'_B = \alpha^2 \dot{U}_{YA[0]} - \dfrac{k_Y(1-k_F)(Z_{\Sigma0}-Z_{\Sigma1})}{3R_g^{(1)} + k_F(1-k_F)(2Z_{\Sigma1}+Z_{\Sigma0})} \dot{U}_{FA[0]} \\[4mm] \dot{U}'_C = \alpha \dot{U}_{YA[0]} - \dfrac{k_Y(1-k_F)(Z_{\Sigma0}-Z_{\Sigma1})}{3R_g^{(1)} + k_F(1-k_F)(2Z_{\Sigma1}+Z_{\Sigma0})} \dot{U}_{FA[0]} \end{cases} \quad (3\text{-}35)$$

将式(3-35)代入式(3-25)的判据 $P_{A\text{-}BC}$ 中,同样认为 $\dot{U}_{YA[0]}$ 和 $\dot{U}_{FA[0]}$ 近似相等,则有

$$\arg \frac{\dot{U}'_A}{\dot{U}'_{BC}} \approx 90° + \arg \left[1 - \frac{k_Y(1-k_F)(2Z_{\Sigma1}+Z_{\Sigma0})}{3R_g^{(1)} + k_F(1-k_F)(2Z_{\Sigma1}+Z_{\Sigma0})}\right] \quad (3\text{-}36)$$

对比式(3-34)与式(3-36)可知,由于存在过渡电阻,由原本的通过比较 k_Y/k_F 与1的大小变为通过比较 $k_Y(1-k_F)(2Z_{\Sigma1}+Z_{\Sigma0})/[3R_g^{(1)}+k_F(1-k_F)(2Z_{\Sigma1}+Z_{\Sigma0})]$ 与1的大小来实现区内故障与区外故障的区分。而在发生区内故障时,当过渡电阻达到一定值时会使 $k_Y(1-k_F)(2Z_{\Sigma1}+Z_{\Sigma0})/[3R_g^{(1)}+k_F(1-k_F)(2Z_{\Sigma1}+Z_{\Sigma0})]$ 的值小于1。此时 $\dot{U}'_A$ 超前 $\dot{U}'_{BC}$ 90°,保护拒动。

考虑系统振荡中发生故障的情况时,不考虑过渡电阻的影响,三相补偿电压的表达式与式(3-32)相同。但在故障发生前由于系统处于振荡状态,式(3-32)中的 $\dot{U}_{YA[0]}$ 和 $\dot{U}_{FA[0]}$ 不再固定不变,而是随振荡变化。现将 $\dot{U}_{YA[0]}$ 和 $\dot{U}_{FA[0]}$ 写为

$$\begin{cases} \dot{U}_{YA[0]} = U_Y \angle \alpha_Y \\[2mm] \dot{U}_{FA[0]} = U_F \angle \alpha_F \end{cases} \quad (3\text{-}37)$$

式中,U_Y、U_F、α_Y、α_F 均随振荡发生变化。

将式(3-37)代入式(3-32),则得出在系统振荡中发生 A 相接地故障时三相补偿电压的表达式:

$$\begin{cases} \dot{U}'_{\mathrm{A}} = U_{\mathrm{Y}} \angle \alpha_{\mathrm{Y}} - \dfrac{k_{\mathrm{Y}}}{k_{\mathrm{F}}} U_{\mathrm{F}} \angle \alpha_{\mathrm{F}} \\[3mm] \dot{U}'_{\mathrm{B}} = \alpha^2 U_{\mathrm{Y}} \angle \alpha_{\mathrm{Y}} - \dfrac{k_{\mathrm{Y}}(Z_{\Sigma 0} - Z_{\Sigma 1})}{k_{\mathrm{F}}(2Z_{\Sigma 1} + Z_{\Sigma 0})} U_{\mathrm{F}} \angle \alpha_{\mathrm{F}} \\[3mm] \dot{U}'_{\mathrm{C}} = \alpha U_{\mathrm{Y}} \angle \alpha_{\mathrm{Y}} - \dfrac{k_{\mathrm{Y}}(Z_{\Sigma 0} - Z_{\Sigma 1})}{k_{\mathrm{F}}(2Z_{\Sigma 1} + Z_{\Sigma 0})} U_{\mathrm{F}} \angle \alpha_{\mathrm{F}} \end{cases} \tag{3-38}$$

将式(3-38)代入式(3-25)的判据 $P_{\mathrm{A\text{-}BC}}$ 中,有

$$\arg \frac{\dot{U}'_{\mathrm{A}}}{\dot{U}'_{\mathrm{BC}}} = \arg \frac{U_{\mathrm{Y}} \angle \alpha_{\mathrm{Y}} - \dfrac{k_{\mathrm{Y}}}{k_{\mathrm{F}}} U_{\mathrm{F}} \angle \alpha_{\mathrm{F}}}{(\alpha^2 - \alpha) U_{\mathrm{Y}} \angle \alpha_{\mathrm{Y}}} \tag{3-39}$$

整理得

$$\arg \frac{\dot{U}'_{\mathrm{A}}}{\dot{U}'_{\mathrm{BC}}} = 90° + \arg \left(1 - \frac{k_{\mathrm{Y}} U_{\mathrm{F}} \angle \alpha_{\mathrm{F}}}{k_{\mathrm{F}} U_{\mathrm{Y}} \angle \alpha_{\mathrm{Y}}} \right) \tag{3-40}$$

由式(3-40)可以看出,受系统振荡影响,U_{Y}、U_{F}、α_{Y}、α_{F} 随振荡变化,从而影响判据最终的比相结果。因此,对于振荡中发生的故障,该多相补偿距离保护并不能可靠地区分出区内与区外故障。

综上所述,基于相补偿电压与相间补偿电压比相的多相补偿距离保护在单纯振荡的情况下能可靠地不误动,在线路仅存在故障的情况下能正确区分区内与区外故障。但该多相补偿距离保护易受过渡电阻的影响,面对振荡中发生的故障时可靠性不足。

2. 具有抗过渡电阻能力的多相补偿距离保护

观察式(3-35)可知,$\dot{U}'_{\mathrm{B}}$ 和 $\dot{U}'_{\mathrm{C}}$ 表达式中的第二项相等,在计算 $\dot{U}'_{\mathrm{BC}}$ 时会抵消。因此,过渡电阻 $R_{\mathrm{g}}^{(1)}$ 对 $\dot{U}'_{\mathrm{BC}}$ 并没有影响,它对 $P_{\mathrm{A\text{-}BC}}$ 的影响主要体现在 $\dot{U}'_{\mathrm{A}}$ 第二项分母的实部,进而影响了 $k_{\mathrm{Y}}/k_{\mathrm{F}}$ 的值。

将 $\dot{U}'_{\mathrm{A}}$ 第二项单独提出,定义为 RES,如式(3-41)所示。则 $R_{\mathrm{g}}^{(1)}$ 通过影响 RES 分母的实部,影响了 $P_{\mathrm{A\text{-}BC}}$ 的结果。如果能将这一影响消除,则可消除过渡电阻对 $P_{\mathrm{A\text{-}BC}}$ 的影响。当 $R_{\mathrm{g}}^{(1)} = 0 R_{\mathrm{g}}$ 时,RES$=k_{\mathrm{Y}}/k_{\mathrm{F}}$,即只要能得到 $k_{\mathrm{Y}}/k_{\mathrm{F}}$,就可消除过渡电阻的影响。

$$\mathrm{RES} = -\frac{k_{\mathrm{Y}}(1 - k_{\mathrm{F}})(2Z_{\Sigma 1} + Z_{\Sigma 0})\dot{U}_{\mathrm{FA[0]}}}{3R_{\mathrm{g}}^{(1)} + k_{\mathrm{F}}(1 - k_{\mathrm{F}})(2Z_{\Sigma 1} + Z_{\Sigma 0})} \tag{3-41}$$

若要消除 $R_{\mathrm{g}}^{(1)}$ 对 RES 分母实部的影响,需要解决以下两个问题:

(1) 在只能采集保护安装处三相电压、三相电流的条件下,如何得到 RES?

(2) 得到 RES 后,如何准确消除 R_g 对其分母部分的影响?

若要提取出 RES,需寻找到某个可测量或可计算的电气量,该电气量拥有和式(3-41)相似的形式。同时,该电气量应为整定范围末端附近的量(补偿点附近电量),以保证多相补偿距离继电器不失去不受振荡影响的良好特性。

式(3-42)给出了零序补偿电压 $\dot{U}'_0$ 的解析表达式。

$$\dot{U}'_0 = \frac{\dot{U}'_A + \dot{U}'_B + \dot{U}'_C}{3} = -\frac{k_Y(1-k_F)Z_{\Sigma 0}}{3R_g^{(1)} + k_F(1-k_F)(2Z_{\Sigma 1} + Z_{\Sigma 0})}\dot{U}_{FA[0]} \quad (3\text{-}42)$$

对比式(3-41)和式(3-42)可知,$\dot{U}'_0$ 与 RES 形式极相似,二者仅相差一个与 $Z_{\Sigma 0}$、$Z_{\Sigma 1}$ 相关的系数。这个系数可由式(3-27)中定义的、距离保护必需的参数 k 得到。利用参数 k 和零序补偿电压 $\dot{U}'_0$ 共同表示出 RES,如式(3-43)所示。

$$\text{RES} = \frac{3k+3}{3k+1}\dot{U}'_0 \quad (3\text{-}43)$$

观察式(3-41)可知,$\dot{U}_{FA[0]}$ 是一个旋转项,会以工频变化,若要去除 $R_g^{(1)}$ 对 RES 的影响,则应首先去除此项,该项是发生故障前故障点的电压,既不可计算也不可测量。$\dot{U}_{YA[0]}$($\dot{U}_{YA[0]} = \dot{U}'_A - \text{RES}$)为整定点电压,考虑到系统正常运行时线路各点电压相差不大,可用它代替 $\dot{U}_{FA[0]}$,消除旋转项。旋转项被消除后得到的部分定义为 COM,如式(3-44)所示。

$$\begin{cases} \text{COM} = \dfrac{\text{RES}}{\dot{U}'_A - \text{RES}} = -\dfrac{k_Y(1-k_F)Z\mathrm{e}^{\mathrm{j}\varphi}}{3R_g^{(1)} + k_F(1-k_F)Z\mathrm{e}^{\mathrm{j}\varphi}} \\ Z\mathrm{e}^{\mathrm{j}\varphi} = 2Z_{\Sigma 1} + Z_{\Sigma 0} \end{cases} \quad (3\text{-}44)$$

当有式(3-45)的假设时,对式(3-44)中的 COM 取倒数,得到形如式(3-46)的复数。若能通过某种计算消除式(3-46)中的 A,则可消除过渡电阻对继电器的影响。

$$\begin{cases} A = -\dfrac{3R_g^{(1)}}{k_Y(1-k_F)Z} \\ B = -\dfrac{k_F}{k_Y} \end{cases} \quad (3\text{-}45)$$

$$\frac{1}{\text{COM}} = (A\cos\varphi + B) - \mathrm{j}A\sin\varphi \quad (3\text{-}46)$$

将 COM 做形如式(3-47)的变换,即可消除 $R_g^{(1)}$ 的影响。

$$\text{COM}' = \frac{1}{\text{Re}\left(\dfrac{1}{\text{COM}}\right) + \text{Im}\left(\dfrac{1}{\text{COM}}\right)\cot\varphi} \quad (3\text{-}47)$$

最终,改进的补偿电压如式(3-48)所示,改进的 $P_{\text{A-BC}}$ 的动作方程如式(3-49)所示。

$$\dot{U}'_{\text{AComp}} = (\text{COM}' + 1)(\dot{U}'_{\text{A}} - \text{RES}) \tag{3-48}$$

$$P_{\text{A-BC}}: 360° > \arg \frac{\dot{U}'_{\text{AComp}}}{\dot{U}'_{\text{BC}}} > 180° \tag{3-49}$$

3. 基于两端序补偿电压幅值比的距离保护

多相补偿距离保护实际上是通过比较 1 与 $k_{\text{Y}}/k_{\text{F}}$ 的大小来区分区内与区外故障,但在推导过程中为了简化计算,认为系统各部分的阻抗角一致、系统正负零序网结构相同。这些都是较强的假设,因此在实际应用过程中求出的 $k_{\text{Y}}/k_{\text{F}}$ 与期望得到的 $k_{\text{Y}}/k_{\text{F}}$ 可能存在较大的偏差。同时,多相补偿距离保护对于识别含过渡电阻的故障及振荡中的故障的能力较弱,这也限制了它的应用。若抛开这些较强的假设,仍能获得类似于 $k_{\text{Y}}/k_{\text{F}}$ 的量且该量不受过渡电阻及振荡的影响,则可以获得一种既不受振荡影响又具有较强耐过渡电阻能力的距离保护方法[4]。基于这一思路,仍以两端系统为例,重新对故障后的三相补偿电压表达式进行推导,在后续的推导过程中仅假设系统正序参数与负序参数相同。定义参数 k_{Y1}、k_{F1}、k_{Y0} 和 k_{F0} 为

$$\begin{cases} k_{\text{Y1}} = \dfrac{Z_{\text{M1}} + Z_{\text{set1}}}{Z_{\Sigma 1}} \\[2mm] k_{\text{F1}} = \dfrac{Z_{\text{M1}} + Z_{\text{f1}}}{Z_{\Sigma 1}} \\[2mm] k_{\text{Y0}} = \dfrac{Z_{\text{M0}} + Z_{\text{set0}}}{Z_{\Sigma}} \\[2mm] k_{\text{F0}} = \dfrac{Z_{\text{M0}} + Z_{\text{f0}}}{Z_{\Sigma 0}} \end{cases} \tag{3-50}$$

式中,下标"1"和"0"分别表示阻抗的正序值与零序值。

现仍以 A 相接地故障为例进行说明。设过渡电阻为 $R_{\text{g}}^{(1)}$,故障发生后,以 M 侧的电流、电压求得的三相补偿电压的表达式为

$$\begin{cases} \dot{U}'_{\text{AM}} = \dot{U}_{\text{YA[0]}} - \dfrac{[2k_{\text{Y1}}(1-k_{\text{F1}})Z_{\Sigma 1} + k_{\text{Y0}}(1-k_{\text{F0}})Z_{\Sigma 0}]}{3R_{\text{g}}^{(1)} + 2k_{\text{F1}}(1-k_{\text{F1}})Z_{\Sigma 1} + k_{\text{F0}}(1-k_{\text{F0}})Z_{\Sigma 0}} \dot{U}_{\text{FA[0]}} \\[3mm] \dot{U}'_{\text{EM}} = a^2 \dot{U}_{\text{YA[0]}} + \dfrac{[k_{\text{Y1}}(1-k_{\text{F1}})Z_{\Sigma 1} - k_{\text{Y0}}(1-k_{\text{F0}})Z_{\Sigma 0}]}{3R_{\text{g}}^{(1)} + 2k_{\text{F1}}(1-k_{\text{F1}})Z_{\Sigma 1} + k_{\text{F0}}(1-k_{\text{F0}})Z_{\Sigma 0}} \dot{U}_{\text{FA[0]}} \\[3mm] \dot{U}'_{\text{CM}} = a \dot{U}_{\text{YA[0]}} + \dfrac{[k_{\text{Y1}}(1-k_{\text{F1}})Z_{\Sigma 1} - k_{\text{Y0}}(1-k_{\text{F0}})Z_{\Sigma 0}]}{3R_{\text{g}}^{(1)} + 2k_{\text{F1}}(1-k_{\text{F1}})Z_{\Sigma 1} + k_{\text{F0}}(1-k_{\text{F0}})Z_{\Sigma 0}} \dot{U}_{\text{FA[0]}} \end{cases} \tag{3-51}$$

由式(3-51)可求出 M 侧所对应的零序补偿电压为

$$\dot{U}'_{0M} = -\frac{k_{Y0}(1-k_{F0})Z_{\Sigma 0}}{3R_g^{(1)} + 2k_{F1}(1-k_{F1})Z_{\Sigma 1} + k_{F0}(1-k_{F0})Z_{\Sigma 0}}\dot{U}_{FA[0]} \quad (3\text{-}52)$$

由式(3-52)可知,式中 $\dot{U}_{FA[0]}/[3R_g^{(1)} + 2k_{F1}(1-k_{F1})Z_{\Sigma 1} + k_{F0}(1-k_{F0})Z_{\Sigma 0}]$ 实际上就是流经故障支路的故障电流序分量,$k_{Y0}(1-k_{F0})Z_{\Sigma 0}$ 包含了故障位置的信息。类似地,若利用 N 侧的电流、电压计算 N 侧所对应的零序补偿电压,可获得与式(3-52)相似的结果。若将 $Z_L - Z_{set}$ 视作线路 N 侧保护的整定值,则以 N 侧的电流、电压求得的三相补偿电压的表达式为

$$\begin{cases} \dot{U}'_{AN} = \dot{U}_{YA[0]} - \dfrac{[2k_{F1}(1-k_{Y1})Z_{\Sigma 1} + k_{F0}(1-k_{Y0})Z_{\Sigma 0}]}{3R_g^{(1)} + 2k_{F1}(1-k_{F1})Z_{\Sigma 1} + k_{F0}(1-k_{F0})Z_{\Sigma 0}}\dot{U}_{FA[0]} \\[3mm] \dot{U}'_{BN} = \alpha^2\dot{U}_{YA[0]} + \dfrac{[k_{F1}(1-k_{Y1})Z_{\Sigma 1} - k_{F0}(1-k_{Y0})Z_{\Sigma 0}]}{3R_g^{(1)} + 2k_{F1}(1-k_{F1})Z_{\Sigma 1} + k_{F0}(1-k_{F0})Z_{\Sigma 0}}\dot{U}_{FA[0]} \\[3mm] \dot{U}'_{CN} = \alpha\dot{U}_{YA[0]} + \dfrac{[k_{F1}(1-k_{Y1})Z_{\Sigma 1} - k_{F0}(1-k_{Y0})Z_{\Sigma 0}]}{3R_g^{(1)} + 2k_{F1}(1-k_{F1})Z_{\Sigma 1} + k_{F0}(1-k_{F0})Z_{\Sigma 0}}\dot{U}_{FA[0]} \end{cases}$$

$$(3\text{-}53)$$

由式(3-53)可求出 N 侧所对应的零序补偿电压为

$$\dot{U}'_{0N} = -\frac{k_{F0}(1-k_{Y0})Z_{\Sigma 0}}{3R_g^{(1)} + 2k_{F1}(1-k_{F1})Z_{\Sigma 1} + k_{F0}(1-k_{F0})Z_{\Sigma 0}}\dot{U}_{FA[0]} \quad (3\text{-}54)$$

根据式(3-52)及式(3-54),将两侧计算得到的零序补偿电压作比较,有

$$\frac{\dot{U}'_{0M}}{\dot{U}'_{0N}} = \frac{k_{Y0}(1-k_{F0})}{k_{F0}(1-k_{Y0})} = \frac{Z_{M0} + Z_{set0}}{Z_{M0} + Z_{f0}} \cdot \frac{Z_{N0} + Z_{L0} - Z_{f0}}{Z_{N0} + Z_{L0} - Z_{set\,0}} \quad (3\text{-}55)$$

式(3-55)的结果实际上反映了故障点与保护范围的相对位置关系:

(1) 当发生区内故障时,$Z_{set0} > Z_{f0}$,则 $(Z_{M0} + Z_{set0})/(Z_{M0} + Z_{f0})$ 及 $(Z_{N0} + Z_{L0} - Z_{f0})/(Z_{N0} + Z_{L0} - Z_{set0})$ 的幅值均大于1,对应的式(3-55)计算结果的幅值也大于1。

(2) 当发生区外故障时,$Z_{set0} < Z_{f0}$,则式(3-55)计算结果的幅值小于1。

显然,可以认为 $\dot{U}'_{0M}/\dot{U}'_{0N}$ 计算结果的幅值就是与 k_Y/k_F 类似的量。因此,通过检测 $\dot{U}'_{0M}/\dot{U}'_{0N}$ 的幅值可以区分区内和区外的单相接地故障。此外,比较式(3-52)及式(3-54)可以发现,在两个表达式中含有过渡电阻的项均在分母,因此利用式(3-55)来区分区内与区外故障时可以不受过渡电阻的影响。

现考虑振荡中发生故障的情况,同样以 A 相接地故障为例,与仅发生线路故障的情况相比,在振荡中发生 A 相接地故障时 M 侧及 N 侧对应的三相补偿电压的表达式与式(3-51)、式(3-53)是相似的,仅是各式中的 $\dot{U}'_{YA[0]}$ 和 $\dot{U}'_{FA[0]}$ 的幅值及

相位受振荡影响不再固定不变。但在利用 $\dot{U}'_{0M}/\dot{U}'_{0N}$ 或 $\dot{U}'_{2M}/\dot{U}'_{2N}$ 来识别故障时,受振荡影响的 $\dot{U}_{YA[0]}$ 和 $\dot{U}_{FA[0]}$ 均在计算过程中被消掉了,不会影响最后的计算结果。因此,利用 $\dot{U}_{0M}/\dot{U}_{0N}$ 或 $\dot{U}'_{2M}/\dot{U}'_{2N}$ 区分区内与区外故障的方法也不会受到系统振荡的影响。

3.4 不受分布电容电流影响的接地阻抗继电器

阻抗继电器正确动作的前提是在发生金属性短路故障的情况下,测量阻抗与故障距离成正比例关系。对于经过渡电阻的故障,测量阻抗与短路距离不再成严格的正比例关系,但其正比例性质并没有发生改变,除高阻接地故障情况下继电器仍然可以动作。同时这也正是考核接地阻抗继电器动作特性好坏的一个重要指标——接地阻抗继电器的抗过渡电阻能力。

但是对于超(特)高压长距离输电线路,分布电容的影响已经不能忽略。由于分布电容的分流作用,流过任一单位长度线路上的电流值不再相等,线路始端阻抗继电器对任意单位长度线路的测量阻抗值也不相等,即测量阻抗不再能用短路距离与线路单位阻抗值的乘积来简单表示。传统阻抗继电器正确判断的前提不再成立,必须重新探讨其故障特性以及动作判据[5]。

3.4.1 基于分布参数线路模型的阻抗继电器接线方式分析

对于基于分布参数的超(特)高压长距离输电线路(如图 3-18 所示),始端 M 侧电压和电流相量是末端 N 侧电压和电流相量的双曲函数:

$$\begin{cases} \dot{U}_M = \dot{U}_N \cosh(\dot{\gamma}l) - \dot{I}_N Z_c \sinh(\dot{\gamma}l) \\ \dot{I}_M = -\dot{I}_N \cosh(\dot{\gamma}l) + (\dot{U}_N/Z_c)\sinh(\dot{\gamma}l) \end{cases} \quad (3\text{-}56)$$

式中,$\dot{U}_M$、$\dot{I}_M$ 分别为输电线路始端的电压、电流相量;$\dot{U}_N$、$\dot{I}_N$ 分别为输电线路末端的电压、电流相量;电流的正方向为母线指向线路。

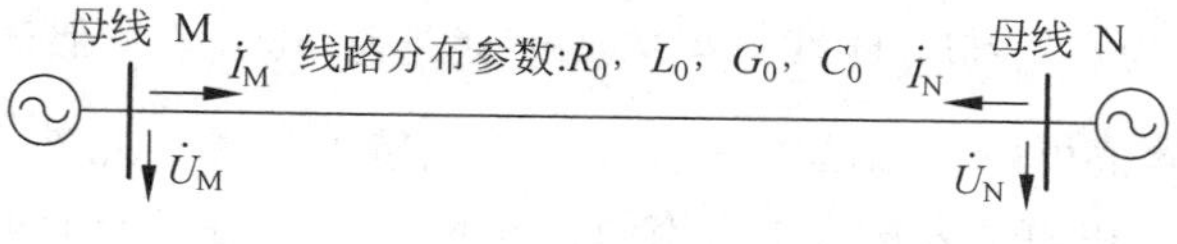

图 3-18 超(特)高压长距离输电线路示意图

实际电力系统为三相系统,线路之间相互耦合,不能直接应用式(3-56)。此时,可采用相模变换将其解耦为三个独立的模分量系统。式(3-56)所示函数关系在任一模分量网络均成立。相模变换的种类很多,特别是对于三相对称系统,可采用对称分量变换。考虑到对称分量应用的普遍性以及电力系统中大多数超（特）高压输电线路都是平衡系统或接近平衡系统，因此以下分析采用对称分量算法进行解耦计算。此时始端和末端的对称分量仍然满足长线方程，只是方程中的波阻抗和传输系统须采用各序分量代替。假设正序参数与负序参数相等，则长线方程(3-56)可写成：

$$
\begin{bmatrix} \dot{U}_{M1} \\ \dot{U}_{M2} \\ \dot{U}_{M0} \end{bmatrix} = \begin{bmatrix} \cosh(\dot{\gamma}_1 l) & 0 & 0 \\ 0 & \cosh(\dot{\gamma}_1 l) & 0 \\ 0 & 0 & \cosh(\dot{\gamma}_0 l) \end{bmatrix} \begin{bmatrix} \dot{U}_{N1} \\ \dot{U}_{N2} \\ \dot{U}_{N0} \end{bmatrix} - \begin{bmatrix} Z_{c1}\sinh(\dot{\gamma}_1 l) & 0 & 0 \\ 0 & Z_{c1}\sinh(\dot{\gamma}_1 l) & 0 \\ 0 & 0 & Z_{c0}\sinh(\dot{\gamma}_0 l) \end{bmatrix} \begin{bmatrix} \dot{I}_{N1} \\ \dot{I}_{N2} \\ \dot{I}_{N0} \end{bmatrix} \quad (3\text{-}57)
$$

$$
\begin{bmatrix} \dot{I}_{M1} \\ \dot{I}_{M2} \\ \dot{I}_{M0} \end{bmatrix} = \begin{bmatrix} \sinh(\dot{\gamma}_1 l)/Z_{c1} & 0 & 0 \\ 0 & \sinh(\dot{\gamma}_1 l)/Z_{c1} & 0 \\ 0 & 0 & \sinh(\dot{\gamma}_0 l)/Z_{c0} \end{bmatrix} \begin{bmatrix} \dot{U}_{N1} \\ \dot{U}_{N2} \\ \dot{U}_{N0} \end{bmatrix} - \begin{bmatrix} \cosh(\dot{\gamma}_1 l) & 0 & 0 \\ 0 & \cosh(\dot{\gamma}_1 l) & 0 \\ 0 & 0 & \cosh(\dot{\gamma}_0 l) \end{bmatrix} \begin{bmatrix} \dot{I}_{N1} \\ \dot{I}_{N2} \\ \dot{I}_{N0} \end{bmatrix} \quad (3\text{-}58)
$$

1. 两相短路故障分析

假设在线路末端发生 B、C 两相直接短路故障，取 A 相为特殊相，则故障点的边界条件为

$$
\dot{U}_{N1} = \dot{U}_{N2}, \quad \dot{I}_{N1} = -\dot{I}_{N2}, \quad \dot{U}_{N0} = 0, \quad \dot{I}_{N0} = 0
$$

代入式(3-57)，有

$$
\begin{cases} \dot{U}_{M1} = \dot{U}_{N1}\cosh(\dot{\gamma}_1 l) - \dot{I}_{N1} Z_{c1}\sinh(\dot{\gamma}_1 l) \\ \dot{U}_{M2} = \dot{U}_{N1}\cosh(\dot{\gamma}_1 l) + \dot{I}_{N1} Z_{c1}\sinh(\dot{\gamma}_1 l) \end{cases} \quad (3\text{-}59)
$$

又

$$
\dot{U}_{BM} = a^2 \dot{U}_{M1} + a\dot{U}_{M2}, \quad \dot{U}_{CM} = a\dot{U}_{M1} + a^2\dot{U}_{M2}
$$

则 M 侧的测量电压为

$$
\dot{U}_{BM} - \dot{U}_{CM} = (a^2 - a)(\dot{U}_{M1} - \dot{U}_{M2}) = (a - a^2)2\dot{I}_{N1} Z_{c1}\sinh(\dot{\gamma}_1 l) \quad (3\text{-}60)
$$

同理，M 侧的测量电流为

$$
\dot{I}_{BM} - \dot{I}_{CM} = (a^2 - a)(\dot{I}_{M1} - \dot{I}_{M2}) = (a - a^2)2\dot{I}_{N1}\cosh(\dot{\gamma}_1 l) \quad (3\text{-}61)
$$

故线路始端故障相阻抗继电器的测量阻抗为

$$
Z_{J\text{-fault}}^{(2)} = \frac{\dot{U}_{BM} - \dot{U}_{CM}}{\dot{I}_{BM} - \dot{I}_{CM}} = Z_{c1}\tanh(\dot{\gamma}_1 l) \quad (3\text{-}62)
$$

2. 两相接地故障分析

假设在线路末端发生 B、C 两相直接接地故障，取 A 相为特殊相，则故障点的边界条件为

$$\dot{U}_{N1} = \dot{U}_{N2} = \dot{U}_{N0} = \frac{1}{3}\dot{U}_N, \quad \dot{I}_{N1} + \dot{I}_{N2} + \dot{I}_{N0} = 0$$

与两相短路故障分析类似，代入式(3-57)和式(3-58)，可以求得 M 侧的测量电压为

$$\dot{U}_{BM} - \dot{U}_{CM} = (a^2 - a)(\dot{U}_{M1} - \dot{U}_{M2}) = (a - a^2)(\dot{I}_{N1} - \dot{I}_{N2})Z_{c1}\sinh(\dot{\gamma}_1 l)$$

$$(3\text{-}63)$$

M 侧的测量电流为

$$\dot{I}_{BM} - \dot{I}_{CM} = (a^2 - a)(\dot{I}_{M1} - \dot{I}_{M2}) = (a - a^2)(\dot{I}_{N1} - \dot{I}_{N2})\cosh(\dot{\gamma}_1 l) \quad (3\text{-}64)$$

故线路始端故障相阻抗继电器的测量阻抗为

$$Z^{(1,1)}_{J\text{-fault}} = \frac{\dot{U}_{BM} - \dot{U}_{CM}}{\dot{I}_{BM} - \dot{I}_{CM}} = Z_{c1}\tanh(\dot{\gamma}_1 l) \quad (3\text{-}65)$$

3. 单相接地故障分析

基于分布参数线路模型，流过任一单位长度线路上的电流值不再相等，线路始端阻抗继电器对任意单位长度线路的测量阻抗值也不相等。此时，传统接地阻抗继电器的零序电流补偿系数 K 的物理意义不明确，必须探讨新的接线方式。

1) 接线方式分析

假设在线路末端发生 A 相直接接地故障，则故障点 G 的边界条件为

$$\dot{I}_{G1} = \dot{I}_{G2} = \dot{I}_{G0}, \quad \dot{U}_{G1} + \dot{U}_{G2} + \dot{U}_{G0} = 0$$

由于是金属性故障，线路末端母线 N 侧电压存在：

$$\dot{U}_{N1} + \dot{U}_{N2} + \dot{U}_{N0} = 0$$

将边界条件代入式(3-57)，可以进一步算得线路始端 M 侧的测量电压为

$$\dot{U}_{MA} = \dot{U}_{M1} + \dot{U}_{M2} + \dot{U}_{M0}$$

$$= \dot{U}_{N1}\cosh(\dot{\gamma}_1 l) - \dot{I}_{N1}Z_{c1}\sinh(\dot{\gamma}_1 l) + \dot{U}_{N2}\cosh(\dot{\gamma}_1 l) -$$

$$\dot{I}_{N2}Z_{c1}\sinh(\dot{\gamma}_1 l) + \dot{U}_{N0}\cosh(\dot{\gamma}_0 l) - \dot{I}_{N0}Z_{c0}\sinh(\dot{\gamma}_0 l) \quad (3\text{-}66)$$

$$= \dot{U}_{N0}\left[\cosh(\dot{\gamma}_0 l) - \cosh(\dot{\gamma}_1 l)\right] - \dot{I}_{N0}Z_{c0}\sinh(\dot{\gamma}_0 l) -$$

$$(\dot{I}_{N1} + \dot{I}_{N2})Z_{c1}\sinh(\dot{\gamma}_1 l)$$

根据模量长线方程，存在：

$$\begin{cases} \dot{U}_{N0} = \dot{U}_{M0}\cosh(\dot{\gamma}_0 l) - \dot{I}_{M0}Z_{c0}\sinh(\dot{\gamma}_0 l) \\ \dot{I}_{N1} = -\dot{I}_{M1}\cosh(\dot{\gamma}_1 l) + \dot{U}_{M1}/Z_{c1}\sinh(\dot{\gamma}_1 l) \\ \dot{I}_{N2} = -\dot{I}_{M2}\cosh(\dot{\gamma}_1 l) + \dot{U}_{M2}/Z_{c1}\sinh(\dot{\gamma}_1 l) \\ \dot{I}_{N0} = -\dot{I}_{M0}\cosh(\dot{\gamma}_0 l) + \dot{U}_{M0}/Z_{c0}\sinh(\dot{\gamma}_0 l) \end{cases} \tag{3-67}$$

将式(3-67)代入式(3-66),则 M 侧的测量电压可转化为

$$\begin{aligned} \dot{U}_{MA} = &\dot{U}_{M0}[1 + \sinh(\dot{\gamma}_1 l)^2 - \cosh(\dot{\gamma}_0 l)\cdot\cosh(\dot{\gamma}_1 l)] + \\ &\dot{I}_{M0}[Z_{c0}\sinh(\dot{\gamma}_0 l)\cdot\cosh(\dot{\gamma}_1 l) - Z_{c1}\sinh(\dot{\gamma}_1 l)\cdot\cosh(\dot{\gamma}_1 l)] - \\ &\dot{U}_{MA}[\sinh(\dot{\gamma}_1 l)]^2 + \dot{I}_{MA}Z_{c1}\sinh(\dot{\gamma}_1 l)\cdot\cosh(\dot{\gamma}_1 l) \end{aligned} \tag{3-68}$$

整理上式,得

$$\begin{aligned} \dot{U}_{MA} = &\dot{I}_{MA}Z_{c1}\tanh(\dot{\gamma}_1 l) + \dot{U}_{M0}\left[1 - \frac{\cosh(\dot{\gamma}_0 l)}{\cosh(\dot{\gamma}_1 l)}\right] + \\ &\dot{I}_{M0}\left[Z_{c0}\frac{\sinh(\dot{\gamma}_0 l)}{\cosh(\dot{\gamma}_1 l)} - Z_{c1}\tanh(\dot{\gamma}_1 l)\right] \end{aligned} \tag{3-69}$$

为了寻找母线 M 处零序电压与零序电流之间的函数关系,根据零序网络,写出 M 母线至 M 母线背侧系统中性点 S 的等值长线方程,有

$$\begin{cases} \dot{U}_{M0} = \dot{U}_{S0}\cosh(\dot{\gamma}_0 l_s) - \dot{I}_{S0}Z_{c0}\sinh(\dot{\gamma}_0 l_s) \\ \dot{I}_{M0} = -\dot{I}_{S0}\cosh(\dot{\gamma}_0 l_s) + \dot{U}_{S0}/Z_{c0}\sinh(\dot{\gamma}_0 l_s) \end{cases} \tag{3-70}$$

由于 $\dot{U}_{S0}=0$,故 $\dfrac{\dot{U}_{M0}}{\dot{I}_{M0}}=Z_{c0}\tanh(\dot{\gamma}_0 l_s)$,可见母线 M 处零序电压与零序电流之间的比值为一个常数,其大小与系统零序波阻抗成正比例关系,故定义 $\dot{U}_{M0}=T\cdot Z_{c0}\dot{I}_{M0}$,代入式(3-69),得

$$\begin{aligned} \dot{U}_{MA} = &Z_{c1}\tanh(\dot{\gamma}_1 l)\cdot \\ &\left\{\dot{I}_{MA} + \dot{I}_{M0}\left[\frac{Z_{c0}}{Z_{c1}}\cdot\frac{T\cdot\cosh(\dot{\gamma}_1 l) + \sinh(\dot{\gamma}_0 l) - T\cdot\cosh(\dot{\gamma}_0 l)}{\sinh(\dot{\gamma}_1 l)} - 1\right]\right\} \end{aligned} \tag{3-71}$$

定义:

$$P = \frac{Z_{c0}}{Z_{c1}}\cdot\frac{T\cdot\cosh(\dot{\gamma}_1 l) + \sinh(\dot{\gamma}_0 l) - T\cdot\cosh(\dot{\gamma}_0 l)}{\sinh(\dot{\gamma}_1 l)} - 1 \tag{3-72}$$

则存在：

$$\dot{U}_{MA} = (\dot{I}_{MA} + P\dot{I}_{M0})Z_{c1}\tanh(\dot{\gamma}_1 l) \qquad (3\text{-}73)$$

由式(3-73)可以看到,超(特)高压长距离输电线路接地阻抗继电器应当采用 $(\dot{I}_\Phi + P\dot{I}_0)$ 的电流接线方式,而不能采用传统的 $(\dot{I}_\Phi + 3K\dot{I}_0)$ 的方式。但是 P 值不是常量,而是短路距离的函数,无法整定。针对我国 1000kV 晋东南-南阳-荆门特高压交流输电试验示范工程的设计参数模型,仿真 P 值随线路长度增加的变化特性,如图 3-19 所示。

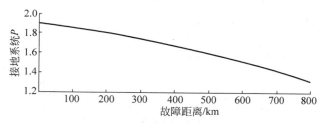

图 3-19　UHV 线路 P 值随线路长度增加的变化特性

由图 3-19 可以看到,随着故障点至保护安装处距离的延长,P 值呈递减的趋势,但是变化范围较小(在 1.4~2 之间)。为了明确接地阻抗继电器的接线方式,可以取 P 计算式中的 l 为保护整定范围长度 l_{zd},此时 P 变为常数。但是这种近似取值将带来测量误差：对于区内故障,l 取线路保护范围长度 l_{zd} 时,P 值变小,计算得到的故障距离偏大,极端情况下有可能拒动；对于区外故障,l 取线路保护范围长度 l_{zd} 时,P 值增大,计算得到的故障距离偏小,极端情况下有可能误动。

2) 接线方式仿真分析

基于晋东南—南阳—荆门特高压交流输电试验示范工程的线路设计参数模型,当线路长度为 800km 时,由 P 计算式中的 l 取线路保护整定范围 l_{zd} 带来的测量误差如图 3-20 所示。

由图 3-20(b)可知,以线路保护范围 640km 处(线路全长的 80%)为分界线,发生区内故障时,故障距离计算值比实际值偏大；发生区外故障时,故障距离计算值比实际值偏小,这与理论分析相符。由图 3-20(a)可知,当故障点位于线路两端时,测量误差最大,接近 1.5%；随着故障点向保护边界靠拢,测量误差也基本呈线性减小；当故障点恰好位于保护边界时,误差接近零。这种误差特性恰好保证了保护区内故障的正确动作,同时母线出口故障测量值偏大的特性能有效地克服姆欧阻抗继电器出口故障继电器动作不确定的缺点,线路末端测量值偏小的特性也能有效地抑制阻抗继电器的稳态超越问题,保护边界处的精确测量可靠地保证了继电器能正确地区分区内和区外故障。

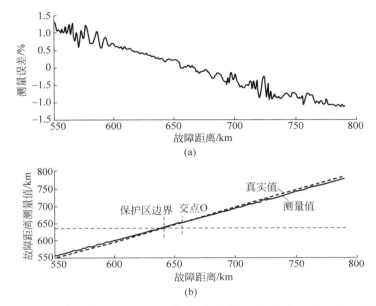

图 3-20 P 计算式中的 l 取保护整定范围值时带来的短路距离测量误差

3）P 值的线性化

尽管采取 P 计算式中的 l 取线路保护范围长度 l_{zd} 的做法有效地解决了接地阻抗继电器接线方式常数化的问题，但是其计算式中仍然包含双曲函数，大大地增加了保护的计算量。以下分析将解决 P 值计算的线性化问题。

双曲函数的幂级数展开式为

$$\begin{cases} \sinh x = x + \dfrac{x^3}{3!} + \dfrac{x^5}{5!} + \cdots + \dfrac{x^{2n+1}}{(2n+1)!} + \cdots \ (-\infty < x < +\infty) \\ \cosh x = 1 + \dfrac{x^2}{2!} + \dfrac{x^4}{4!} + \cdots + \dfrac{x^{2n}}{(2n)!} + \cdots \ (-\infty < x < +\infty) \end{cases}$$
(3-74)

将展开式的前两项代入式（3-72），可得

$$P = \frac{Z_{c0}}{Z_{c1}} \left[\frac{T \cdot \cosh(\dot{\gamma}_1 l) + \sinh(\dot{\gamma}_0 l) - T \cdot \cosh(\dot{\gamma}_0 l)}{\sinh(\dot{\gamma}_1 l)} \right] - 1$$

$$\approx \frac{Z_{c0}}{Z_{c1}} \cdot \frac{(\dot{\gamma}_0 l_{zd})^3 + T \cdot 3\left[(\dot{\gamma}_1 l_{zd})^2 - (\dot{\gamma}_0 l_{zd})^2 \right] + 6\dot{\gamma}_0 l_{zd}}{(\dot{\gamma}_1 l_{zd})^3 + 6\dot{\gamma}_1 l_{zd}} - 1$$
(3-75)

此时，P 值变为线路保护范围长度 l_{zd} 的 3 阶线性函数，简化了保护的整定计算。

采用线性化接线方式的阻抗继电器动作误差如图 3-21 所示，可以看到，误差特性与线性化之前基本吻合。

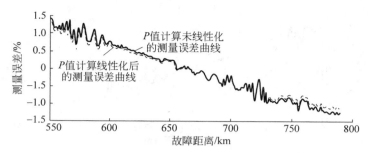

图 3-21　P 值计算线性化后的短路距离测量误差

4. 基于分布参数线路模型的阻抗继电器接线方式

总结上述故障分析的结论,得出基于分布参数线路模型的阻抗继电器的接线方式如下:

(1) 基于分布参数线路模型的相间阻抗继电器的接线方式与传统的接线方式相同,只是其整定必须按照分布参数模型进行:

$$Z_{zd} = Z_{c1} \tanh(\dot{\gamma}_1 l_{zd}) \tag{3-76}$$

(2) 基于分布参数线路模型的接地姆欧继电器的接线方式为:$\dot{U}_J = \dot{U}_\phi$ 仍为保护安装处故障相电压,但是测量电流不再采用 $(\dot{I}_\phi + 3K \dot{I}_0)$ 的接线方式,而是采用 $\dot{I}_J = \dot{I}_\phi + P \dot{I}_0$ 的方式,其中:

$$P = \frac{Z_{c0}}{Z_{c1}} \cdot \frac{(\dot{\gamma}_0 l_{zd})^3 + T \times 3[(\dot{\gamma}_1 l_{zd})^2 - (\dot{\gamma}_0 l_{zd})^2] + 6\dot{\gamma}_0 l_{zd}}{(\dot{\gamma}_1 l_{zd})^3 + 6\dot{\gamma}_1 l_{zd}} - 1 \tag{3-77}$$

3.4.2　基于分布参数线路模型的阻抗继电器动作特性研究

性能良好的阻抗继电器必须灵敏地区分负荷阻抗、线路空载合闸时以及线路末端短路时的测量阻抗。首先研究基于分布参数线路模型的阻抗继电器的测量阻抗特性。

1. 三相对称状态

研究三相对称状态时,可以按单相来分析。假设线路末端所接负荷阻抗为 Z_N,则有 $\dot{U}_N = -\dot{I}_N Z_N$,代入式(3-56),得

$$\begin{cases} \dot{U}_M = -\dot{I}_N Z_N \cosh(\dot{\gamma} l) - \dot{I}_N Z_c \sinh(\dot{\gamma} l) \\ \dot{I}_M = -\dot{I}_N \cosh(\dot{\gamma} l) + (-\dot{I}_N Z_N / Z_c) \sinh(\dot{\gamma} l) \end{cases} \tag{3-78}$$

求得线路始端的测量阻抗为

$$Z_J = \frac{Z_c \tanh(\dot{\gamma} l) + Z_N}{Z_N / Z_c \tanh(\dot{\gamma} l) + 1} \tag{3-79}$$

因此,在对称运行状态下,线路始端阻抗继电器的测量阻抗性质取决于线路末端的负荷阻抗 Z_N 的特性。三相对称状态可分为以下三种情况:

1)三相对称负载状态

负荷类型多种多样,当整定四边形保护动作判据的负荷特性时,应按照实际系统运行状态来分析。这里只讨论线路末端的负荷阻抗等于波阻抗的特殊情况,此时线路末端能量没有反射,输电线传输自然功率,即 $Z_N = Z_C$,则始端测量阻抗为

$$Z_{J\text{-load}} = Z_c \tag{3-80}$$

2)三相空载(末端开路)状态

此时相当于 $Z_N = \infty$,则始端测量阻抗为

$$Z_{J\text{-open}} = Z_c / \tanh(\dot{\gamma}l) = Z_c \coth(\dot{\gamma}l) \tag{3-81}$$

3)线路末端三相短路状态

此时相当于 $Z_N = 0$,则始端测量阻抗为

$$Z_{J\text{-fault}}^{(3)} = Z_c \tanh(\dot{\gamma}l) \tag{3-82}$$

2. 不对称故障状态

在基于分布参数线路模型故障分析的基础上,总结阻抗继电器的动作特性如下:

当接地阻抗继电器采用 $(\dot{I}_\phi + P\dot{I}_0)$ 的电流接线方式后,各种故障情况下,线路始端阻抗继电器的测量阻抗均可以表示为:$Z_{J\text{-fault}} = Z_c \tanh(\dot{\gamma}l)$。

忽略线路损耗,即 $R = G = 0$。此时,$\dot{\gamma} = j\omega\sqrt{LC}$,$Z_c = \sqrt{L/C}$,令 $\beta = \omega\sqrt{LC}$,则有:

(1)空载状态:$Z_{J\text{-open}} = -jZ_c \cot(\beta l)$。

(2)短路状态:$Z_{J\text{-fault}} = jZ_c \tan(\beta l)$。

(3)负载状态:$Z_{J\text{-load}} = Z_c$。

当线路长度为 750km 时,$\cot(\beta l) = \tan(\beta l) = 1$,则上述三种状态的测量阻抗幅值相等。如果计及线路损耗,则三种状态的测量阻抗如图 3-22 所示。

由图 3-22 可知,由于分布电容的影响,从负载、空载和短路三种情况的测量阻抗数值看,它们属于同一个数量级;从相位关系看,其阻抗角的差

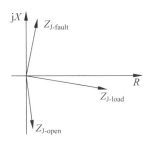

图 3-22 分布参数线路阻抗继电器测量阻抗特性

别较大。当采用方向阻抗继电器时,可以避开负载和空载的测量阻抗。因此,在长线路条件下,对采用姆欧特性和方向四边形特性的阻抗继电器,是可以正确区分短路与空载两种状态的。

3. 阻抗继电器动作特性仿真分析

仿真模型线路参数取自晋东南—南阳—荆门1000kV 特高压交流输电试验示范工程的线路设计参数,忽略电导,具体参数值见表 3-1。系统参数借鉴西北750kV 系统,N 侧电源角度落后 M 侧44°,M 侧和 N 侧电势分别为 1.1062 倍额定电压和 1.1069 倍额定电压。

两侧系统阻抗参数为:

(1) 正序阻抗:$Z_{M1} = 4.2643 + j85.14528\Omega$,$Z_{N1} = 7.9956 + j159.6474\Omega$。

(2) 零序阻抗:$Z_{M0} = 98.533 + j260.79\Omega$,$Z_{N0} = 184.749 + j488.981\Omega$。

表 3-1 1000kV 特高压输电线路主要参数

线路参数	电阻/$\Omega \cdot km^{-1}$	电抗/$\Omega \cdot km^{-1}$	容抗/$M\Omega \cdot km^{-1}$
正序	0.00805	0.25913	0.22688
零序	0.20489	0.74606	0.35251

基于上述模型,针对三相短路故障、两相短路故障、两相接地和单相接地故障情况,分别仿真给出了短线路(400km)、长线路(800km)两种典型情况下的姆欧继电器(距离保护Ⅰ段的测量元件,保护线路全长的80%)的动作特性,以及随着被保护线路长度的增加,姆欧继电器的误动特性曲线,如图 3-23 所示。其中,图 3-23(a)和图 3-23(b)的纵坐标"动作差值"定义为

$$\Delta_{opera} = I_J \cdot \left(\left| Z_J - \frac{1}{2}Z_{zd} \right| - \left| \frac{1}{2}Z_{zd} \right| \right) \tag{3-83}$$

其值若为正,则保护不动作;其值若为负,保护动作跳闸。

图 3-23(c)的纵坐标"姆欧继电器拒动率"定义为

$$K_{mis-opera} = \frac{保护整定边界值 - 保护动作边界值}{保护整定范围} \times 100\% \tag{3-84}$$

1) 三相短路故障

(1) 传统的姆欧继电器的动作特性

如图 3-23 所示,当线路长度比较短(400km)时,忽略线路分布电容,按照传统阻抗继电器的整定方法带来的误差并不是很大,在 3%左右,保护范围缩短很小。这也正是超高压线路阻抗继电器仍然基于集中参数模型整定的原因所在。但是随着输电线路长度的增加,传统的姆欧继电器的拒动范围也基本呈正比例关系增加,当线路长度达到 800km 时,其拒动范围将超过 10%。因此,对于大容量、长距离输电的特高压线路,阻抗继电器必须基于分布参数模型来整定。

(2) 改进后的姆欧继电器的动作特性

如图 3-24 所示,与传统的姆欧继电器的动作特性相比,改进后的姆欧继电器在三相短路故障情况下,特性有了很大的改善。此时改进后的姆欧继电器拒动率

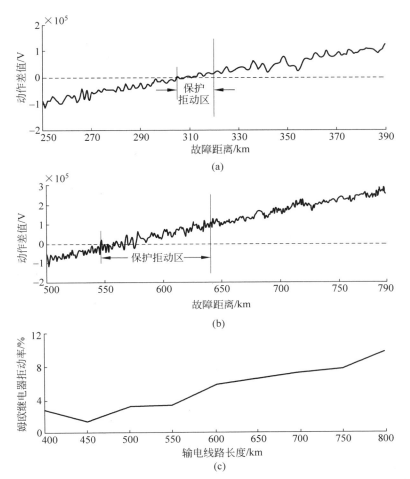

图 3-23 特高压输电线路三相短路故障情况下传统的姆欧继电器的动作特性

(a) 线路长 400km 时传统的姆欧继电器的动作特性；(b) 线路长 800km 时传统的
姆欧继电器的动作特性；(c) 传统的姆欧继电器随线路长度增加的误动特性

均变为负值,意味着对于保护范围内的故障,改进后的姆欧继电器均能可靠动作,但是动作范围较整定值有所延长。由图 3-24(c)可以看出,当输电线路长度从 400km 延长到 800km 时,姆欧继电器的拒动率大部分在−2％附近波动,即使在最严重的情况下(600～650km 处),拒动率也只有−7％,因此保护范围的延长最多只能达到线路全长的 85％左右,不会引起超越问题。

因此,三相短路故障情况下,改进后的姆欧继电器实际上是解决了传统继电器的严重拒动问题,但是伴随着轻微的误动可能。超(特)高压长距离输电线路绝缘余度较低,继电保护的动作逻辑必须考虑限制过电压的问题,因此,从选择拒动还

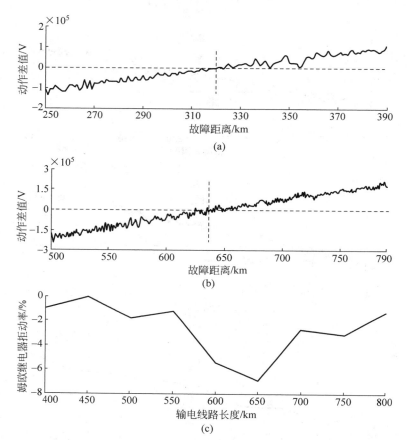

图 3-24 特高压输电线路三相短路故障情况下改进后的姆欧继电器的动作特性

(a) 线路长 400km 时改进后的姆欧继电器的动作特性；(b) 线路长 800km 时改进后的姆欧继电器的动作特性；
(c) 改进后的姆欧继电器随线路长度增加的误动特性

是误动的博弈来讲,对于超(特)高压长距离输电线路,首先应当保证其不拒动,来预防过电压击穿。从这个角度来讲,改进后的姆欧继电器的动作特性符合超(特)高压长距离输电线路继电保护整定的基本原则。

2) 两相短路故障

两相接地故障与两相短路故障的动作判据、仿真结果基本相同,这里只给出两相短路故障的仿真结果。

(1) 传统的姆欧继电器的动作特性

特高压输电线路两相短路故障情况下,传统的姆欧继电器的动作特性如图 3-25 所示。

与三相短路故障相比,两相短路故障时传统的姆欧继电器的拒动率整体偏大。

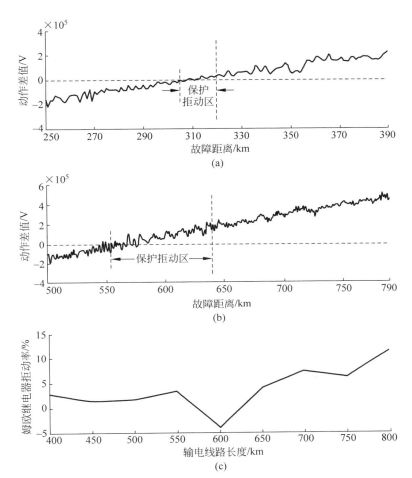

图 3-25　特高压输电线路两相短路故障情况下传统的姆欧继电器的动作特性

(a) 线路长 400km 时传统的姆欧继电器的动作特性；(b) 线路长 800km 时传统的姆欧继电器的动作特性；
(c) 传统的姆欧继电器随线路长度增加的误动特性

当线路长度低于 400km 时,其拒动率不会超过 4%。随着输电线路长度的增加,姆欧继电器的拒动率基本保持递增的趋势,当线路长度达到 800km 时,拒动率达到 12%,大大地缩减了保护范围。

（2）改进后的姆欧继电器的动作特性

特高压输电线路两相短路故障情况下,改进后的姆欧继电器的动作特性如图 3-26 所示。

与三相短路故障类似,改进后的姆欧继电器在两相短路故障情况下,拒动率均变为负值,而且大部分在−2%附近波动,即使在最严重的情况下（650km 处）拒动

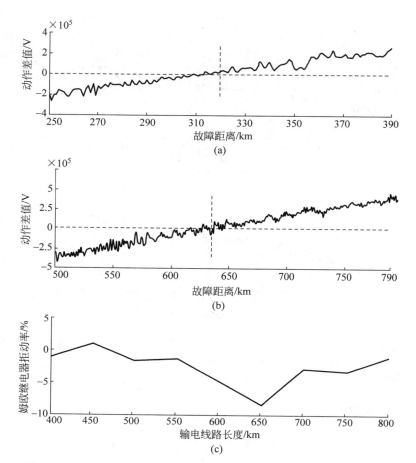

图 3-26   特高压输电线路两相短路故障情况下改进后的姆欧继电器的动作特性
(a) 线路长 400km 时改进后的姆欧继电器的动作特性；(b) 线路长 800km 时改进后的姆欧继电器的动作特性；
(c) 改进后的姆欧继电器随线路长度增加的误动特性

率也只有 -8%，因此保护范围的延长最多也只能达到线路全长的 87% 左右，基本上不会引起超越问题。

3）单相接地故障

（1）传统的姆欧阻抗继电器的动作特性

特高压输电线路单相接地故障情况下，传统的姆欧继电器的动作特性如图 3-27 所示。

由图 3-27(c) 可知，输电线路长度低于 400km 时，单相接地故障情况下传统的姆欧继电器的拒动率很小，不到 2%。单相接地故障是系统故障的主要类型，大约占故障总数的 70%，因此，对于特高压短线路而言，仍然可以基于集中参数来整

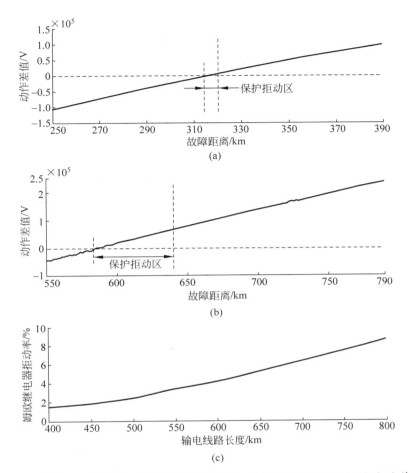

图 3-27　特高压输电线路单相接地故障情况下传统的姆欧继电器的动作特性

(a) 线路长 400km 时传统的姆欧继电器的动作特性；(b) 线路长 800km 时传统的姆欧继电器的动作特性；
(c) 传统的姆欧继电器随线路长度增加的误动特性

定。但是随着线路长度的增加,继电器拒动率呈平滑的线性函数增长,当线路长度
达到 800km 时,拒动率将达到 10%。

（2）改进后的姆欧阻抗继电器的动作特性

特高压输电线路单相接地故障情况下,改进后的姆欧继电器的动作特性如
图 3-28 所示。

由图 3-28(c)可知,由于接线方式 P 值计算的近似,改进后的姆欧继电器的拒
动率仍然呈正值,意味着仍然有较少部分的拒动区,但是其值大幅降低,均低于
0.35%,保护范围缩短很小,可以满足保护的现场应用要求。

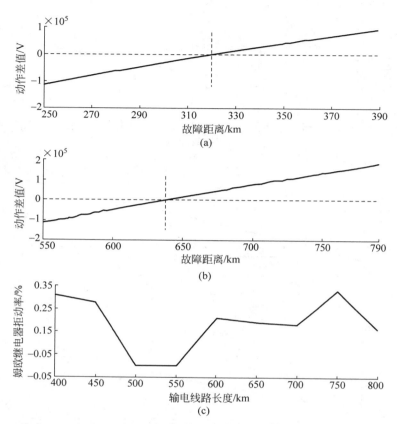

图 3-28   特高压输电线路单相接地故障情况下改进后的姆欧继电器的动作特性

(a) 线路长 400km 时改进后的姆欧继电器的动作特性；(b) 线路长 800km 时改进后的姆欧继电器的动作特性；

(c) 改进后的姆欧继电器随线路长度增加的误动特性

参考文献

[1]   国家电力调度通信中心.国家电网公司继电保护培训教材[M].北京：中国电力出版
      社,2009.

[2]   曹润彬.基于站域共享信息的事故过负荷保护技术研究[D].北京：清华大学,2014.

[3]   崔柳.高可靠性行波保护的关键理论与技术问题研究[D].北京：清华大学,2013.

[4]   王豪.输电线路距离保护振荡闭锁新原理研究[D].西安：西安交通大学,2022.

[5]   王宾.特高压交流输电线路距离保护相关问题的研究[R].北京：清华大学,2007.

第 4 章　输电线路电流差动保护

电流保护、距离保护等基于单端电气量的保护 I 段不能保护线路全长，Ⅱ段虽然能保护全长，但需带延时。高压输电线路需要全线任一点故障都能速动的保护，以满足系统稳定性的要求。电流保护、距离保护不能满足输电线路保护的要求，利用线路两端信息的电流差动保护应运而生。1904 年，英国提出了导引线电流差动保护原理。20 世纪 50 年代，为了克服导引线电流差动保护仅适用于短线路的局限性，美国提出了基于频率调制方式的微波电流差动保护技术。1980 年，日本开发出基于脉冲编码调制方式和微波通道的数字式线路电流差动保护装置。1979 年，西安交通大学、许昌继电器研究所和甘肃省电力局联合研究了微波分相电流差动保护。1994 年，我国开发出数字式高压线路微波电流差动保护装置 WXH-14。1966 年，高锟提出了光纤通信的概念。20 世纪 80 年代以来，世界各国纷纷开发出基于光纤的线路电流差动保护产品，国外的有 TOSHIBA 公司的 GRL100、ABB 公司的 REL-561、SEL 公司的 SEL-311L、GE 公司的 L90、AREVA 公司的 P54 系列等，国内的有四方公司的 CSL-103、南瑞公司的 RCS-931、许继公司的 WHX-803 和国电南自的 PSL603 等。输电线路光纤电流差动保护获得了迅速的推广和应用，目前已是高压、超高压输电线路的主要保护方式。本章围绕光纤电流差动保护展开，介绍电流差动保护的基本原理和关键技术。

4.1　导引线电流差动保护

4.1.1　差动继电器

如图 4-1 所示，输电线路 M 和 N 两侧装设电流互感器，检测电流。假定电流互感器特性和变比完全相同，电流互感器的正方向为母线指向线路，二次回路的同名端相连接。图 4-1 中，KD 为差动电流测量元件——差动继电器。

正常运行时，若线路的电流从 M 端送向 N 端，则线路两侧电流 $\dot{I}_M$ 和 $\dot{I}_N$ 反相。因为两侧电流大小相等而方向相反，两侧电流的相量和为 0，即 $\dot{I}_M + \dot{I}_N = 0$。不计电流互感器励磁电流的影响，则电流互感器二次侧流过相同的电流，流入差动继电器的电流为零。考虑电流互感器存在励磁电流，且励磁特性不完全相同，因此

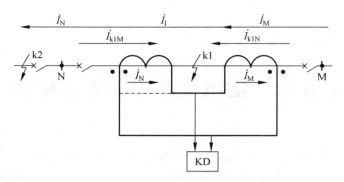

图 4-1　差动继电器的基本原理

线路两端电流互感器二次电流分别为

$$\begin{cases} \dot{I}'_{M} = \dfrac{\dot{I}_{M} - \dot{I}_{\mu M}}{n_{TA}} \\[3mm] \dot{I}'_{N} = \dfrac{\dot{I}_{N} - \dot{I}_{\mu N}}{n_{TA}} \end{cases} \tag{4-1}$$

式中，$\dot{I}'_{M}$、$\dot{I}'_{N}$ 分别为 M 和 N 两侧电流互感器的二次电流；n_{TA} 为两侧电流互感器的变比；$\dot{I}_{\mu M}$、$\dot{I}_{\mu N}$ 分别为 M 和 N 两侧电流互感器的励磁电流。

电流互感器的二次电流 $\dot{I}'_{M}$ 和 $\dot{I}'_{N}$ 流入差动电流测量元件，设流入差动电流测量元件的电流为 $\dot{I}_{dif}$，有

$$\dot{I}_{dif} = \frac{\dot{I}_{M} - \dot{I}_{\mu M}}{n_{TA}} + \frac{\dot{I}_{N} - \dot{I}_{\mu N}}{n_{TA}}$$

化简为

$$\dot{I}_{dif} = \frac{-\dot{I}_{\mu M} - \dot{I}_{\mu N}}{n_{TA}} = \dot{I}_{unb} \tag{4-2}$$

式中，$\dot{I}_{unb}$ 为正常时流入差动电流测量元件的不平衡电流；$\dot{I}_{\mu M}$、$\dot{I}_{\mu N}$ 为正常工作时两侧电流互感器的励磁电流。

当线路 MN 外部短路时，如线路上 k2 点短路，电流互感器一次和二次电流方向与正常运行时的相同，故流入差动电流测量元件的电流仍为不平衡电流。但因电流互感器的一次电流为短路电流，比正常运行时要大，故流入差动电流测量元件的不平衡电流也会大。当线路 MN 内部短路时，如线路上 k1 点短路，则 $\dot{I}'_{N}$ 将反向，流入差动电流测量元件的电流为

$$\dot{I}_{\mathrm{dif}} = \frac{\dot{I}_{\mathrm{K1M}} - \dot{I}_{\mu\mathrm{M}}}{n_{\mathrm{TA}}} + \frac{\dot{I}_{\mathrm{K1N}} - \dot{I}_{\mu\mathrm{N}}}{n_{\mathrm{TA}}}$$

$$= \frac{\dot{I}_{\mathrm{K1M}} + \dot{I}_{\mathrm{K1N}}}{n_{\mathrm{TA}}} - \frac{\dot{I}_{\mu\mathrm{M}} + \dot{I}_{\mu\mathrm{N}}}{n_{\mathrm{TA}}} = \frac{\dot{I}_{\mathrm{K1}}}{n_{\mathrm{TA}}} - \frac{\dot{I}_{\mu\mathrm{M}} + \dot{I}_{\mu\mathrm{N}}}{n_{\mathrm{TA}}} \tag{4-3}$$

式中,$\dot{I}_{\mathrm{K1}}$ 为故障点的总电流,$\dot{I}_{\mathrm{K1}} = \dot{I}_{\mathrm{K1M}} + \dot{I}_{\mathrm{K1N}}$。

当线路 MN 内部短路时,流入差动电流测量元件的电流为故障点总故障电流的二次值,远大于正常运行和外部短路时流入差动电流测量元件的不平衡电流。基于基尔霍夫电流定律,差动保护显著区分了线路内部和外部故障,不受区内故障位置影响,因此不需要延时元件就可具有绝对选择性地切除线路两侧电流互感器之间任何地方的短路故障。

4.1.2　整定原则

电流差动保护整定的基本原则是:确保正常运行和外部短路时保护装置闭锁,仅内部故障时动作。因此,电流差动保护的动作电流整定值应躲过正常运行和外部短路时的最大不平衡电流。

1. 躲过外部短路时的最大不平衡电流

考虑故障过程中的电流非周期分量、电流互感器自身误差、两侧互感器特性一致性,动作电流整定值为

$$I_{\mathrm{set}} = K_{\mathrm{rel}} K_{\mathrm{np}} K_{\mathrm{err}} K_{\mathrm{st}} I_{\mathrm{k.max}} \tag{4-4}$$

式中,K_{rel} 为可靠系数,在 $1.3 \sim 1.5$ 范围内取值;K_{np} 为非周期分量系数,主要考虑暂态过程中的非周期分量的影响;K_{err} 为电流互感器的 10% 误差系数;K_{st} 为电流互感器的同型系数,主要考虑两侧电流互感器不同型号时的特性差异影响,线路两侧电流互感器型号相同时系数取 0.5,型号不同时取 1;$I_{\mathrm{k.max}}$ 为外部短路时流过电流互感器的最大短路电流。

2. 正常运行时电流互感器二次断线

正常运行时电流互感器二次断线,差动电流测量元件中将流过线路负荷电流的二次值,此时保护应不动作,即

$$I_{\mathrm{set}} = K_{\mathrm{rel}} I_{\mathrm{L.max}} \tag{4-5}$$

式中,K_{rel} 为可靠系数,在 $1.5 \sim 1.8$ 范围内取值;$I_{\mathrm{L.max}}$ 为线路正常运行时的最大负荷电流。

以上两种情况需同时满足,因此差动保护动作电流整定值应取式(4-4)和式(4-5)中的较大者。

4.1.3　带制动的电流差动保护

为了克服电流互感器不平衡电流,提升电流差动保护的灵敏性和可靠性,提出

了带制动的电流差动保护[1-4],保护的动作电流需满足:

$$I_{\text{K.act}} = I_{\text{op}} - I_{\text{res}} \geqslant I_{\text{set}} \tag{4-6}$$

式中,I_{op} 为动作量,$I_{\text{op}} = |\dot{I}_{\text{M}} + \dot{I}_{\text{N}}|$,即为两侧电流矢量和的绝对值;$I_{\text{res}}$ 为制动量;$I_{\text{K.act}}$ 为保护的动作电流,其含义是保护的最小动作量;I_{set} 为保护电流整定值。

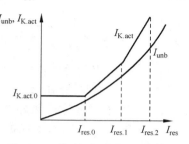

图 4-2 所示为带制动的电流差动保护特性。横坐标为制动电流 I_{res},因为制动电流一般正比于外部短路时的短路电流,故横坐标也反映外部短路时的短路电流。不平衡电流 I_{unb} 曲线表示不平衡电流随

图 4-2 带制动的电流差动保护特性

短路电流增大而增大,保护的动作量 $I_{\text{K.act}}$ 折线表示保护的动作电流随短路电流而变化。

从图 4-2 可以看出,制动特性分为两级。保护的动作量 $I_{\text{K.act}}$ 需满足:

$$I_{\text{K.act}} \geqslant I_{\text{K.act.0}} + K_1(I_{\text{res.1}} - I_{\text{res.0}}) + K_2(I_{\text{res.2}} - I_{\text{res.1}}) \tag{4-7}$$

式中,$I_{\text{K.act.0}}$ 为最小动作电流;K_1 为一级制动系数;K_2 为二级制动系数。

图 4-2 中,制动特性第一段是水平线,为无制动段。因为短路电流小时不平衡电流小,不需要制动,$I_{\text{K.act.0}}$ 按最大负荷电流下的不平衡电流整定。制动特性第二段是制动作用较小的制动段,其斜率较小,按制动电流在 $I_{\text{res.1}}$ 和 $I_{\text{res.0}}$ 之间时最大的不平衡电流整定。制动特性第三段是制动作用较大的制动段,其斜率较大,按制动电流在 $I_{\text{res.2}}$ 和 $I_{\text{res.1}}$ 之间时最大的不平衡电流整定。

若保护的动作电流总是大于不平衡电流,则保护不会误动。

电流差动保护可采用不同的制动量来实现不同的制动特性。常用的制动量有:

(1)以两侧电流矢量差为制动量。

$$I_{\text{K.act}} = |\dot{I}_{\text{m}} + \dot{I}_{\text{n}}| - K|\dot{I}_{\text{m}} - \dot{I}_{\text{n}}| \geqslant I_{\text{set}} \tag{4-8}$$

式中,制动系数 K 满足 $0 < K < 1$,I_{set} 为保护电流整定值。

内部故障时两端电流大小相等、相位相同,制动量为 0。一般情况下两端电流大小不等、相位相近,这种制动方式可使内部故障时制动量最小。外部故障时,$\dot{I}_{\text{m}} = -\dot{I}_{\text{n}}$,制动量等于外部短路电流的 2 倍。

(2)以两侧电流幅值之和为制动量。

当外部故障而由于某种原因使得两侧电流的相位差和 180°相差较大时,如果仍用上述制动方式,则制动量可能大大减小,保护有可能误动。这时可采用以两侧电流幅值之和为制动量的方式。表达式用二次电流表示为

$$|\dot{I}_{2m}+\dot{I}_{2n}|-K_1(|\dot{I}_{2m}|-|\dot{I}_{2n}|) \geqslant I_{K.act} \quad (4-9)$$

这种制动方式在任何情况下都有一定的制动量。但这种制动方式也同时降低了保护在区内故障时的动作灵敏度,这对于反映高阻接地故障是不利的。

4.2 光纤分相电流差动保护

光纤差动保护使用光导纤维作为通信信道,传输容量大,传输速率快,抗干扰能力强,可实现各种制动原理,保护可靠性高,是电力线路理想的保护方式,也是目前高压输电线路的主保护,在电力系统中获得了广泛应用[1-5]。本节主要介绍光纤通信、差动保护光纤通道、分相电流差动继电器和数据同步技术。

4.2.1 光纤通信

光纤通信是以光波作为信息载体,以光纤作为传输媒介的通信方式。光纤通信的基本原理是:在发送端把拟传送的信息调制到激光器发出的光束上,使光的强度随拟发送信号的幅度或者频率变化而变化,并通过光纤发送出去;在接收端,检测器收到光信号后经解调后恢复原信息,如图4-3所示。光纤通信系统由光源、光纤和光接收器组成。光源通常有激光器和半导体光源等。光接收器接收由光纤传送过来的光信号,并还原出原信号。光接收器可根据光电效应原理实现:光照射半导体的PN结,半导体的PN结吸收光能后产生载流子,将光信号转换成电信号。应用于光纤系统中的半导体型光接收器主要有光电二极管、光电三极管、光电倍增管和光电池等。

图4-3 光纤通信

光纤是光纤通信的关键,是光信号的传输通道。图4-4为光纤横截面示意图,光纤由纤芯、包层、涂敷层和塑套四部分组成。纤芯位于光纤的中央,是光传输的主要途径。其主要成分是高纯度的二氧化硅,其纯度达到99.99999%;其余成分为掺入的杂质,杂质的作用是提高纤芯的介电常数和折射率。纤芯的直径$2a$一般为$5\sim50\,\mu m$。包层也是掺有少量杂质的高纯度二氧化硅,所用杂质为氟或棚。包层直径$2b$一般为$125\,\mu m$。

图4-5为光缆的结构示意图。白圆圈代表光纤,图示为内有6根光纤的光缆,还可以有8根或更多根光纤。光纤围绕一根多股钢丝绳排列,其作用是增强光缆的机械强度。此外,为了保证中继站之间的通信联系,有时也为了给中继站提供

电源,在光缆中常敷设一对塑料包皮的铜导线。外面的大圆圈代表塑料管,再往外依次是塑料护套、铝合金管,最外面用电镀的钢丝绳保护,进一步增强其机械强度。

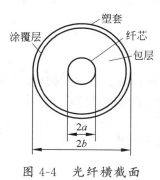

图 4-4　光纤横截面

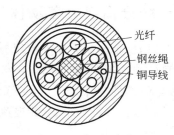

图 4-5　光缆横截面

　　光纤的两个主要特征是衰减和色散。损耗是光信号在单位长度上的衰减,关系到光信号的传输距离,损耗越大,传输距离越短。激光光谱上波长在 $0.85\mu m$、$1.3\mu m$ 和 $1.5\mu m$ 左右的激光,在光纤中传输时光能衰耗较小,是光纤通信的三个重要工作窗口。色散主要与脉冲展宽有关。

　　光从一种介质入射到另一种介质时,由于两种介质中光的传播速度不同,在两种介质的分界面上要发生反射和折射。光的折射、反射满足斯奈尔(Snell)定律。当两种介质的折射率满足一定关系时,光可在界面上发生全反射。光纤通信基于光传输的全反射原理,光纤中包层的折射率大于纤芯的折射率。

　　不同的纤芯和包层折射率决定了光在光纤中传输途径的不同。图 4-6 为三种光纤中光传输途径的区别示意图。根据纤芯轴线径向折射率的特征,光传输分为阶跃式和渐变式两种。所谓阶跃式,是指在纤芯中和包层中光的折射率都是均匀分布的,从纤芯到包层,在分界面上折射率突然减小。所谓渐变式,是指纤芯从轴线沿着径向方向折射率逐渐减小。根据光纤中传输的光线是多束还是单束,光纤分为多模光纤和单模光纤。多模是光纤中传送多束光线,单模指光纤中沿轴线传送一束光线。光纤中所能传输的光束数取决于纤芯的半径。结合光纤中纤芯的半径和纤芯折射率特征,光纤可分为多模阶跃式光纤、多模渐变式光纤和单模阶跃式光纤。

　　图 4-6(a)所示为多模阶跃式光纤。多个光束组成的光脉冲在多模阶跃式光纤中传输时,沿轴线传输的光束传输的路程最短,传输所需的时间最短;与轴线夹角越大的光束在传输过程中来回反射的次数越多,经过的路程越长,传输到末端所需的时间也越长。因此,各光束到达终端的时间不同,使得信号光脉冲变宽,这种现象称为光的色散。这就要求各信号光脉冲之间的间隔不能太小,避免互相衔接使脉冲丢失,信号出错。因此,多模阶跃式光纤的数据传输速率较低,只能用于短距

离数据传输。多模阶跃式光纤的优点是直径较大,机械强度较大,光源和光纤的对准比较容易。

图 4-6(b)所示为多模渐变式光纤,纤芯的折射率从轴线沿着径向方向逐渐减小。光束沿着轴线传输的距离虽短,但速度较慢,距中心线越远处光束的传输速度越快,距离和速度变化的相反特性补偿了由于路程不同而产生的时间差异,使光脉冲的变形较小。多模渐变式光纤适用于中等距离、中等信号速率的数据传输。

图 4-6(c)所示为单模阶跃式光纤,纤芯半径较小,只传输沿中心线射入的一种光束,无色散现象,适用于远距离高速率数据传输。其特点是光纤细,机械强度小,需要精密的光源与光纤对准工具。

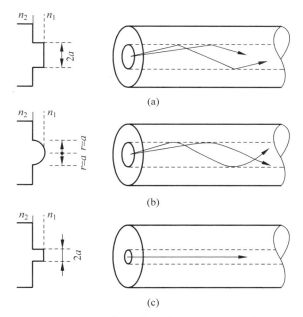

图 4-6　三种光纤中的光传输途径示意图

(a) 多模阶跃式;(b) 多模渐变式;(c) 单模阶跃式

4.2.2　差动保护光纤通道

目前,输电线路电流差动保护主流光纤通道分为专用通道和复用通道。在光纤纤芯数及传输距离允许范围内优先采用专用通道,当接收功率不够时使用复用通道。差动保护装置配有内置光电转换模块,不论是采用专用通道还是复用通道,装置通道接口都是采用光纤传输方式。目前主流的输电线路差动保护光纤通道为以 2048Kb/s 速率传输的专用光纤通道和以 2048Kb/s 速率复接 PDH(准同步数字体系)或 SDH(同步数字体系)系统的 2048Kb/s(E1)接口。双通道专用光纤连接如图 4-7 所示。复接 PDH 或 SDH 系统的 2048Kb/s(E1)接口连接如图 4-8 所示。对于复用通道而言,单向传输时延不超过 16ms,同时保护装置的收发路由应时延一致[5]。

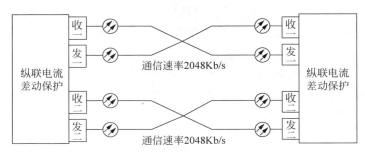

图 4-7　专用光纤连接示意图

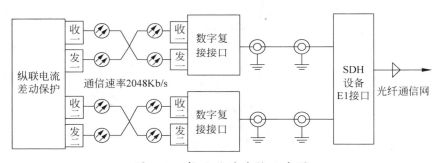

图 4-8　复用通道连接示意图

4.2.3　分相电流差动继电器

分相电流差动继电器通常包括全量电流相差动继电器和变化量电流相差动继电器。顾名思义,全量电流相差动继电器利用三相电流直接构成,变化量电流相差动继电器利用三相电流变化量构成。

典型的全量电流相差动继电器动作方程为

$$\begin{cases} I_{\text{op.}\Phi} > 0.8 I_{\text{re.}\Phi} \\ I_{\text{op.}\Phi} > I_{\text{mk}}^{\text{H}} \end{cases} \tag{4-10}$$

式中,$I_{\text{op.}\Phi}$ 为动作电流,取值为两侧各相电流矢量和的幅值 $|\dot{I}_{\text{m.}\Phi} + \dot{I}_{\text{n.}\Phi}|$;$I_{\text{re.}\Phi}$ 为制动电流,取值为两侧各相电流矢量差的幅值 $|\dot{I}_{\text{m.}\Phi} - \dot{I}_{\text{n.}\Phi}|$;$\Phi$ 表示 A 相、B 相或 C 相;I_{mk}^{H} 为差动继电器动作门槛。

典型的变化量电流相差动继电器动作方程为

$$\begin{cases} \Delta I_{\text{op}\cdot\Phi} > 0.8\Delta I_{\text{re}\cdot\Phi} \\ \Delta I_{\text{op}\cdot\Phi} > I_{\text{mk}}^{\text{H}} \end{cases} \tag{4-11}$$

式中,$\Delta I_{\text{op}\cdot\Phi}$为各相变化量差动电流,取值为两侧相电流变化量矢量和的幅值 $|\Delta \dot{I}_{\text{m}\cdot\Phi} + \Delta \dot{I}_{\text{n}\cdot\Phi}|$；$\Delta I_{\text{re}\cdot\Phi}$为各相变化量制动电流,取值为两侧相电流变化量矢量差的幅值$|\Delta \dot{I}_{\text{m}\cdot\Phi} - \Delta \dot{I}_{\text{n}\cdot\Phi}|$；$\Phi$表示 A 相、B 相或 C 相；$I_{\text{mk}}^{\text{H}}$为变化量差动继电器的动作门槛。

4.2.4　数据同步

数据同步是电流差动保护的关键。利用导引线直接传递短线路两侧的二次电流时,不存在两侧电流"不同步"的问题。但是在光纤通道中传递长线路两侧电流时,同步是不可忽视的问题。光纤差动保护首先将线路两侧电流瞬时值采样数字化,常用的采样速率为每工频周波 12～24 点,一个采样间隔对应相位差 15°～30°。保护必须使用两侧同步数据才能正确工作。两侧"同步数据"是指两侧的采样时刻必须严格同时刻和使用两侧相同时刻的采样点进行计算。然而,当线路两端相距上百千米甚至数百千米时,两端数据难以使用同一时钟来保证时间统一和采样同步。保证两个异地时钟时间统一和采样时刻的严格同步,是光纤电流差动保护实施的关键技术[1-4]。

目前,数据同步常用的解决方案有：①采样数据修正法；②采样时刻调整法；③时钟校正法；④采样序号调整法；⑤GPS 同步法；⑥参考相量同步法。其中方法①～④需借助通道完成,都是基于数字通道收发延时相等的"等腰梯形算法"(为乒乓算法),但具体处理方法又各有不同；方法⑤和⑥不需要借助通道。下面简要介绍采样数据修正法、采样时刻调整法以及基于全球定位系统的同步测量原理。

1. 采样数据修正法

此方法的基本思想是：线路各端的保护装置在各自的晶体振荡器控制的时钟控制下,以相同的采样频率独立地进行采样,然后在进行差动保护算法之前作同步化修正。

具体的修正方法可以用一个两端系统为例简述如下。

如图 4-9 所示,两端的保护装置都在本端的采样时刻开始向对端发送对应本次采样时刻的电流数据帧。每帧中除了电流矢量数据等信息外,还有同步处理中所需的时间信息。设 $M(i)$ 和 $N(j)$ 表示相对于某个采样时刻参考点(序号为 0)的采样点序号。对于 M 端装置而言,当 N 端装置于 $N(j)$ 时刻发送的数据传到 M 端时,已在 $M(i')$ 采样时刻之后。显然,此帧电流数据应与 M 端的采样时刻 $M(i'')$ 或 $M(i''+1)$ 的采样值比较。为了实现这一同步处理,数据帧 $N(j)$ 应包含的时间信息有：$N(j)$ 发送前 N 端最近一次收到的 M 端信息的帧序号 $M(i)$，收到 $M(i)$ 的时间与 $N(j-1)$ 采样时刻的时间差为 Δt_1。

假设两端数据在通道中传输的时间延迟相等，则由图 4-9 中所标的各个时间关系不难导出数据传输的时延 T_d 为

$$T_\mathrm{d} = \frac{[M(i') - M(i)]\, T_\mathrm{s} + \Delta t_2 - (T_\mathrm{s} - \Delta t_1)}{2} \qquad (4\text{-}12)$$

式中，Δt_2 与 Δt_1 相似，是 M 端收到 N 端的第 $N(j)$ 帧的时刻与本端的 $M(i')$ 采样时刻的时间差。

因此，M 端在收到 N 端的第 $N(j)$ 帧和记下 $M(i')$、Δt_2 后，即可根据这一帧的时间信息，由式（4-12）计算出数据的传输时延 T_d。求得 T_d 后，在收到 $N(j)$ 的时刻中将其减去，即可以求出刚收到的第 $N(j)$ 帧的采样时刻 $N(j)$ 在 M 端的时间坐标中所对应的时刻，即 $M(i'')T_\mathrm{s} + \Delta t$。其中 T_s 的整倍数部分 $M(i'')$ 就是刚收到的这一帧的电流数据应同 M 端（本端）的电流数据对齐的序号，非整倍数部分 Δt 则是应将 N 端（对端）电流数据矢量修正的旋转角度。经过这样的旋转修正处理后，就可进行差动保护的计算。

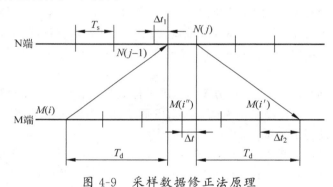

图 4-9 采样数据修正法原理

这种方法允许各端保护装置独立采样，而且对每次采样数据都进行 T_d 的计算和同步化修正，故当通信受干扰或通信中断时，基本上不会影响采样同步。只要通信恢复正常，根据新接收到的电流数据可立即进行差动保护的计算，这对于差动保护的快速动作较为有利。其缺点就是每次的差动保护算法都要进行数据修正处理，且总离不了通道延迟时间的计算，比较复杂。而且，电网频率的变化也会影响其相位修正的结果。此外，它只能用于传送电流矢量的方式，不能用于传送电流采样瞬时值的方式。

2. 采样时刻调整法

此方法是设定一端保护装置的采样时刻作为基准，其余各端的装置通过不断调整，以使所有的保护装置的采样时刻一致。

　　设定一端为主机,另一侧为从机。两端的采样速率相同,采样间隔为 t_s,但由各自的晶振控制实现。在正式开始采样前,主机在 t_s 时刻向从机发出通道延时 T_d 的计算命令。从机收到命令后,将命令码延迟时间 T_m 送回主机。假设两个方向的信息传送延时相同,则主机可在 t_R 时刻收到从机的回答信息后,算出通道的传送延时:

$$T_d = \frac{t_R - t_s - T_m}{2} \tag{4-13}$$

采样时刻调整法的原理如图 4-10 所示。

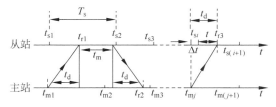

图 4-10　采样时刻调整法原理示意图

　　图 4-10 中, t_m 为主机采样并发出信息的时刻, t_{r3} 为从机收到信息的时刻, t_{si} 为 t_{r3} 之前一个采样的时刻,设 t_{si} 与 t_{r3} 相差 t。

　　当 $\Delta t = 0$ 时,两端时钟同步;当 $\Delta t > 0$ 时,从机的采样时刻落后于主机;当 $\Delta t < 0$ 时,从机的采样时刻超前于主机。根据这一结果,下次采样的采样间隔调整为 $T_s - \Delta t$,以达到两端装置的采样时刻同步。为了保证调整的稳定性,不可能一次到位,需要多次调整并取平均值。调整完后,即可进行采样和保护计算。

3. 基于全球导航系统的同步测量原理

　　1993 年,美国全面建成的全球定位系统 GPS 由 24 颗卫星组成,具有全球覆盖、全天候工作、24h 连续实时地为地面上无限个用户提供高精度位置和时间信息的能力。GPS 传递的时间能在全球范围内与国际标准时钟(coordinated universal time,UTC)保持高精度同步,是理想的全球共享无线电时钟信号源。基于 GPS 时钟的输电线路光纤电流差动保护数据同步方案如图 4-11 所示。其中,专用定时型 GPS 接收机由接收天线和接收模块组成。接收机在任意时刻能同时接收其视野范围内 4～8 颗卫星的信息,通过对接收到的信息进行解码、运算和处理,能从中提取并输出两种时间信号:一是秒脉冲信息 1PPS(1 pulse per second),该脉冲信号上升沿与标准时钟 UTC 的同步误差不超过 1μs;二是经串行口输出与 1PPS 对应的标准时间(年、月、日、时、分、秒)代码。线路两端安装的电流差动保护装置由高稳定性晶振体构成的采样时钟每经过 1s 被 1PPS 同步一次(相位锁定),保证晶振体产生的脉冲前沿与 UTC 具有 1μs 的同步精度。线路两端采样时钟给出的采样脉冲之间具有不超过 2μs 的相对误差,可实现线路两端采样的严格同步。GPS 接收机输出的时间码可直接送给保护装置,用来实现两端相同时标。

2020 年 7 月 31 日,我国自行研制的全球卫星导航系统——北斗卫星导航系统正式建成并开通。北斗卫星导航系统由空间段、地面段和用户段三部分组成,可在全球范围内全天候、全天时为各类用户提供高精度、高可靠定位、导航、授时服务,并且具备短报文通信能力,具备区域导航、定位和授时能力,定位精度为分米、厘米级别,测速精度 0.2m/s,授时精度为 10ns。

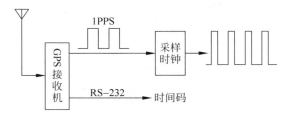

图 4-11 基于 GPS 时钟的输电线路光纤电流差动保护数据同步方案

4.3 零序电流差动保护

4.3.1 零序电流差动保护判据

电流差动保护以基尔霍夫电流定律为基础,在不考虑输电线路分布电容、分布电导和并联电抗器的情况下,在无故障或区外故障时流入输电线路总的电流之和为零;而在区内故障时,由于新增的故障节点,使得流入输电线路各端的电流之和不再为零,由此可构成差动判据。对于使用相电流的分相电流差动保护而言,以 A 相为例,无故障时 $\dot{I}_{A1} + \dot{I}_{A2} = 0$,有包含 A 相的短路故障时,有 A 相电流从故障点流出,所以 $\dot{I}_{A1} + \dot{I}_{A2} > 0$,因此分相电流差动保护适用于所有类型的短路故障。零序电流差动保护基于被保护设备零序电流差值特征构成,零序电流表征线路对地电流。对三相系统的 10 种短路故障的分析表明:当系统无故障、发生区外故障或区内对称故障时,不存在零序电流或者零序电流为穿越性的,零序电流差值为零;当系统发生区内接地故障时,零序电流差值不为零。因此,零序电流差动保护不能保护相间不接地故障和三相对称故障,并且因为零序电流是三相电流的综合,所以零序电流差动保护本身并不带分相跳闸功能,只能实现三相跳闸。

虽然分相电流差动保护能够保护所有类型的故障,而零序电流差动保护只能保护接地故障,但零序电流差动保护由于具有分相电流差动保护不具有的优点而得到了广泛的研究和应用。基于全量的相电流差动保护受制于傅里叶变换,动作速度很难提高到 1 周波之内;因线路电容电流的影响,在重负荷高阻接地故障情况下灵敏度不足,抗过渡电阻能力低。基于变化量的相电流差动保护因故障变化量电流存在时间较短,只能短时开放,对转换性故障无能为力。零序电流本质上也是一种故障分量,其在故障后还可以长时间存在,因此其可作为分相电流差动保护的补充[6-8]。

零序差动继电器的动作方程为

$$
\begin{cases}
I_{\text{op}\cdot 0} > 0.8 I_{\text{re}\cdot 0} \\
I_{\text{op}\cdot 0} > I_{\text{mk}}^{\text{L}} \\
I_{\text{op}\cdot\Phi} > 0.1 I_{\text{re}\cdot\Phi} \\
I_{\text{op}\cdot\Phi} > I_{\text{mk}}^{\text{L}}
\end{cases}
\tag{4-14}
$$

式中,$I_{\text{op}\cdot 0}$ 为零序差动电流,取值为两侧自产零序电流矢量和的幅值 $|\dot{I}_{\text{m}\cdot 0} + \dot{I}_{\text{n}\cdot 0}|$;$I_{\text{re}\cdot 0}$ 为零序制动电流,取值为两侧自产零序电流矢量差的幅值 $|\dot{I}_{\text{m}\cdot 0} - \dot{I}_{\text{n}\cdot 0}|$;$I_{\text{mk}}^{\text{L}}$ 为零序差动继电器动作门槛;$I_{\text{op}\cdot\Phi}$ 为三相各相差动电流,取值为两侧各相电流矢量和的幅值 $|\dot{I}_{\text{m}\cdot\Phi} + \dot{I}_{\text{n}\cdot\Phi}|$;$I_{\text{re}\cdot\Phi}$ 为三相各相制动电流,取值为两侧各相电流矢量差的幅值 $|\dot{I}_{\text{m}\cdot\Phi} - \dot{I}_{\text{n}\cdot\Phi}|$;$I_{\text{mk}}^{\text{M}}$ 为相电流差动继电器动作门槛。

4.3.2 基于曲面的零序电流差动保护判据性能评价

为了表征电流差动元件判据的灵敏性,人们定义电流差动元件的灵敏系数 K_{s} 为动作量与制动量整定值之比。灵敏系数越大,相应判据的灵敏度越高。K_{s} 大于制动因子 K 的情况下保护动作,否则保护不动作。根据灵敏系数作出一个判据曲面,这样在任何一种故障情况下判据的灵敏系数大小一目了然。通过绘制动作区域图来考察该判据能承受的故障电流范围大小[7]。

以 $|\dot{I}_{\text{m}} + \dot{I}_{\text{n}}|$ 为动作电流、$|\dot{I}_{\text{m}}| + |\dot{I}_{\text{n}}|$ 为制动电流作为判据一为例,作出判据平面。设线路两端的零序电流为 $\dot{I}_{\text{m}}$,$\dot{I}_{\text{n}}$,以 $\dot{I}_{\text{m}}$ 的相位为基准相位,$\dot{I}_{\text{m}} = I_{\text{m}}\angle 0$,$\dot{I}_{\text{n}} = I_{\text{m}}\angle\theta$,$\theta$ 代表两端零序电流的相位差。设 $Q = I_{\text{m}}/I_{\text{n}}$,代表零序电流有效值的商。灵敏系数为

$$
K_{\text{s}} = \frac{|\dot{I}_{\text{m}} + \dot{I}_{\text{n}}|}{|\dot{I}_{\text{m}}| + |\dot{I}_{\text{n}}|} = \frac{\sqrt{I_{\text{m}}^2 + I_{\text{n}}^2 + 2I_{\text{m}}I_{\text{n}}\cos\theta}}{I_{\text{m}} + I_{\text{n}}} = \frac{\sqrt{Q^2 + 2Q\cos\theta + 1}}{Q + 1}
\tag{4-15}
$$

每一种故障情况对应一组 θ、Q 和 K_{s},使得 K_{s} 大于制动因子 K 的 θ 和 Q 组构成此判据的动作区域,相反就是制动区域。为了形象说明,构造了一个差分空

间,差分空间的 x 轴为物理量 θ,y 轴为 Q,z 轴为 K_s。根据每种判据的 θ、Q 和 K_s 的关系,可以作出特定的判据曲面。假设制动因子 $K=0.75$,当 K_s 大于 K 时保护动作,用 $K_s=0.75$ 平面去截判据曲面,交线在 xy 平面上的投影就是动作区域和制动区域的分界线。图 4-12 中的网格曲面为判据一的判据平面,黑色平面为 $K_s=0.75$ 的动作截面,在动作截面上方的曲面对应动作的情况,在动作截面下方的曲面对应不动作的情况。可以看出,θ 对于灵敏系数的影响远远大于 Q。$\theta=180°$,$Q=1$ 附近的 K_s 值最小,正好对应区外故障情况;$\theta=0°$ 附近的 K_s 值最大,对应区内故障情况。θ 越接近 $180°$、Q 越接近 1 时 K_s 越小,而导致 θ 值增大的原因因差动保护类型而异。同样是判据一,当用于分相电流差动保护时,对应的 θ 和 Q 分别是两端相电流的相角差和幅值商,负荷增大则导致 θ 值增大,过渡电阻增大也导致 θ 值增大,对应灵敏度下降;当用于零序电流差动保护时,对应的 θ 和 Q 分别是两端零序电流的相角差和幅值商,理想情况下的区内接地故障 $\theta=0°$,不论过渡电阻和负荷的大小只有在非全相运行的情况下 θ 随着过渡电阻和负荷的增大而增大,灵敏度随之下降。

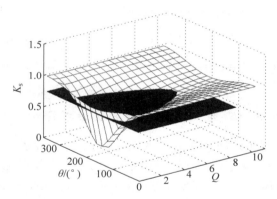

图 4-12 判据一的差分空间和判据平面

以 $|\dot{I}_m+\dot{I}_n|$ 为动作电流、$|\dot{I}_m-\dot{I}_n|$ 为制动电流作为判据二,作出判据二的判据平面。灵敏系数为

$$K_s=\frac{|\dot{I}_m+\dot{I}_n|}{|\dot{I}_m-\dot{I}_n|}=\frac{\sqrt{I_m^2+I_n^2+2I_mI_n\cos\theta}}{\sqrt{I_m^2+I_n^2-2I_mI_n\cos\theta}}=\frac{\sqrt{Q^2+2Q\cos\theta+1}}{\sqrt{Q^2-2Q\cos\theta+1}} \quad (4\text{-}16)$$

判据二的差分空间和判据平面如图 4-13 所示。判据二的判据曲面和判据一趋势上一样,都是 $180°$ 附近 K_s 最小,只是 $0°$ 附近 K_s 值比判据一大一些。

进一步借助平面分析如下:第一个平面为 $K_s=0.75$ 平面与曲面的交线在 θ-Q 平面上的投影,第二个平面为 $Q=3$ 平面(故障时 Q 可能为任意值,这里取 $Q=3$ 举例说明)与曲面的交线在 θ-K_s 平面上的投影,分别如图 4-14 和图 4-15

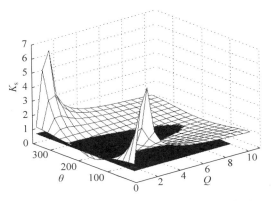

图 4-13 判据二的差分空间和判据平面

所示。需要说明的是,这个 θ-Q 平面包括了所有可能的运行情况,但不是平面上任意一点都存在对应的实际运行情况。其中虚线是判据一的动作区域和制动区域分界线,线内部是判据的制动区,外部是动作区;实线是判据二的动作区域和制动区域分界线,同样线内部是制动区,外部是动作区。对比发现,判据二的动作区域比判据一大。举例来说,对于零序电流差动保护而言,如果存在一种区内故障情况是两端零序电流角度相差 100°、幅值差 2 倍(注意这种情况只可能出现于非全相运行时,正常运行时忽略误差的情况下故障两端零序电流角度差应该为 0°),判据一将拒动,判据二能正常动作。上面说过,θ 角越大,说明负荷越大或者接地电阻越大,因此也可以说判据二的抗过渡电阻能力比判据一强,在非全相运行情况下动作性能更加灵敏。

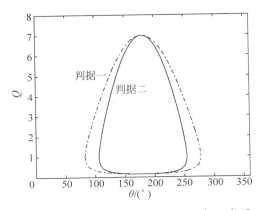

图 4-14 判据一和判据二的动作区域图

图 4-15 是 $Q=3$ 平面和判据曲面交线在 θ-K_s 平面上的投影曲线,称为灵敏系数曲线。其中虚线对应判据一,实线对应判据二。图 4-15 中还标明了 $K_s=0.75$ 线,

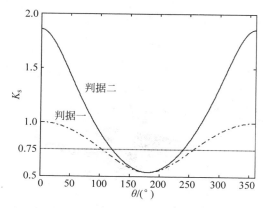

图 4-15　判据一和判据二的灵敏系数曲线

便于比较,在 0.75 线上方迅速远离 0.75 线的灵敏性能较好,在 0.75 线下方迅速远离 0.75 线的可靠性更高。曲线大于 0.75 的部分为动作区,在动作区内判据二的灵敏系数都是大于判据一的,而且随着 θ 趋向于零迅速远离 0.75 线,因此可以说在区内故障动作区判据二比判据一更灵敏,而在制动区域判据一的灵敏系数比判据二小,更加远离 0.75 线,因此区外故障或者无故障时判据一的可靠性高。从上述分析可知,灵敏系数并不是越大越好,判据一和判据二各有千秋,难分高下。最好的性能应当是靠近 $\theta=0°$ 时灵敏系数很大,而靠近 $\theta=180°$ 时灵敏系数很小。

由以上分析可得:动作区域图能直接反映该判据的动作范围,动作区域大的判据承受过渡电阻能力强,受负荷电流和电容电流影响小,但动作区域大就意味着制动区域小,因此可靠性就降低,抗干扰和误差能力就低。

4.3.3　改进零序电流差动保护判据

针对现有零差判据在非全相运行情况下灵敏度不足的问题,提出改进判据[7]:

$$\left|\frac{\dot{I}_{\mathrm{m}}}{|\dot{I}_{\mathrm{m}}|}+\frac{\dot{I}_{\mathrm{n}}}{|\dot{I}_{\mathrm{n}}|}\right|>K\cdot T\cdot\left|\frac{\dot{I}_{\mathrm{m}}}{|\dot{I}_{\mathrm{m}}|}-\frac{\dot{I}_{\mathrm{n}}}{|\dot{I}_{\mathrm{n}}|}\right| \tag{4-17}$$

$$T=\frac{\min(|\dot{I}_{\mathrm{m}}|,|\dot{I}_{\mathrm{n}}|)}{\max(|\dot{I}_{\mathrm{m}}|,|\dot{I}_{\mathrm{n}}|)} \tag{4-18}$$

其中,T 为幅值调整系数。

表 4-1 列出了各种运行情况下新判据的动作量和制动量。

表 4-1 各种情况下的新判据

系统运行情况	动作量：$\left\| \dfrac{\dot{I}_m}{\|\dot{I}_m\|} + \dfrac{\dot{I}_n}{\|\dot{I}_n\|} \right\|$	制动量：$T \cdot \left\| \dfrac{\dot{I}_m}{\|\dot{I}_m\|} - \dfrac{\dot{I}_n}{\|\dot{I}_n\|} \right\|$
正常运行	0	2($T=1$)
区内故障	2	0($T<1$)
区外故障	0	2($T=1$)
稳定的非全相运行	0	2($T=1$)
非全相运行中区内故障	0<动作量<2	0<制动量<2($T<1$)
非全相运行中区外故障	0	2($T=1$)
瞬时性非全相运行	闭锁不计算	闭锁不计算

从表 4-1 可以看出，T 只有在区内故障的时候起作用。正常情况下发生区内故障的时候制动量等于 0，因此 T 的作用被忽略，只有在非全相运行时发生区内故障，制动量不为零且 $T<1$ 时，T 有降低制动量、增大保护动作可能的作用。而且 T 的作用是不可小觑的。如果没有 T，动作量和制动量将在零序电流相位差为 90°的时候相等；加上 T 后，动作量和制动量将在零序电流相位差大于 90°的时候才相等（暂且假设为 120°）。上面提到，负荷越大，接地电阻值越大，相位差就越大，当制动系数 K 等于 1 时，没有 T 的判据在相位差 90°就不动作了，而加上 T 的判据在相位差 120°的时候都能动作，换句话说，就是对负荷和接地电阻的容忍程度增加了，也就是保护在非全相运行时的抗过渡电阻能力因为 T 而提高了。

对于改进判据，灵敏系数为

$$K_s = \frac{\left\| \dfrac{\dot{I}_m}{\|\dot{I}_m\|} + \dfrac{\dot{I}_n}{\|\dot{I}_n\|} \right\|}{T \cdot \left\| \dfrac{\dot{I}_m}{\|\dot{I}_m\|} - \dfrac{\dot{I}_n}{\|\dot{I}_n\|} \right\|} = \frac{\sqrt{1 + \cos\theta}}{T \cdot \sqrt{1 - \cos\theta}} \tag{4-19}$$

$$(Q > 1, T = 1/Q; \quad Q \leqslant 1, T = Q)$$

依然假设制动因子 $K=0.75$，作新判据的判据曲面，如图 4-16 所示。

对比判据一和判据二的判据曲面，新判据的 K_s 最大值大得多。其中新判据的特点是使得 $\theta=180°$ 以及 $Q=1$ 附近的曲面 K_s 下降，其他区域特别是 θ 接近 0°、Q 远离 1 的区域，K_s 显著增大。从前面的分析中可以得出结论：新判据对于区内故障的灵敏度增强，对于区外故障的防御能力也增强了。下面我们作动作区域图和灵敏系数曲线来详细验证这个结论。动作区域图如图 4-17 所示，依然假设 $K=0.75$。

图 4-17 中，图形内部是制动区域，外部是动作区域。与图 4-14 对比发现，新判据的动作区域形状拉长变细了，在 $\theta=180°$ 附近的区域，即使 Q 值很大，保

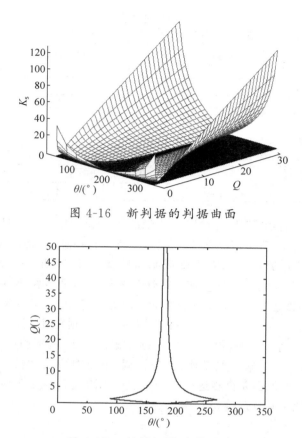

图 4-16　新判据的判据曲面

图 4-17　新判据的动作区域

护也在制动区域内。针对零序电流的特点,这样做是有意义的。因为对于线路两端的零序电流来说,如果是内部故障,零序电流一般来说不可能是穿越性的,也就是说区内故障零序电流的相位差不可能是 180°。因此,我们牺牲 180°附近的动作区域,来换取 θ 在 100°~150°附近的动作区域。θ 在 100°~150°之间正是非全相重负荷大电阻接地区内故障区域,将这片区域纳入动作区域是很有道理的。

三个判据的灵敏系数曲线对比如图 4-18 所示,这里取 $Q=0.5$。

由图 4-18 可知,靠近 $\theta=180°$ 的时候,新判据的灵敏系数曲线急剧下降至零,比判据一、判据二都小,说明无区内故障情况下新判据的可靠性是三个判据中最高的。而当 θ 从 180°移向 0°的时候,新判据灵敏系数曲线急剧增大,比其他两个判据大很多,这说明在区内故障情况下,即使故障电阻很高,新判据的灵敏度也比判据一、判据二高很多,也就是新判据抗过渡电阻的能力最高。

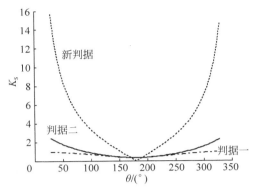

图 4-18　新判据的灵敏系数曲线

4.3.4　新型零序电流差动保护方案

为消除除法计算的不稳定性,新型零序电流差动保护判据可表示为[7]

$$\begin{cases} |\dot{I}_{\mathrm{m}} + \dot{I}_{\mathrm{n}}| > I_{\mathrm{d}} \\ ||\dot{I}_{\mathrm{n}}|\dot{I}_{\mathrm{m}} + |\dot{I}_{\mathrm{m}}|\dot{I}_{\mathrm{n}}| > K \cdot T \cdot ||\dot{I}_{\mathrm{n}}|\dot{I}_{\mathrm{m}} - |\dot{I}_{\mathrm{m}}|\dot{I}_{\mathrm{n}}| \end{cases} \tag{4-20}$$

式中,I_{d} 按躲过线路最大不平衡电流整定,一般取值在额定电流值 I_{N} 的 $10\%\sim$ 20%;K 一般取值 0.75,K 值取得大些保护的可靠性高,取得小些保护的灵敏度高。

对线路电流差动保护,在使用自愈环网通信网络的情况下,通信回路有可能在运行过程中发生改变。由于通信通道的切换,信息的传输延迟也会发生改变,这样就会使得数据同步出现误差。为避免保护在这种情况下误动,必须采取一定的措施。本保护通过在检测到通道切换之后自动抬高保护定值的方法,使得保护在这种情况下不致误动而在大多数的故障情况下能够可靠动作。一个简单的方法是设 $I_{\mathrm{d}}=$ $2I_{\mathrm{N}}$,$K=2$。这样对所有负荷条件,不管数据同步误差多大,保护不会发生误动,而对所有较严重的内部故障(故障电流大于两倍额定值以上时)均能可靠动作。

因此,保护配置有两套 I_{d} 和 K,动作曲线如图 4-19 所示。

当遇到通信失败的情况时,零序电流差

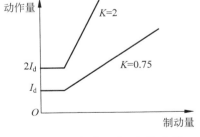

图 4-19　零差保护动作曲线

动保护应当自动闭锁。除此之外,零序电流差动保护还应该有人工闭锁的功能设置,可供用户选择是否使用此保护。

　　零序电流差动保护是分相电流差动保护的后备保护,在跳闸优先级别上分相电流差动保护要高于零序电流差动保护,原因有二:一是零差保护因为要躲过断路器合闸不同步等因素导致的扰动,在跳闸前一般要设 100ms 的延时;二是零差保护没有选相功能,跳的是三相,而相差保护能跳单相。因此,跳闸逻辑应该设为零差保护启动之后,跳闸之前检查分相差动是否发出跳闸信号:如果有,零差保护不发三相跳闸信号;如果没有,才经过一定延时发出三相跳闸信号。

参考文献

[1]　贺家李,李永丽,董新洲,等.电力系统继电保护原理[M].4 版.北京:中国电力出版社,2010.

[2]　郑能灵,范春菊,胡炎.现代电力系统继电保护原理[M].北京:中国电力出版社,2012.

[3]　施怀瑾.电力系统继电保护[M].2 版.重庆:重庆大学出版社,2005.

[4]　李佑光,林东.电力系统继电保护原理及新技术[M].北京:科学出版社,2003.

[5]　国电南京自动化股份有限公司.PSL-603U 系列线路保护装置说明书[Z].2017.

[6]　王海港.输电线路分相电流差动保护若干问题研究与实现[D].北京:清华大学,2005.

[7]　张玟.输电线路零序电流差动保护的研究与实现[D].北京:清华大学,2007.

[8]　张宁.数字式导引线差动保护研究[D].北京:清华大学,2008.

第 5 章　电力线路行波保护

5.1　故障行波

5.1.1　故障行波的产生

设单相线路 F 点发生了金属性短路,如图 5-1 所示,图中 $e_M(t)$ 和 $e_N(t)$ 分别为线路两端的电压源,Z_M 和 Z_N 分别为线路两端的电源的内阻抗。根据叠加原理,故障状态等效于在故障点增加了两个大小相等、方向相反的电压源,其电源电压数值等于故障前 F 点的电压 $e_f(t)$;故障后的网络可等效为非故障状态网络和故障附加状态网络的叠加,其中非故障状态网络就是故障前正常运行网络,故障附加网络只有在故障后才出现,作用在该网络中的电源就是与故障前该点电压数值相等、方向相反的等效电压源 $-e_f(t)$,称为虚拟电源或附加电源。在该电源的作用下,故障附加网络中只包含故障分量的电压 u_f 和电流 i_f,整个故障后网络中各点的电压 u 和电流 i 是故障前负荷分量 u_p、i_p 和故障分量 u_f、i_f 的和,即

$$\begin{cases} i = i_f + i_p \\ u = u_f + u_p \end{cases} \tag{5-1}$$

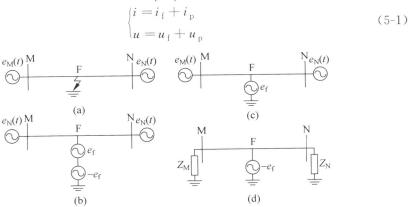

图 5-1　线路 F 点故障时的等效网络

由此可知,当把故障后网络分解成正常运行状态网络和故障附加状态网络之后,对故障后网络的分析就变为对故障附加网络的分析;对故障后电压、电流变化规律的研究就转化为对故障分量电压、电流的研究。我们的任务是把线路 MN 看

成分布参数,研究当 F 点故障后,沿导线运动的电压和电流波如何变化。

图 5-1(d)所示是一条终端接有负载阻抗 Z_M 和 Z_N 的均匀传输线,在故障发生瞬间,相当于和故障附加电源接通,在线路 FN 和线路 FM 上都将产生沿导线运动的行波:故障发生后瞬间,行波从故障点传播到线路终端母线 M(N)点,由于负载阻抗 $Z_M(Z_N)$ 未必和线路波阻抗匹配,行波将发生折反射,反射行波将再次传播到故障点 F,并再次发生折反射,形成多次折反射过程,最后进入故障稳态。在故障线路 MN 上运动的行波是由故障引发的,且在线路 MN(MF 段和 FN 段)的导引下形成行波,将这种由故障引发的、沿导线传播的导行电磁波称为故障行波。进一步观察故障后的过程,不难发现,故障行波既包括故障过程中出现的初始行波、暂态过程中的折反射分量行波,也包括故障进入稳态后的稳态行波,统称为故障行波。

图 5-2 表示故障行波在分布参数线路上的传播,图中 U_F 为故障附加电源;C_i,$C_i'(i=1,2,3)$均表示线路的分布电容;线路单位长度 $\mathrm{d}x$ 的电容、电感分别为 $C\mathrm{d}x$、$L\mathrm{d}x$;故障行波电流 i 经过单位长度线路 $\mathrm{d}x$ 后变为 $i+\dfrac{\partial i}{\partial x}$,故障行波电压 u 同理。

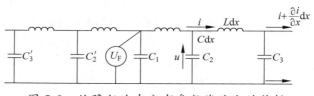

图 5-2　故障行波在分布参数线路上的传播

5.1.2　单根导体线路的波动方程

下面首先结合单根均匀无损线路予以说明。在不考虑参数频率特性时,单根均匀无损线路可以等效为双导体均匀传输线,其分布参数电路上的电压 u 和电流 i 均为位置 x 和时间 t 的函数,容易得到如下一阶偏微分方程组:

$$\begin{cases} \dfrac{\partial u}{\partial x} = L\,\dfrac{\partial i}{\partial t} \\[2mm] \dfrac{\partial i}{\partial x} = C\,\dfrac{\partial u}{\partial t} \end{cases} \tag{5-2}$$

式中,L 和 C 分别为单位长度线路的电感和对地电容。

对式(5-2)进行变换可得如下二阶偏微分方程组:

$$\begin{cases} \dfrac{\partial^2 u}{\partial x^2} = LC\,\dfrac{\partial^2 u}{\partial t^2} \\[2mm] \dfrac{\partial^2 i}{\partial x^2} = LC\,\dfrac{\partial^2 i}{\partial t^2} \end{cases} \tag{5-3}$$

式(5-3)即为单根导体线路的波动方程。

式(5-3)的解如下：

$$
\begin{cases}
u = u_1\left(t-\dfrac{x}{v}\right) + u_2\left(t+\dfrac{x}{v}\right) \\
i = \dfrac{1}{Z_C}\left[u_1\left(t-\dfrac{x}{v}\right) - u_2\left(t+\dfrac{x}{v}\right)\right]
\end{cases}
\tag{5-4}
$$

式中，$u_1\left(t-\dfrac{x}{v}\right)$ 和 $u_2\left(t+\dfrac{x}{v}\right)$ 分别为沿 x 正方向运动的前行波和沿 x 反方向运动的反行波；v 为行波在线路上的传播速度，$v=\dfrac{1}{\sqrt{LC}}$；Z_C 为线路波阻抗，$Z_C=\sqrt{\dfrac{L}{C}}$。

当行波沿线路传播时，如果线路的参数在某点处突然改变（波阻抗改变），则在该点处将会发生波的折射与反射，多次折反射后进入新的稳态。

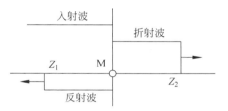

如图 5-3 所示，当入射波由波阻抗为 Z_1 的线路传播至波阻抗为 Z_2 的线路时，由于波阻抗在点 M 处不连续，便会产生折射波和反射波，其所对应的电压折射系数 γ 和反射系数 ρ 分别是

图 5-3   行波的折射、反射

$$
\begin{cases}
\gamma = \dfrac{2Z_2}{Z_1 + Z_2} \\
\rho = \dfrac{Z_2 - Z_1}{Z_1 + Z_2}
\end{cases}
\tag{5-5}
$$

不管输电线路处于正常运行状态还是故障后的过渡过程，故障行波都将服从波动方程，对于正弦稳态解，前文已经有过描述，关键是在分析故障暂态过程时，寻求波动方程的暂态解析解较为困难，这是故障行波分析的瓶颈，有兴趣的读者可以参见文献[1]。

5.2 小波变换

5.2.1 信号的时频局部化表示

在信号分析中，变换就是寻求信号的另外一种表示，使比较复杂的、特征不够明确的信号在变换后的形式下变得简洁和特征明确。

信号有两类：一类是稳定变化的信号；另一类是具有突变性质的、非稳定变化的信号。

对于稳定变化的信号，工程上最常使用的一种变换就是傅里叶变换。傅里叶变换把一个周期变化的信号表示成一族具有不同频率的正弦波的线性叠加。从数学上讲,傅里叶变换是通过一个被称为基函数的函数 $w(x) = e^{ix}$ 的整数膨胀而生成任意一个周期平方可积函数 $f(x) \in L^2(0, 2\pi)$,其中 $L^2(0, 2\pi)$ 称为平方可积函数空间。通过傅里叶变换,在时域中连续变化的信号转化为频域中的信号,因此傅里叶变换是一种纯频域分析方法。

对于具有突变性质的、非稳定变化的信号,人们不只对该信号的频率感兴趣,而且尤其关心该信号在不同时刻的频率,换句话说,需要时间和频率两个指标来刻画信号。显然,傅里叶变换是无能为力的。这是因为傅里叶变换在频域上是完全局部化了的(能把信号分解到每个频率细节),但在时域上却没有任何分辨能力。因此,需要时频分析方法来分析这种信号。

时频分析方法的典型例子是窗口傅里叶变换。一个具有有限能量的模拟信号 $f(t)$ 的窗口傅里叶变换被定义为

$$G(\omega, \tau) = \int_R f(t) g(t - \tau) e^{-i\omega t} dt \qquad (5\text{-}6)$$

式中,$g(t)$ 为具有紧支集的时限函数。

显然,窗口傅里叶变换和傅里叶变换的区别就是前者多了一个时限函数 $g(t)$。

从式(5-6)中去掉 $g(t - \tau)$,就是傅里叶变换。因此,窗口傅里叶变换可描述为对于待分析的信号 $f(t)$ 先开窗再做傅里叶变换,随着窗的移动,$f(t)$ 被一部分一部分地分解。其中的时限函数 $g(t)$ 因此被称为窗函数。

由式(5-6)可见,$G(\omega, \tau)$ 既是频率 ω 的函数,又是时间 τ 的函数,因此窗口傅里叶变换提供了信号 $f(t)$ 在时间 τ 的频率信息,它是一种时频分析方法。

实际信号是由多种频率分量组成的,当信号尖锐变化时,需要有一个短的时间窗为其提供更多的频率信息;当信号变化平缓时,需要一个长的时间窗用于描述信号的整体行为。换句话说,希望能有一个灵活可变的时间窗。而窗口傅里叶变换无法做到这一点。这是因为窗口傅里叶变换的窗函数 $g(t)$ 的大小和形状是固定不变的,不能适应不同频率分量信号的变化。这就导致了小波变换的出现。

5.2.2　连续小波变换

受傅里叶变换和窗口傅里叶变换的启发,可以寻找另外一个单一函数的膨胀和平移来表示信号 $f(t)$,这样的函数被称为基小波 $\psi(t)$,它必须满足容许性条件:

$$C_\psi = \int_{-\infty}^{+\infty} |\omega|^{-1} |\hat{\psi}(\omega)|^2 d\omega < +\infty \qquad (5\text{-}7)$$

或者等价为

$$\int_R \psi(t)\mathrm{d}t = 0 \tag{5-8}$$

由基小波的伸缩和平移所生成的函数族 $\psi_{a,b}(t)$ 被称为连续小波:

$$\psi_{a,b}(t) = |a|^{-\frac{1}{2}} \psi\left(\frac{t-b}{a}\right) \quad (a,b \in R, a \neq 0) \tag{5-9}$$

式中,a 为尺度因子;b 为平移因子。

信号 $f(t) = L^2(R)$ [$L^2(R)$ 又被称为能量有限信号空间] 关于小波 $\psi_{a,b}(t)$ 的连续小波变换被定义为

$$(W_\psi f)(a,b) = |a|^{-\frac{1}{2}} \int_{-\infty}^{+\infty} f(t)\overline{\psi\left(\frac{t-b}{a}\right)}\mathrm{d}t \tag{5-10}$$

或者写成内积形式:

$$(W_\psi f)(a,b) = \langle f, \psi_{a,b} \rangle \tag{5-11}$$

信号 $f(t)$ 可以由它的小波变换重构,重构公式为

$$f(t) = \frac{1}{C_\psi} \int_{-\infty}^{+\infty} \int_{-\infty}^{+\infty} (W_\psi f)(a,b)\psi_{a,b} \frac{\mathrm{d}a}{a^2}\mathrm{d}b \tag{5-12}$$

同样地,函数 $|a|^{-\frac{1}{2}}\psi\left(\frac{t-b}{a}\right)$ 除了复共轭以外,还被用于小波变换和逆变换,因此 $\bar{\psi}$ 被称为 ψ 的一个对偶。

根据小波变换的定义,可以看出它和傅里叶变换的异同如下:

(1) 小波变换和傅里叶变换都是使用一个被称为基函数的单一函数 $\psi(t)$ 和 e^{it} 来表示原信号。

(2) 小波变换是用尺度因子 a 对基小波 $\psi(t)$ 进行伸缩,傅里叶变换是用膨胀因子 ω 对基函数 e^{it} 进行伸缩。

(3) 小波变换还用平移参数 b 对基小波进行平移,而傅里叶变换只有伸缩没有平移,因此小波变换具有时频局部化性能,而傅里叶变换是一种纯粹的频域分析法。

作为时频分析方法,小波变换和窗口傅里叶变换都能给出信号在某一时刻的频率信息,但两者有本质的差别,可以通过下述看出。

5.2.3 小波变换的时频局部化性能

为了说明小波变换的时频局部化性能,首先给出窗函数的定义。

定义 1 非平凡函数 $w(t)$ 被称为是一个窗函数:如果 $w(t) \in L^2(R)$,且 $tw(t) \in L^2(R)$。表征窗函数的两个参数是窗函数的中心与半径[2]。

设基小波 $\psi(t)$ 及其傅里叶变换 $\hat{\psi}(\omega)$ 都是窗函数,其中心和半径分别为 t^*、ω^* 和 Δ_ψ、$\Delta_{\hat{\psi}}$,则小波函数 $\psi_{a,b}$ 和它的傅里叶变换 $\hat{\psi}_{a,b}(\omega)$ 也是窗函数,它们一起

在时间-频率平面上定义了一个矩形窗(时频窗):

$$\left(b+at^*-a\Delta_\psi, b+at^*+a\Delta_\psi\right)\times\left(\frac{\omega^*}{a}-\frac{1}{a}\Delta_{\hat\psi}, \frac{\omega^*}{a}+\frac{1}{a}\Delta_{\hat\psi}\right) \quad (5\text{-}13)$$

其中心在$\left(b+at^*, \dfrac{\omega^*}{a}\right)$,窗的高度(频窗)和宽度(时窗)分别为$2\dfrac{1}{a}\Delta_{\hat\psi}$、$2a\Delta_\psi$。

窗函数决定的窗口是对信号$f(t)$局部性的一次刻画,小波窗函数提供了信号$f(t)$在时段$(b+at^*-a\Delta_\psi, b+at^*+a\Delta_\psi)$和频带$\left(\dfrac{\omega^*}{a}-\dfrac{1}{a}\Delta_{\hat\psi}, \dfrac{\omega^*}{a}+\dfrac{1}{a}\Delta_{\hat\psi}\right)$时的"含量"。因此,小波变换具有时频局部化性能。

另外,由式(5-9)可知,小波窗函数的窗口形状是变化的:对于高频信号,时窗变窄,频窗变宽,有利于描述信号的细节;对于低频信号,时窗变宽,频窗变窄,有利于描述信号的整体行为。正是由于小波函数的这种变窗特性,使它能够表示各种不同频率分量的信号,特别是具有突变性质的信号。

窗口傅里叶变换不同于小波变换。

设窗口傅里叶变换的时限函数$g(t)$和它的傅里叶变换$\hat g(\omega)$都是窗函数,其中心和半径分别为t^*、ω^*和Δ_g、$\Delta_{\hat g}$。若令

$$w_{\omega,\tau}=e^{i\omega t}g(t-\tau)$$

则$w_{\omega,\tau}$和它的傅里叶变换$\hat w_{\omega,\tau}$也是窗函数,它们也定义了一个时频窗:

$$\left(t^*+\tau-\Delta_g, t^*+\tau+\Delta_g\right)\times\left(\omega^*+\omega-\Delta_{\hat g}, \omega^*+\omega+\Delta_{\hat g}\right) \quad (5\text{-}14)$$

由式(5-14)可见,除了时间上的移动(τ)和频率范围(ω)的变化外,窗口的大小和形状是不变的。因此,窗口傅里叶变换不能适应不同频率信号的变化。但在实际中,为了检测高频信号必须选择足够窄的时间窗,而在检测低频信号时必须选择足够宽的时间窗,这个矛盾在窗口傅里叶变换中是无法解决的。而这正是小波变换的优点。

5.2.4 两类重要的小波变换

连续小波变换$(W_\psi f)(a,b)$是信号$f(t)$的一种表示,在这里,参数a,b取遍整个实轴。若对参数a,b的取值作一些限制,则产生不同类的小波变换[3]。常用的小波变换有两类:离散小波变换和二进小波变换。

1. 离散小波变换

取$a=\dfrac{1}{2^j}$,$b=\dfrac{k}{2^j}$,$j,k\in\mathbb{Z}$。即尺度参数a使用2的幂级数离散化把频率轴剖分为二进制的、相互毗邻的频带,同时,平移参数b只在时间轴上的二进位置取值。此时,式(5-10)的连续小波变换转换为离散的小波变换:

$$(W_\psi f)\left(\frac{1}{2^j}, \frac{k}{2^j}\right) = \int_{-\infty}^{+\infty} f(t)\overline{\{2^{j/2}\psi(2^j t - k)\}}\,\mathrm{d}t \tag{5-15}$$

$\psi_{j,k}$ 就是小波函数,它被写成:

$$\psi_{j,k} = 2^{j/2}\psi(2^j t - k) \quad (j, k \in \mathbb{Z}) \tag{5-16}$$

2. 二进小波变换

取 $a = \dfrac{1}{2^j}, j \in \mathbb{Z}, b \in \mathbb{R}$。即只对尺度参数 a 进行二进离散,而平移参数 b 保持连续变化。此时,式(5-10)的连续小波变换转换为半离散的小波变换或者称为二进小波变换:

$$(W_\psi f)\left(\frac{1}{2^j}, b\right) = \int_{-\infty}^{+\infty} f(t)\overline{\{2^{j/2}\psi[2^j(t-b)]\}}\,\mathrm{d}t \tag{5-17}$$

小波函数 $\psi_{j,b}$ 被写成:

$$\psi_{j,b} = 2^{j/2}\psi[2^j(t-b)] \quad (j \in \mathbb{Z}, b \in \mathbb{R}) \tag{5-18}$$

由于二进小波变换具有一个重要的特性——平移不变性[4],因此被广泛应用于模式识别和信号的奇异性检测中。

小波分析中还有一类变换,就是所谓的小波包变换[5]。前述的小波变换把信号按照二进频带分解成小波分量,小波包变换则是对小波分量的再分解。以下仅给出正交小波包的定义。

定义 函数 $\psi_n, n = 2l, 2l+1, l = 0, 1, \cdots$ 为正交小波包,有

$$\begin{cases} \psi_{2l}(x) = \sum_k p_k \psi_0(2x - k) \\ \psi_{2l+1}(x) = \sum_k q_k \psi_0(2x - k) \end{cases} \tag{5-19}$$

式中,系数 $q_k = (-1)^k \bar{p}_{-k+1}$。

5.2.5 信号的小波表示

1. 信号表示为小波分量的叠加

研究小波变换的目的在于用小波表示信号。对于离散小波变换和二进小波变换,这种表示可由它们的逆变换直观看出:

$$f(t) = \sum_{j,k \in -\infty}^{+\infty} (W_\psi f)\left(\frac{1}{2^j}, \frac{k}{2^j}\right)\tilde{\psi}_{j,k} \tag{5-20}$$

$$f(t) = \sum_{j=-\infty}^{+\infty} \int_{-\infty}^{+\infty} \{2^{j/2}(W_\psi f)(2^{-j}, b)\} \times \{2^j \tilde{\psi}[2^j(t-b)]\}\,\mathrm{d}b \tag{5-21}$$

式中,$\tilde{\psi}$ 为 ψ 的对偶,它是前述共轭概念的推广。

根据式(5-20)、式(5-21),信号 $f(t)$ 可以表示为不同频率的小波分量的和,即

$$f(t) = \sum_j g_j = \cdots + g_{-1}(t) + g_0(t) + g_1(t) + \cdots \tag{5-22}$$

当信号 $f(t)$ 被分解为小波后,对信号的研究就转化为对其小波分量或在某一尺度(不同的 j)下的小波变换的研究。

2. 小波函数的多样性

与傅里叶变换不同,小波变换中的小波函数具有多样性。不同的信号、不同的研究目的、采用不同的小波变换对于小波函数的要求各不相同。譬如,要求小波函数具有正交性、一定的对称性和光滑性等,这些要求经常矛盾,需要在应用中合理予以取舍。在两类重要的小波变换中,因为只有部分连续小波变换的值用于重构原信号,因而对小波函数提出了更高的要求,与之对应的小波有两类:R 小波和二进小波。

定义 2　一个 R 函数[6] ψ 被称为是一个 R 小波,如果 ψ 的对偶 $\tilde{\psi}$ 存在。

定义 3　一个函数 ψ 被称为是一个二进小波[7],如果存在常数 $0 < A \leqslant B < +\infty$,使下式成立:

$$A \leqslant \sum_{-\infty}^{+\infty} |\hat{\psi}(2^{-j}\omega)| \leqslant B \tag{5-23}$$

小波和小波变换种类繁多,本书将局限于介绍离散小波变换和二进小波变换、R 小波和二进小波。

5.3　二进小波变换及信号的奇异性检测

5.3.1　二进小波及二进小波变换

在连续小波变换中,如果只对尺度参数进行二进离散($a = 1/2^j$, $j \in \mathbb{Z}$),而平移参数保持连续变化($b \in \mathbb{R}$),则小波变换取得半离散的形式:

$$(W_\psi f)\left(\frac{1}{2^j}, b\right) = \int_{-\infty}^{+\infty} f(t) \overline{\{2^{j/2}\psi[2^j(x-b)]\}} dx \tag{5-24}$$

这种小波变换被称为二进小波变换。对应的小波函数 $\psi(x)$ 被称为二进小波。它应满足稳定性条件[1]。

因为信号 $f(x)$ 在给定尺度下的二进小波变换是连续变量 b 的函数,因此研究二进小波变换常采用另外一种形式,它被定义为信号和小波的卷积形式:

$$W_s f(x) = f * \psi_s(x) \tag{5-25}$$

式中,小波 $\psi_s(x)$ 为用尺度因子 s($s = 2^j$)对基小波 $\psi(x)$ 的伸缩:

$$\psi_s(x) = \frac{1}{s}\psi\left(\frac{x}{s}\right) \tag{5-26}$$

此时,平移参数 b 由变量 x 取代。

二进小波变换的重要特性是具有平移不变性,可由定义看出。

令

$$f_\tau(x) = f(x - \tau)$$

有

$$(W_{2^j} f_\tau)(x) = W_{2^j}[f_\tau(x)] \tag{5-27}$$

式(5-27)表明,$f(x)$ 的平移的二进小波变换等于它的二进小波变换的平移,$f(x)$ 具有某种性质时,则对应的 $W_{2^j} f(x)$ 也具有这种性质。

二进小波变换的另一个特性为二进小波变换是信号的一种超完备的、冗余的表达。

同离散小波变换相比[8],二进小波变换由于只是对尺度参数进行了离散,而平移参数仍保持连续变化,在各个尺度下的小波变换仍为连续函数,因此,二进小波变换是一种超完备的表达,从而对小波函数的要求大大降低。譬如可以选择平滑函数[1]的导函数作为小波函数。

设 $\theta(x)$ 是一平滑函数,$\psi^a(x)$ 是小波函数,且

$$\psi^a(x) = \frac{\mathrm{d}\theta}{\mathrm{d}x}$$

则有

$$W_{2^j} f(x) = f * \psi_{2^j}(x) = f * \frac{\mathrm{d}\theta_{2^j}(x)}{\mathrm{d}x} = 2^{-j} \frac{\mathrm{d}}{\mathrm{d}x}(f * \theta_{2^j}) \tag{5-28}$$

式(5-28)表明,对函数 $f(x)$ 的小波变换可表达为用平滑函数 $\theta(x)$ 对 $f(x)$ 进行平滑然后再求导。因此,小波变换能够有效抑制噪声提取突变的信号,而且信号变化越激烈,相应的小波变换的幅值越大。

定义 设 $W_s f(x)$ 是函数 $f(x)$ 的小波变换,在尺度 s 下,在 x_0 的某一邻域 δ,对一切 x 有

$$|W_s f(x)| \leqslant |W_s f(x_0)| \tag{5-29}$$

则称 x_0 为小波变换的模极大值点,$W_s f(x_0)$ 为小波变换的模极大值。

由平移不变性可知,信号的尖锐变化点和其小波变换模极大值逐一对应。图 5-4 显列出了突变信号和它的小波变换、小波变换模极大值的关系。

5.3.2 基于 B 样条的二进小波函数与尺度函数

使用平滑函数的导函数作为小波函数,可以按照下述方法生成。

0 阶的 B 样条是单位区间[0,1]上的特征函数,n 阶的中心 B 样条 $\beta^n(x)$ 能够由 0 阶 B 样条 $\beta^0(x)$ 反复作卷积生成。

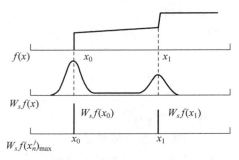

图 5-4　小波变换的模极大值

$$\beta^n(x) = \beta^0 * \beta^{n-1}(x) = \overbrace{\beta^0 * \beta^0 * \cdots * \beta^0}^{n+1} \tag{5-30}$$

令 $\beta_{2^j}^n(x)$ 是 $\beta^n(x)$ 的二进伸缩，即

$$\beta_{2^j}^n(x) = \frac{1}{2^j}\beta^n\left(\frac{x}{2^j}\right) \tag{5-31}$$

则 $\beta_{2^j}^n(x)$ 可生成一列互相嵌套的多项式样条函数空间，即多分辨分析，而 n 阶的中心 B 样条 $\beta^n(x)$ 是该多分辨分析的生成元，即尺度函数，如下所示：

$$\phi(x) = \beta^n(x) \tag{5-32}$$

若同时选择 $n+1$ 阶的中心 B 样条 $\beta^{n+1}(x)$ 在尺度 2^{-1} 的伸缩的导数作为小波函数，即取

$$\psi(x) = \psi^n(x) = \frac{\mathrm{d}\beta_{2^{-1}}^{n+1}(x)}{\mathrm{d}x} \tag{5-33}$$

它们满足下列二尺度方程：

$$\begin{cases} \beta^n(x) = \sum h_k \beta^n(2x-k) \\ \psi^n(x) = \sum g_k \beta^n(2x-k) \end{cases} \tag{5-34}$$

若记小波函数的二进对偶（重构小波）为 $\tilde{\psi}$，它也满足如下的二尺度方程：

$$\tilde{\psi}(x) = \sum k_k \beta^n(2x-k) \tag{5-35}$$

记序列 $\{h_k\}$、$\{g_k\}$、$\{k_k\}$ 的频域形式为 $H(\omega)$、$G(\omega)$、$K(\omega)$，则可以证明[1,9] 它们满足下列关系：

$$K(\omega) = \frac{1 - H^2(\omega)}{G(\omega)} \tag{5-36}$$

按照上述条件构造的小波函数系数序列 $\{h_k\}$、$\{g_k\}$、$\{k_k\}$ 分别决定了尺度函数、二进小波和它的二进对偶。

5.3.3 二进小波变换的分解与重构算法

对于离散数字信号$\{d_n\}_{n\in \mathbf{Z}}$,其二进小波变换也应是离散的形式。

若令

$$d_n = f * \phi(n) = f * \beta^n(n)$$

并记

$$S_{2^j} f = f * \beta_{2^j}^n$$

则离散二进小波变换的分解算法可写成:

$$\begin{cases} S_{2^j} f(n) = \sum_k h_k S_{2^{j-1}} f(n - 2^{j-1}k) \\ W_{2^j} f(n) = \sum_k g_k S_{2^{j-1}} f(n - 2^{j-1}k) \end{cases} \quad j \in [1, \infty) \quad (5\text{-}37)$$

实际上的小波分解是有限步的,因此$j \in [1, J-1]$。

离散二进小波变换的重构算法可写成:

$$S_{2^{j-1}} f(n) = \sum_l \bar{h}_{-l} S_{2^j} f(n - 2^{j-1}l) + k_l S_{2^{j-1}} f(n - 2^{j-1}l) \quad (5\text{-}38)$$

5.3.4 信号的小波变换模极大值表示及奇异性检测理论

若函数$f(x)[f(x) \in \mathbb{R}]$在某处间断或某阶导数不连续,则称该函数在此处有奇异性;若函数$f(x)$在其定义域有无限次导数,则称$f(x)$是光滑的或没有奇异性。一个突变的信号在其突变点必然是奇异的。检测和识别信号的突变点并用奇异性指数 Lipischitz α 来刻画它就是信号的奇异性检测理论[5]。

一个函数(或信号)$f(x) \in \mathbb{R}$在某点的奇异性常用其奇异性指数 Lipischitz α来刻画。

定义 设$0 \leqslant \alpha \leqslant 1$,在点$x_0$,若存在常数$K$,对$x_0$的邻域$x$使下式成立:

$$| f(x) - f(x_0) | \leqslant K | x - x_0 |^\alpha \quad (5\text{-}39)$$

则称函数$f(x)$在点x_0是 Lipschitz α。

如果$\alpha = 1$,则函数$f(x)$在x_0是可微的,称函数$f(x)$没有奇异性;如果$\alpha = 0$,则函数$f(x)$在x_0间断。α越大,说明奇异函数$f(x)$越接近规则;α越小,说明奇异函数$f(x)$在x_0点变化越尖锐。

函数(或信号)的奇异性可用其 Lipischitz α 来刻画,其数值可通过小波变换模极大值在不同尺度的数值计算出来。

函数$f(x) \in L^2(\mathbb{R})$与它的小波变换满足如下关系:

$$| W_s f(x) | \leqslant K(2^j)^\alpha \quad (5\text{-}40)$$

当s取为2^j且$W_{2^j} f(x_0)$是小波变换模极大值时,从式(5-40)可得

$$W_{2^j} f(x_0) = K(2^j)^\alpha \qquad (5\text{-}41)$$

从而 Lipischitz α 可由下式来计算：

$$\alpha = \log_2 \frac{W_{2^{M+1}} f(x_0)}{W_{2^M} f(x_0)} \qquad (M \in \mathbb{Z}) \qquad (5\text{-}42)$$

信号的奇异性检测理论给出了具有突变性质的信号在何时发生突变以及变化剧烈程度的数学描述，即小波变换模极大值表示。这正是其他数学方法难以做到的。

5.3.5 利用小波变换模极大值重构原信号

信号的奇异点包含着信号中最重要的信息。小波变换的模极大值能够刻画信号的奇异点和奇异性，而且可以由其小波变换模极大值重构原信号[10]。设信号 $f(x)$ 在尺度 j 和点 $\{x_n^j\}$ 取得模极大值 $\{W_{2^j} f(x_n^j)\}$，小波变换模极大值重构原信号思想如下：

（1）构造小波变换 $W_{2^j} f(x)$。

（2）构造函数 $h(x)$，它和 $f(x)$ 有相同的模极大值。

$$W_{2^j} f(x_n^j) = W_{2^j} h(x_n^j)$$

（3）构造 $h(x)$ 的小波变换 $W_{2^j} h(x)$。可令 $g_j(x)$ 是逼近二进小波变换 $W_{2^j} f(x)$ 的函数序列，且满足

$$g_j(x_n^j) = W_{2^j} f(x_n^j)$$

（4）构造 $g_j(x)$。

① 令 $\varepsilon_j(x) = h_j(x) - g_j(x)$，并使 $\|\varepsilon_j(x)\|^2 + 2^{2j} \left\| \dfrac{\mathrm{d}\varepsilon_j}{\mathrm{d}x} \right\|^2$ 最小。其解为 $\varepsilon_j(x) = \alpha \mathrm{e}^{2^{-j}x} + \beta \mathrm{e}^{-2^{-j}x}$，其中系数 α、β 由边界条件确定：

$$\varepsilon_j(x_0) = W_{2^j} f(x_0) - g_j(x_0) \qquad (5\text{-}43)$$

$$\varepsilon_j(x_1) = W_{2^j} f(x_1) - g_j(x_1) \qquad (5\text{-}44)$$

式中，x_0、x_1 分别为 $W_{2^j} f(x)$ 的两个相邻小波变换模极大值点。

② 为了重构稳定，对 $g_j(x)$ 作符号约束[11]则得到 $h_j(x)$。

③ 由 $h_j(x)$ 重构 $h(x)$ 又得到 $g_j(x)$，由式（5-43）、式（5-44）可求得新的 $\varepsilon_j(x)$ 和 $g_j(x)$。

④ 重复上述过程，使 $\varepsilon_j(x)$ 足够小。最后得到的 $g_j(x)$ 或 $h_j(x)$ 即为待求的小波变换 $W_{2^j} h(x)$，进而可得到 $h(x) \approx f(x)$。

图 5-5 对照显列出了信号和由它的小波变换模极大值重构的信号，其中上述逼近过程重复了 20 次[11]。

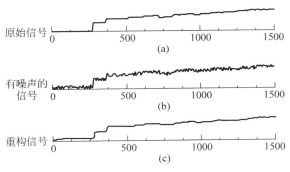

图 5-5　原始信号和由其二进小波变换模极大值重构信号的对照

（a）原始信号；（b）混杂有噪声的信号；（c）由模极大值重构的信号

5.3.6　二进小波变换的应用

由于二进小波变换具有平移不变性，其模极大值可用来表示和重构信号，因此二进小波变换特别适用于模式识别和信号检测。以下简单介绍它在电力系统中两个方面的应用[12]。

1. 故障检测

电力系统发生故障以后，各种电气量（电流、电压、阻抗、功率、功角等）都将发生剧烈变化，从信号的角度来看，它们都是突变信号，正是这些突变信号中包含着丰富的故障信息。继电保护的任务就是检测故障信息、识别故障信号，进而作出保护是否出口跳闸的决定。小波变换的引入，将有助于利用故障分量或突变量的继电保护技术的发展。

2. 行波检测和识别

行波信号的小波变换呈现模极大值，提取和识别这些模极大值，将极大改变行波保护和故障测距的面貌。根据小波变换的模极大值理论，行波信号还可以通过它的小波变换模极大值重构。因此，利用模极大值进行行波数据的压缩（用于存储和通信）也是一个非常有意义的课题。

5.4　故障行波的小波表示

准确刻画和正确提取输电线路的行波故障特征是构成行波测距和行波保护的基础。

行波是一种具有突变性质的、非平稳变化的高频暂态信号，傅里叶变换、求导数法等传统的数学方法不能完整地描述既具有频率特征又具有时间特征的暂态行波信号，因此暂态行波的故障特征从刻画到提取一直遇到困难。已经出现的基于行波原理的输电线路故障测距和继电保护性能不够理想。

小波变换是一种时频分析方法,适用于暂态行波的分析,也可作为行波故障特征刻画和提取的数学工具。本节根据行波的传播原理,总结了各种行波的基本故障特征,给出了输电线路故障后所产生暂态行波(电压行波、电流行波和方向行波)的小波描述,并对其故障特征进行了初步分析和比较,为构造输电线路行波故障测距和行波保护奠定了基础[13-15]。

5.4.1　行波的故障特征

1. 行波的基本故障特征

输电线路故障后,故障点将产生沿线路运动的电压和电流行波;由于波阻抗不连续,行波在故障点、故障线路母线及与故障线路相连接的其他线路末端母线发生折、反射。行波的故障特征正是由行波分量之间的折反射关系确定的。

图 5-6 所示为单相输电线路发生金属性故障时的行波示意图,F 为故障点。故障线路 M 和 N 两端的电压行波、电流行波、方向行波可用解析式写成:

$$
\begin{cases}
u_{\text{M}}(t) = e(t-\tau_{\text{M}}) + \beta_{\text{M}}e(t-\tau_{\text{M}}) - \beta_{\text{M}}e(t-3\tau_{\text{M}}) - \beta_{\text{M}}^2 e(t-3\tau_{\text{M}}) + \cdots \\
i_{\text{M}}(t) = \dfrac{-e(t-\tau_{\text{M}}) + \beta_{\text{M}}e(t-\tau_{\text{M}}) + \beta_{\text{M}}e(t-3\tau_{\text{M}}) - \beta_{\text{M}}^2 e(t-3\tau_{\text{M}}) + \cdots}{Z_{\text{C}}} \\
u_{\text{M+}}(t) = \beta_{\text{M}}e(t-\tau_{\text{M}}) - \beta_{\text{M}}^2 e(t-3\tau_{\text{M}}) + \cdots \\
u_{\text{M-}}(t) = \beta_{\text{M}}e(t-\tau_{\text{M}}) - \beta_{\text{M}}e(t-3\tau_{\text{M}}) + \cdots
\end{cases}
$$

$$(5\text{-}45)$$

$$
\begin{cases}
u_{\text{N}}(t) = e(t-\tau_{\text{N}}) + \beta_{\text{N}}e(t-\tau_{\text{N}}) - \beta_{\text{N}}e(t-3\tau_{\text{N}}) - \beta_{\text{N}}^2 e(t-3\tau_{\text{N}}) + \cdots \\
i_{\text{N}}(t) = \dfrac{-e(t-\tau_{\text{N}}) + \beta_{\text{N}}e(t-\tau_{\text{N}}) + \beta_{\text{N}}e(t-3\tau_{\text{N}}) - \beta_{\text{N}}^2 e(t-3\tau_{\text{N}}) + \cdots}{Z_{\text{C}}} \\
u_{\text{N+}}(t) = \beta_{\text{N}}e(t-\tau_{\text{N}}) - \beta_{\text{N}}^2 e(t-3\tau_{\text{N}}) + \cdots \\
u_{\text{N-}}(t) = e(t-\tau_{\text{N}}) - \beta_{\text{N}}e(t-3\tau_{\text{N}}) + \cdots
\end{cases}
$$

$$(5\text{-}46)$$

式(5-45)、式(5-46)中,下标 M、N 分别代表线路的 M 端和 N 端,+为正向行波,−为反向行波;β_{M}、β_{N} 分别为行波在 M 端、N 端的反射系数(一般情况为负实数);τ_{M}、τ_{N} 分别为行波从故障点运动到 M、N 母线的时间;Z_{C} 为线路波阻抗;$e(t)$ 为故障分量网络中的附加电压源[1]。

根据图 5-6 和式(5-45)、式(5-46)可以总结出各种行波的基本故障特征:

(1) 随着各种行波陆续到达母线,行波出现"突变",分别标志着故障发生、行波从故障点到检测母线往返一次的时间等。

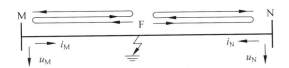

图 5-6 单相输电线路发生金属性故障时的行波

（2）突变的幅值取决于故障发生时刻故障点初始电压的大小$[-e(t)]$、波阻抗间断点（像母线、故障点等）的折、反射系数和行波的衰减特性[8]。

（3）突变的极性取决于故障发生时故障点初始电压的极性和波阻抗的间断性质。一般来说，行波极性具有下述特点：

① 来自故障点的反射电压、电流行波和初始行波同极性。

② 线路两端的初始电压或者电流行波同极性。

③ 对应于来自母线方向的正向方向行波和来自故障线路方向的反向方向行波，它们的初始行波和反射行波具有相同的极性。

上述基本特征构成了行波继电保护的基础。但是，从故障检测的角度看，从实际的故障后数据中提取出上述特征是非常困难的。原因如下：三相线路存在耦合；故障的非金属性使行波在故障点会发生折射；其他非故障线路出现折射行波，并在故障线路上表现出来；线模行波和零模行波具有不同的传播速度；行波在传播过程中存在衰耗；母线电容对于行波的分流作用；噪声干扰的存在。上述因素使故障特征模糊、保护构成困难。这是目前行波测距[9]和行波保护[16]性能不好的主要原因。

2. 行波的小波分析步骤

（1）对行波进行小波变换。

（2）求取小波变换模极大值。

（3）分析模极大值的变化规律及特点，校验其作为行波故障特征表达方式的正确性和有效性。

下面结合一发生故障的三相输电系统进行说明。

图 5-7 所示为一发生 A 相接地故障的 500kV 输电线路 MN 连接图。故障时，A 相电压初相角为 45°，过渡电阻为 50Ω，其他符号参数如图 5-7 所示。

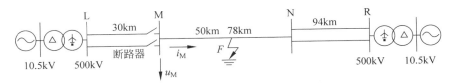

图 5-7 500kV 三相输电线路

图 5-8 列出了线路 MN 在 M 端母线处的三相电压波形 u_A、u_B、u_C 和 A 相电压行波的小波变换和小波变换模极大值,变换只进行了 4 次。

由图 5-8 可知:

(1) 对应于故障行波到达检测点,小波变换出现模极大值,突变点和行波到达母线检测点的时刻一致。

(2) 不同尺度下的小波变换模极大值(M_1、M_2、M_3、M_4)反映了在不同频带(尺度)下行波分量的大小和位置关系,它明确表达了行波的频率特性。

(3) 小波变换模极大值的极性和行波突变的方向一致。

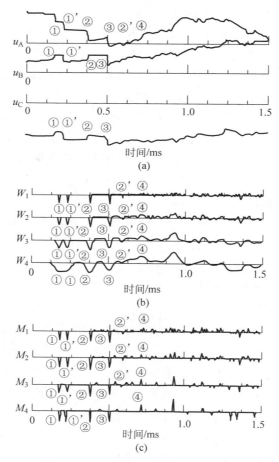

图 5-8　三相电压波形图和 A 相电压的小波变换模极大值分布

(a) 三相电压行波;(b) A 相电压在四尺度 21、22、23 和 24 下的小波变换 W_1、W_2、W_3 和 W_4;

(c) A 相电压在对应尺度下的小波变换模极大值 M_1、M_2、M_3 和 M_4

（4）小波变换模极大值的幅值取决于两个因素：一是行波跳变的幅度；二是上升的快慢。前者取决于故障发生时故障点故障前瞬时电压的大小，后者取决于行波的衰减特性、故障位置、系统结构和参数。显然，它和行波的基本故障特征是一致的。

在小波变换下，对行波的研究转换为对其模极大值的研究，用式子可表示为

$$f(v_a, v_b, v_c, i_a, i_b, i_c) \Leftrightarrow g[\max(w_s f(v_j, i_j))] \quad (j=a,b,c) \qquad (5\text{-}47)$$

式中，f 为行波集合；g 为小波变换的模极大值集合。

5.4.2 各种行波的小波变换模极大值表示

1. 电压行波的小波变换模极大值表示

进一步观察图 5-8，可见：

（1）当输电线路故障时，不管是故障相还是非故障相都会有行波出现。

（2）对电压行波施行小波变换后，初始电压行波、来自故障点的反射波、对端母线反射波、相邻线路末端母线反射波和零模行波分量都呈现出小波变换模极大值。

（3）来自故障点的反射行波和初始行波的小波变换模极大值同极性。

（4）来自相邻母线的反射电压行波的小波变换模极大值和初始行波的小波变换模极大值同极性。

（5）发生接地故障时，出现零模行波分量。由于零模和线模行波速度不同，因此在电压波形中会出现突变，对应于零模行波的突变，在小波变换下会出现模极大值（如图 5-8(c)所示）。这会给波形识别带来困难。

在后面的讨论中，将采用线模行波分量。模变换采用 Karenbaur 变换，变换矩阵如下：

$$\boldsymbol{S} = \frac{1}{3}\begin{bmatrix} 1 & 1 & 1 \\ 1 & -2 & 1 \\ 1 & 1 & -2 \end{bmatrix}$$

2. 电流行波的小波变换模极大值表示

图 5-9 显列出了 α 模量电流行波波形图和小波变换模极大值分布，结合式(5-45)和图 5-9 可知：

（1）初始电流行波的幅值大于来自故障点的反射波和其他波阻抗间断点的反射波。其小波变换模极大值同样满足上述规律（如图 5-9 中的①点）。

（2）来自故障点的反射波的小波变换模极大值与初始行波的小波变换模极大值同极性，幅值是初始行波的 β_M 或 β_N 倍（如图 5-9 中的③点）。

（3）来自相邻母线的反射行波与来自故障点的反射行波的小波变换模极大值同极性，其幅值与前者成反比（如图 5-9 中的②点）。

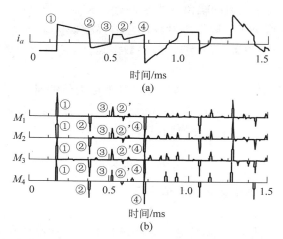

图 5-9　故障线路 M 端的 α 模量电流行波波形图和小波变换模极大值分布

(a) 电流行波波形；(b) 小波变换模极大值 M_1、M_2、M_3 和 M_4

（4）来自对端母线的反射行波与来自故障点的反射行波的小波变换模极大值反极性，其幅值与 $\beta_M \beta_N$ 成正比（如图 5-9 中的④点）。

由于采用了 α 模量电流行波，电流行波波形中没有零模行波分量（如图 5-8 中的①点）。

3. 正向方向行波的小波变换模极大值表示

由电压行波和电流行波组合而成的方向行波具有明确的方向性，而方向性对于继电保护是非常重要的。正向方向行波（forward travelling wave）是一种仅反映来自母线方向的方向行波。正向方向行波可写成

$$u_{M.\,forward}(t) = \frac{1}{2} \left[u_M(t) + Z_c i_M(t) \right] \tag{5-48}$$

在具体构成正向方向行波时，电压和电流都取为模量行波，以消除零模分量对于行波判别可能造成的混淆。图 5-10(a) 和 (b) 列出了正向方向行波的波形图和小波变换模极大值分布。由图 5-10 可知，在正向方向行波的波形和它的小波变换模极大值表示中，来自相邻线路末端母线 L 处的反射行波得到加强。

4. 反向方向行波的小波变换模极大值表示

反向方向行波（reverse travelling wave）只反映来自故障线路方向的行波分量，它携带着重要的故障距离信息，是构建行波测距、行波距离保护和行波位置保护[17]的基础。

母线 M 处的反向方向行波可写为

$$u_{M.\,reverse}(t) = \frac{1}{2} \left[u_M(t) - Z_c i_M(t) \right] \tag{5-49}$$

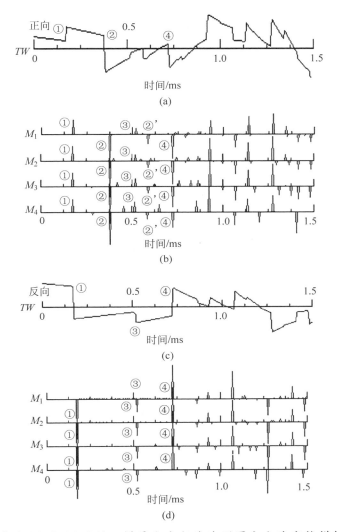

图 5-10 线路 M 端、N 端的 α 模量方向行波波形图和小波变换模极大值分布

(a) M 端正向方向行波波形;(b) M 端正向方向行波的小波变换模极大值 M_1、M_2、M_3 和 M_4;

(c) M 端反向方向行波波形;(d) M 端反向方向行波的小波变换模极大值 M_1、M_2、M_3 和 M_4

图 5-10(c)和(d)列出了 M 端的反向方向行波波形和小波变换模极大值。图 5-10 中显列出了初始行波、来自故障点的反向行波和来自对端母线的反向行波。此时,来自相邻线路末端母线 L 处的反射行波分量不出现在反向行波波形中。因此,根据反向行波可知,在初始行波之后所出现的行波分量不是来自故障点的反射行波就是来自对端母线的反射波。在本书的系统结构下,来自故障点的反射波与初始行波极性相同,而来自对端母线的反射波与初

始行波极性相反。这个结论可以方便地应用于故障测距、距离保护和位置保护。

5.4.3   电压行波、电流行波和方向行波的比较

为了对照各种行波的故障特征,图 5-11 给出了 α 模量电压行波、电流行波和正反方向行波在第 3 尺度下的小波变换模极大值分布。

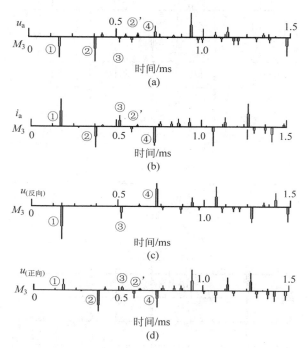

图 5-11   各种 α 模量行波的小波变换模极大值比较(第 3 尺度)

(a) 电压行波;(b) 电流行波;(c) 反向行波;(d) 正向行波

从图 5-11 可以清楚地看出:

(1) 在图 5-7 所示的网络结构下,电压行波不能正确识别来自相邻线路末端母线的反射波和来自故障点的反射波。

(2) 如果故障线路 N 端母线开路[17],电流行波不能区别来自相邻母线的反射波和故障点的反射波。

(3) 正向方向行波放大了母线背后的来波,当保护判据由该行波构成时,真正的故障信息不清楚。

(4) 反向方向行波仅反映来自故障点方向的行波分量,它包含着重要的故障信息,显然应作为故障行波分析的重点并作为故障检测和判别的主要依据。

　　从这张小波分布图上还可以看出各种行波所具备的共同特点：初始行波与来自故障点的反射行波具有相同的小波变换模极大值极性，初始行波的小波变换模极大值幅值大于反射波对应的幅值。

5.5　行波差动保护

5.5.1　行波差动保护的基本原理

　　行波差动保护是根据线路两端行波之差判断线路故障的一种保护方法，其基本原理是分布参数线路模型上的行波传输不变性[6,18-19]。

　　如图 5-12 所示的单相无损线路 MN，L 表示长度，v 表示波速度，Z_c 表示波阻抗，τ 表示行波传播线路全长所需的时间。为叙述方便，将线路两端的电流行波正方向统一定义为由 M 端指向 N 端，反之为反方向。区内发生故障时，设故障点为 d，τ_M 和 τ_N 分别表示行波传播 Md 段和 Nd 段所需的时间。

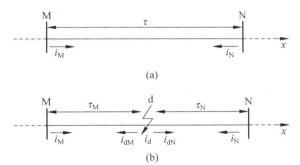

图 5-12　单相无损线行波差动保护原理说明

(a) 区内无故障；(b) 区内有故障

M 和 N 两端的正、反方向电流行波分别为

$$\begin{cases} i_{Mf}(t) = \dfrac{1}{2}\left[i_M(t) + \dfrac{u_M(t)}{Z_c} \right] \\[3mm] i_{Mr}(t) = \dfrac{1}{2}\left[-i_M(t) + \dfrac{u_M(t)}{Z_c} \right] \end{cases} \tag{5-50}$$

$$\begin{cases} i_{Nf}(t) = \dfrac{1}{2}\left[-i_N(t) + \dfrac{u_N(t)}{Z_c} \right] \\[3mm] i_{Nr}(t) = \dfrac{1}{2}\left[i_N(t) + \dfrac{u_N(t)}{Z_c} \right] \end{cases} \tag{5-51}$$

式中，$i_{Mf}(t)$ 和 $i_{Mr}(t)$ 分别表示 M 侧的正、反方向电流行波；$i_{Nf}(t)$ 和 $i_{Nr}(t)$ 分别表示 N 侧的正、反方向电流行波；i_M 和 i_N 分别表示 M 侧和 N 侧的电流行波；

u_M 和 u_N 分别表示 M 侧和 N 侧的电压行波。

行波差动保护的核心思想是：从本端（M、N）出发的前行波经过输电线路时延时 $\tau\left(\tau=\dfrac{L}{v}\right)$ 后，到达了对端（N、M），它们的数值相等。即

$$\begin{cases} i_{Mf}(t-\tau)=i_{Nf}(t) \\ i_{Nr}(t-\tau)=i_{Mr}(t) \end{cases} \tag{5-52}$$

对反行波和前行波分别做差，可得到以下电流行波差：

$$\begin{cases} i_{X1}(t)=2\left[i_{Nr}(t-\tau)-i_{Mr}(t)\right] \\ i_{X2}(t)=2\left[i_{Mf}(t-\tau)-i_{Nf}(t)\right] \end{cases} \tag{5-53}$$

式中，τ 为线路 MN 的波行时间；$i_{X1}(t)$ 和 $i_{X2}(t)$ 分别为前行波差动电流和反行波差动电流。

正常情况下，$i_{X1}(t)$ 和 $i_{X2}(t)$ 皆为零；当内部故障时，这种关系被破坏，它们都不等于零。如果设定一个门槛值为 ε，则被保护线路区内发生故障时，利用正、反向行波的行波差动保护动作判据为

$$\begin{cases} \mid i_{X1}(t)\mid>\varepsilon \\ \mid i_{X2}(t)\mid>\varepsilon \end{cases} \tag{5-54}$$

以上两式是等价的，实际应用时，式（5-54）中的任何一个满足条件就可以动作跳闸。

对于三相输电线路，可通过相模变换得到相互解耦的三个模量，然后构成各模量的方向性行波，代入上述判据进行故障判别。

行波差动电流的表达式天然考虑了分布电容电流和传输时延，因此行波差动保护不受长线分布电容电流和传输时延的影响；故障行波具有宽时频特性，任何有效时间段和频率段的行波信息均可以构成行波差动保护。

5.5.2　行波差动电流和行波制动电流的构成

1. 无补偿线路

对于无补偿线路 MN，由于线路是完整的，根据图 5-12 中行波运动的参考方向 x 可知，区内有故障时，M 端先检测到反行波，N 端先检测到前行波，因此继电器构建保护算法时建议 M 端采用反行波差动电流 $i_{X1}(t)$，N 端采用前行波差动电流 $i_{X2}(t)$，从而能够更快地从行波差动电流中反映区内故障，提高保护的动作速度[19]。

类似于电流差动保护常用两端电流之和作为制动电流，行波差动保护中行波制动电流由线路两端的行波之和构成，即

$$\begin{cases} i_{Z1}(t) = 2[i_{Mr}(t) + i_{Nr}(t-\tau)] \\ i_{Z2}(t) = 2[i_{Nf}(t) + i_{Mf}(t-\tau)] \end{cases} \tag{5-55}$$

式中,$i_{Z1}(t)$和$i_{Z2}(t)$分别为前行波和反行波的行波制动电流。

区内无故障时,根据行波传输不变性,线路两端的行波相等,行波差动电流为0,而行波制动电流等于4倍的单端行波幅值。区内有故障时,设$i_d(t)$为故障支路电流,τ_M和τ_N分别为行波传播线路Md段和dN段的时间,则行波差动电流和故障支路电流的关系如式(5-56)所示。由于行波传输到故障点时只有一部分折射到另一端并到达对端继电器,因此行波制动电流大于2倍的单端行波幅值而小于4倍的单端行波幅值。

$$i_{X1}(t+\tau_M) + i_{X2}(t+\tau_N) = i_d(t) \tag{5-56}$$

对于行波差动电流,区内无故障时较小,区内有故障时较大;对于行波制动电流,区内无故障时较大,区内有故障时较小。因此,通过比较行波制动电流和行波差动电流可以起到区外故障时的制动作用。

2. 并联电抗补偿线路

超(特)高压输电线路普遍采用了并联补偿电抗器(以下简称并抗),用于补偿线路的容性充电功率,一定程度补偿了线路分布电容电流,限制了线路上的过电压水平,并能够减小线路故障后的潜供电流,加速熄灭故障电弧,从而提高重合闸成功率[21]。并抗的补偿度(补偿容性充电功率的程度)一般为60%~90%,即单端补偿30%~45%[20]。本书只考虑常规并联电抗器,即其可以等效为一集中的电感元件。

如果并抗装设在CT(电流互感器)和CVT(电容式电压互感器)的背端,即靠近母线侧,则两端互感器之间仍然是完整的输电线路,可以按照无补偿线路的方式构成行波差动电流和行波制动电流。如果并抗装设在CT和CVT的前端,即靠近线路侧,则并抗的存在破坏了输电线路的完整性,行波传输不变性在并抗线路上将不再满足,因此有必要研究这种情况时行波差动电流和行波制动电流的构成方式。

如图5-13所示,区内无故障时,两端并抗之间的线路仍然是完整的,因此可以得到行波差动电流如式(5-57)所示,式中$i'_{Mr}(t)$、$i'_{Mf}(t)$和$i'_{Nr}(t)$、$i'_{Nf}(t)$分别为M端和N端并抗线路侧的电流反行波与电流前行波,计算方式如式(5-58)所示,式中$i_{LM}(t)$和$i_{LN}(t)$分别为M端和N端的并抗电流。

$$\begin{cases} i_{X1}(t) = 2[i'_{Mr}(t) + i'_{Nr}(t-\tau)] \\ i_{X2}(t) = 2[i'_{Nf}(t) + i'_{Mf}(t-\tau)] \end{cases} \tag{5-57}$$

$$\begin{cases} i'_{Mf}(t) = \dfrac{1}{2}\left\{ \dfrac{u_M(t)}{Z_c} + \left[i_M(t) - i_{LM}(t) \right] \right\} \\[2mm] i'_{Nf}(t) = \dfrac{1}{2}\left\{ \dfrac{u_N(t)}{Z_c} - \left[i_N(t) - i_{LN}(t) \right] \right\} \\[2mm] i'_{Mr}(t) = \dfrac{1}{2}\left\{ - \dfrac{u_M(t)}{Z_c} + \left[i_M(t) - i_{LM}(t) \right] \right\} \\[2mm] i'_{Nr}(t) = \dfrac{1}{2}\left\{ - \dfrac{u_N(t)}{Z_c} - \left[i_N(t) - i_{LN}(t) \right] \right\} \end{cases} \tag{5-58}$$

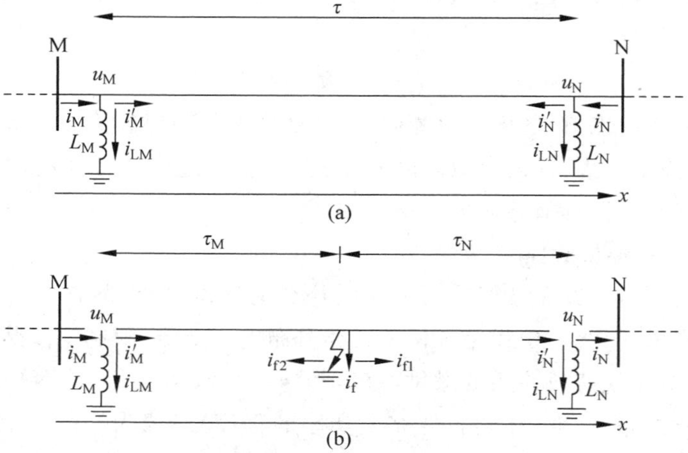

图 5-13　单相并联电抗补偿线路示意图
(a) 区内无故障；(b) 区内有故障

　　将式(5-58)代入式(5-57)，得到并联电抗补偿线路上行波差动电流的构成，如式(5-59)所示；同理可得行波制动电流的构成，如式(5-60)所示。即针对并联电抗补偿线路的行波差动电流和行波制动电流仅仅是在式(5-53)和式(5-57)的基础上补偿并抗电流即可。

$$\begin{cases} i_{X1}(t) = \{ [2i_{Mr}(t) - i_{LM}(t)] - [2i_{Nr}(t-\tau) + i_{LN}(t-\tau)] \} \\[2mm] i_{X2}(t) = \{ [2i_{Nf}(t) + i_{LN}(t)] - [2i_{Mf}(t-\tau) - i_{LM}(t-\tau)] \} \end{cases} \tag{5-59}$$

$$\begin{cases} i_{Z1}(t) = \{ [2i_{Mr}(t) - i_{LM}(t)] + [2i_{Nr}(t-\tau) + i_{LN}(t-\tau)] \} \\[2mm] i_{Z2}(t) = \{ [2i_{Nf}(t) + i_{LN}(t)] + [2i_{Mf}(t-\tau) - i_{LM}(t-\tau)] \} \end{cases} \tag{5-60}$$

　　并抗电流可以采用隐式梯形积分公式计算，以 M 端并抗电流为例，计算公式如式(5-61)所示，式中 T_s 为装置的采样周期。并抗电流的初值可以选择为零，经过一定延时后可以计算得到准确的并抗电流。

$$i_{\mathrm{LM}}=\frac{T_s}{2L_{\mathrm{M}}}\left[u_{\mathrm{M}}(t)+u_{\mathrm{M}}(t-T_s)\right]+i_{\mathrm{LM}}(t-T_s) \tag{5-61}$$

区内无故障时,由于补偿了并抗电流,所以行波差动电流为零;而区内有故障时,行波差动电流与故障支路电流的关系如下:

$$i_{\mathrm{X1}}(t+\tau_{\mathrm{M}})+i_{\mathrm{X2}}(t+\tau_{\mathrm{N}})=i_{\mathrm{f}}(t) \tag{5-62}$$

3. 串联电容补偿线路

串联补偿电容器(以下简称串补)能够缩短线路电气距离,从而提高输送容量、增强系统稳定性,并有改善无功平衡、减小网损和提高电能质量的作用。因此,在具有远距离输电作用的超(特)高压输电线路上,串补逐渐得到推广应用。串补分为固定补偿电容器和可控补偿电容器,补偿度(补偿线路电抗的程度)一般大于30%。

以固定补偿电容器为例进行分析,其结构如图5-14所示。固定补偿电容器实际上由补偿电容器(相当于集中电容 C)、氧化锌避雷器(MOV)、放电间隙(GAP)和旁路开关并联构成。

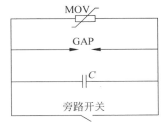

图 5-14 固定补偿电容器的结构

正常运行时,电容器两端电压保持在额定值附近,MOV 阻值非常大,不影响电容器补偿作用;线路故障后,流过电容器的电流增大,当电容器电压超过 MOV 的过电压整定值时,MOV 迅速导通,阻值迅速下降,从而限制过电压。此外,放电间隙可以防止 MOV 在故障期间吸收能量过大导致过热损坏,旁路开关的作用是投切电容器和当放电间隙被击穿后迅速合闸以保护MOV 和放电间隙。

串补一般装设在线路中点,如图5-15所示。串补的存在使线路 MN 不再完整,但线路 Mk1 段和 Nk2 段各自是完整的,因此满足行波传输不变性。图5-15中,τ_{M} 和 τ_{N} 分别表示行波传播 Mk1 段和 Nk2 段所需的时间。

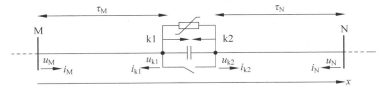

图 5-15 单相串联补偿线路示意图

Mk1 段的行波传输不变性如式(5-63)所示,并进一步得到 M 端行波与 k1 点电流 $i_{\mathrm{k1}}(t)$ 的关系式(5-64)。

$$\begin{cases} i_{Mf}(t-\tau_M)=i_{k1f}(t)=\dfrac{1}{2}\left[-\dfrac{u_{k1}(t)}{Z_c}-i_{k1}(t)\right] \\[4mm] i_{Mr}(t+\tau_M)=i_{k1r}(t)=\dfrac{1}{2}\left[-\dfrac{u_{k1}(t)}{Z_c}-i_{k1}(t)\right] \end{cases} \tag{5-63}$$

$$-i_{k1}(t)=i_{Mf}(t-\tau_M)+i_{Mr}(t+\tau_M) \tag{5-64}$$

Nk2 段的行波传输不变性如式(5-65)所示,并进一步得到 N 端行波与 k2 点电流 $i_{k2}(t)$ 的关系式(5-66)。

$$\begin{cases} i_{Nf}(t+\tau_N)=i_{k2f}(t)=\dfrac{1}{2}\left[-\dfrac{u_{k2}(t)}{Z_c}+i_{k2}(t)\right] \\[4mm] i_{Nr}(t-\tau_N)=i_{k2r}(t)=\dfrac{1}{2}\left[-\dfrac{u_{k2}(t)}{Z_c}+i_{k2}(t)\right] \end{cases} \tag{5-65}$$

$$i_{k2}(t)=i_{Nf}(t+\tau_N)+i_{Nr}(t-\tau_N) \tag{5-66}$$

根据基尔霍夫电流定律,串补两端的电流满足式(5-67)。

$$-i_{k1}(t)=i_{k2}(t) \tag{5-67}$$

由此,得到串联电容补偿线路上行波差动电流的构成,如式(5-68)所示;同理可得行波制动电流的构成,如式(5-69)所示。

$$\begin{aligned} i_X(t)&=i_{k1}(t)+i_{k2}(t)\\ &=i_{Nf}(t+\tau_N)+i_{Nr}(t-\tau_N)-i_{Mf}(t-\tau_M)-i_{Mr}(t+\tau_M) \end{aligned} \tag{5-68}$$

$$\begin{aligned} i_Z(t)&=i_{k2}(t)-i_{k1}(t)\\ &=i_{Nf}(t+\tau_N)+i_{Nr}(t-\tau_N)+i_{Mf}(t-\tau_M)+i_{Mr}(t+\tau_M) \end{aligned} \tag{5-69}$$

当区内无故障时,行波差动电流等于 0,而行波制动电流约等于 2 倍穿越电流,其中穿越电流指穿越串补的电流。

当区内有故障时,如果故障在 Mk1 段,如图 5-16 所示,根据 Mf 段和 fk1 段的行波传输不变性和故障支路电流关系,可以得到 k1 点处电压和电流与 M 端行波和故障支路电流的关系,如式(5-70)所示,Nk2 段仍然满足关系式(5-66)。因此,根据式(5-70)得到区内串补左侧故障时的行波差动电流表达式(5-71),它是故障支路电流的函数,并与故障点到串补点的传输时延相关。

$$\begin{cases} i_{Mf}(t-\tau_M)-\dfrac{1}{2}i_f(t-\tau_{M1})=\dfrac{u_{k1}(t)}{Z_c}-i_{k1}(t) \\[4mm] i_{Mr}(t+\tau_M)-\dfrac{1}{2}i_f(t+\tau_{M1})=-\dfrac{u_{k1}(t)}{Z_c}-i_{k1}(t) \end{cases} \tag{5-70}$$

$$\begin{aligned} i_X(t)&=i_{Nf}(t+\tau_N)+i_{Nr}(t-\tau_N)-i_{Mf}(t-\tau_M)-i_{Mr}(t+\tau_M)\\ &=-\dfrac{i_f(t-\tau_{M1})+i_f(t+\tau_{M1})}{2} \end{aligned} \tag{5-71}$$

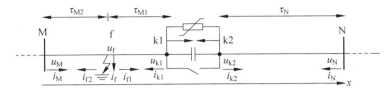

图 5-16 串联电容补偿线路区内串补左侧发生故障

当区内有故障时,如果故障在 Nk2 段,如图 5-17 所示,得到行波差动电流的表达式(5-72),同样是故障支路电流的函数,并与故障点到串补点的传输时延相关。

$$i_X(t) = i_{Nf}(t+\tau_N) + i_{Nr}(t-\tau_N) - i_{Mf}(t-\tau_M) - i_{Mr}(t+\tau_M)$$
$$= -\frac{i_f(t-\tau_{N1}) + i_f(t+\tau_{N1})}{2} \qquad (5\text{-}72)$$

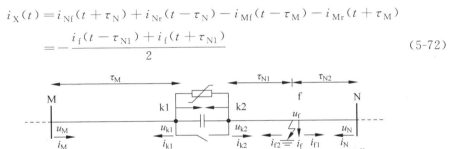

图 5-17 串联电容补偿线路区内串补右侧发生故障

5.5.3 区外扰动或故障时不平衡行波差动电流分析

区外扰动或故障时,由于各种因素存在不平衡行波差动电流,将影响行波差动保护的可靠性。为了利用宽频带的故障行波信息,本节分析了引起不平衡行波差动电流的原因,概括为如下 3 点:

(1)行波差动保护原理分析基于无损线,而实际线路有损,因此存在线路模型误差。

(2)受硬件水平和通信条件限制,具体来说,是采样率有限和通信速率有限使双端数据同步存在误差。

(3)CVT 传变频带窄,而 CT 传变频带宽,互感器传变频带不一致。

1. 线路模型误差的影响

输电线路实际上存在损耗和参数依频特性,因此行波在传播过程中将发生衰减和形变,导致区外扰动或故障时存在不平衡行波差动电流。

为简化分析,下面以空载运行的方式为例,图 5-12(a)的线路 MN 在 N 端断开(N 端电流为零),M 端合闸,线路两端的电压和电流在频域上满足双曲函数关系式:

$$\begin{bmatrix} \dot{U}_{\mathrm{M}} \\ \dot{I}_{\mathrm{M}} \end{bmatrix} = \begin{bmatrix} \cosh(\gamma l) & Z_{\mathrm{c}}\sinh(\gamma l) \\ \dfrac{\sinh(\gamma l)}{Z_{\mathrm{c}}} & \cosh(\gamma l) \end{bmatrix} \begin{bmatrix} \dot{U}_{\mathrm{N}} \\ 0 \end{bmatrix} \qquad (5\text{-}73)$$

式中，γ 和 Z_{c} 分别为具有依频特性的传播常数和波阻抗；l 为线路长度。

联立行波差动电流 $i_{\mathrm{X1}}(t)$ 的表达式、电流行波的计算式和式(5-73)，不考虑和考虑行波的衰减和形变时，行波差动电流在频域上的构成如下：

$$\begin{cases} \dot{I}_{\mathrm{X1}} = \left(-\dfrac{\dot{U}_{\mathrm{M}}}{Z_{\mathrm{c0}}} + \dot{I}_{\mathrm{M}} \right) - \left(-\dfrac{\dot{U}_{\mathrm{N}}}{Z_{\mathrm{c0}}} \right) \mathrm{e}^{-\mathrm{j}\omega\tau_0} \\[3mm] \dot{I}'_{\mathrm{X1}} = \left(-\dfrac{\dot{U}_{\mathrm{M}}}{Z_{\mathrm{c0}}} + \dot{I}_{\mathrm{M}} \right) - \left(-\dfrac{\dot{U}_{\mathrm{N}}}{Z_{\mathrm{c}}} \right) \mathrm{e}^{-\gamma l} \end{cases} \qquad (5\text{-}74)$$

式中，τ_0 和 Z_{c0} 分别为工频时的传输时延和波阻抗；$\dot{I}_{\mathrm{X1}}$ 和 $\dot{I}'_{\mathrm{X1}}$ 分别为不考虑和考虑行波的衰减和形变时的频域行波差动电流。

将 $\dot{I}_{\mathrm{X1}}$ 和 $\dot{I}'_{\mathrm{X1}}$ 进行比较，并根据式(5-73)用 $\dot{U}_{\mathrm{M}}$ 表示 $\dot{U}_{\mathrm{N}}$ 和 $\dot{I}_{\mathrm{M}}$，得到不平衡行波差动电流的计算式：

$$\begin{aligned} \Delta \dot{I}_{\mathrm{X1}} &= \dot{U}_{\mathrm{M}} \left[\left(\frac{1}{Z_{\mathrm{c0}}} - \frac{1}{Z_{\mathrm{c}}} \right) + \frac{1}{\cosh(\gamma l)} \left(\frac{\mathrm{e}^{-\gamma l}}{Z_{\mathrm{c}}} - \frac{\mathrm{e}^{-\mathrm{j}\omega\tau_0}}{Z_{\mathrm{c0}}} \right) \right] \\ &= \dot{U}_{\mathrm{M}} H_{\mathrm{model}} \end{aligned} \qquad (5\text{-}75)$$

区外有故障或扰动时，将导致 $\dot{U}_{\mathrm{M}}$ 突变，从而 $\dot{U}_{\mathrm{M}}$ 是宽频带信号，因此 H_{model} 的幅频特性决定了不平衡行波差动电流的频率分布。H_{model} 的幅频特性与线路长度有关。以 750kV 输电线路为例，H_{model} 的归一化幅频特性如图 5-18 所示，H_{model} 只有在高频才有较明显的通带。如果将图 5-18 中的幅频特性由低频到高频过程中的第一个尖峰视为截止频率，则截止频率随线路长度增大而减小，具体的关系曲线如图 5-19 所示。总之，H_{model} 具有阻低频通高频的作用，通带基本上在 100Hz 以上，因此不平衡行波差动电流将对 $\dot{U}_{\mathrm{m}}$ 中的高频分量敏感，导致不平衡行波差动电流中具有明显的高频分量。

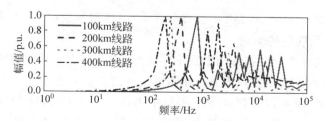

图 5-18　不同线路长度时 H_{model} 的幅频特性

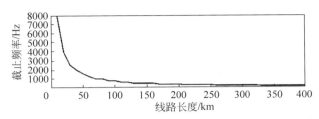

图 5-19 H_{model} 的截止频率与线路长度的关系曲线

采用 750kV 输电系统模型,空载合闸时,行波差动电流及其幅频特性如图 5-20 所示,仿真中已排除后续 3 个因素对不平衡行波差动电流的影响。不平衡行波差动电流在故障暂态期间会有较大毛刺,相较于工频等 1kHz 以下的低频分量,1kHz 以上的高频分量明显。

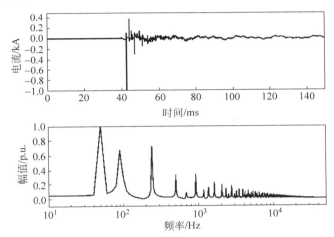

图 5-20 线路模型误差造成的不平衡行波差动电流及其幅频特性

2. 双端数据同步误差的影响

双端数据同步误差由两部分构成:时间同步误差和采样截断误差。

1) 时间同步误差

双端保护装置无论采用何种时间同步方法(如 GPS 法、采样数据修正法、采样时刻调整法、时钟校正法、基于参考向量的同步法等),都不可避免存在时间同步误差。对于普遍采用的 GPS 法而言,时间同步误差不大于 1μs,相比于采样截断误差可忽略不计。

2) 采样截断误差

如图 5-21 所示,行波差动保护同时需要 M 端 t 时刻和 N 端($t-\tau$)时刻的采样数据,由于采样率有限,而超(特)高压输电线路的传输时延 τ 一般为 $1\sim2$ms 且是非整数,在有限的采样频率下是不可能同时准确获得 t 时刻和 $(t-\tau)$ 时刻的电气量的,因此 M 端只能采用邻近的采样数据来代替,导致产生采样截断误差。

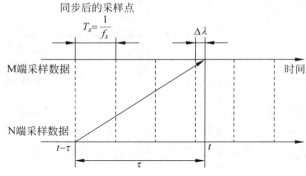

图 5-21　采样截断误差示意图

采样率为 f_s,则采样截断误差 $\Delta\lambda$ 不超过采样周期 T_s 的一半。由于采样截断误差的存在,行波差动电流可表示为

$$i'_{X1}(t)=2\left[i_{Mr}(t+\Delta\lambda)-i_{Nr}(t-\tau)\right] \tag{5-76}$$

将式(5-76)与行波差动电流 $i_{X1}(t)$ 的表达式比较,得到不平衡行波差动电流的计算式(5-77),其中频域上的幅值的计算式如式(5-78)所示。

$$\Delta i_{X1}(t)=2\left[i_{Mr}(t+\Delta\lambda)-i_{Mr}(t)\right]\approx 2\frac{di_{Mr}(t)}{dt}\Delta\lambda \tag{5-77}$$

$$\Delta \dot{I}_{X1}\approx 2\omega\Delta\lambda \dot{I}_{Mr}=\dot{I}_{Mr}H_{syn} \tag{5-78}$$

区外有故障或扰动时,网络突变,产生的电流反行波 $\dot{I}_{Mr}$ 是宽频带信号,因此 H_{syn} 的幅频特性决定了不平衡行波差动电流的频率分布,其归一化的幅频特性如图 5-22 所示,具有明显的高通特点。因此,不平衡行波差动电流对 $\dot{I}_{Mr}$ 中的高频分量敏感,导致不平衡行波差动电流中具有明显的高频分量。

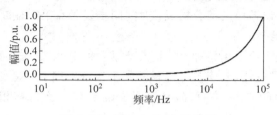

图 5-22　H_{syn} 的幅频特性

基于 750kV 输电系统模型,采用 10kHz 的采样率,图 5-23 示出了数据同步误差造成的不平衡行波差动电流及其幅频特性。

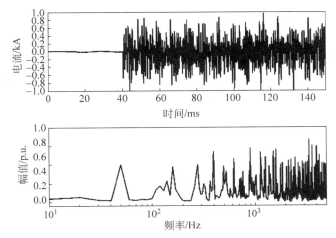

图 5-23 数据同步误差造成的不平衡行波差动电流及其幅频特性

3. 互感器传变频带不一致的影响

超（特）高压输电线路上，电压和电流分别经过了 CVT 和 CT 的传变，电流行波是电压和电流的组合量。由于 CVT 和 CT 的传变频带不一致，特别是 CVT 的传变频带较窄，将导致电流行波的计算存在误差，从而产生不平衡行波差动电流[22]。

CT 一般在 10kHz 频率以下的传递函数值近似为常数，即 $H_i(\omega)$ 的幅频特性等于常数 S_i，相频特性等于 0；而 CVT 一般在 1kHz 频率以下的传递函数值近似为常数，即 $H_u(\omega)$ 的幅频特性等于常数 S_u，相频特性等于 0。

一次侧和二次侧的电压和电流在频域上的关系如式（5-79）所示，式中，H_u 和 H_i 分别是 CVT 和 CT 的传递函数。根据行波差动电流 $i_{X1}(t)$ 的表达式，得到一次侧的行波差动电流在频域上的表达式（5-80）。

$$\begin{cases} \dot{U}_1 = \dot{U}_2 \cdot H_u \\ \dot{I}_1 = \dot{I}_2 \cdot H_i \end{cases} \tag{5-79}$$

$$\dot{I}_{X1} = -\left(\frac{\dot{U}_{M1}}{Z_c} - \frac{\dot{U}_{N1}}{Z_c} e^{-j\omega\tau} \right) + (\dot{I}_{M1} + \dot{I}_{N1} e^{-j\omega\tau}) \tag{5-80}$$

实际应用中，二次侧电压和电流按照 CVT 的工频电压比 S_u（额定变比，常数）和 CT 的工频电流比 S_i（额定变比，常数）反变换到一次侧，构成行波差动电流，即

$$\dot{I}'_{X1} = -\left(\frac{\dot{U}_{M2} S_u}{Z_c} - \frac{\dot{U}_{N2} S_u}{Z_c} e^{-j\omega\tau} \right) + (\dot{I}_{M2} S_i + \dot{I}_{N2} S_i e^{-j\omega\tau})$$

$$= -\left(\frac{\dot{U}_{M1}}{Z_c} - \frac{\dot{U}_{N1}}{Z_c} e^{-j\omega\tau}\right) \frac{S_u}{H_u} + \left(\dot{I}_{M1} + \dot{I}_{N1} e^{-j\omega\tau}\right) \frac{S_i}{H_i} \tag{5-81}$$

将式(5-81)与式(5-80)相减得到不平衡行波差动电流计算式：

$$\Delta \dot{I}_{X1} = -\left(\frac{\dot{U}_{M1}}{Z_c} - \frac{\dot{U}_{N1}}{Z_c} e^{-j\omega\tau}\right)\left(\frac{S_u}{H_u} - 1\right) + \left(\dot{I}_{M1} + \dot{I}_{N1} e^{-j\omega\tau}\right)\left(\frac{S_i}{H_i} - 1\right)$$

$$\tag{5-82}$$

为简化分析,同样以图 5-12(a)的线路 MN 在 N 端断开,空载运行为例,此时 $\dot{I}_{N1}$ 等于 0。M 端的电压 $\dot{U}_{M1}$ 和电流 $\dot{I}_{M1}$ 满足式(5-83),其中,Z_M 为 M 端等效系统阻抗,E_M 为 M 端等效系统电源。由于是工频电压源,E_M 满足式(5-84),式中 E 为等效系统电源的幅值。

$$\dot{I}_{M1} = \frac{\dot{E}_M - \dot{U}_{M1}}{Z_M} \tag{5-83}$$

$$E_M = \begin{cases} E, & f = 50\,\text{Hz} \\ 0, & f \neq 50\,\text{Hz} \end{cases} \tag{5-84}$$

考虑到线路两端的电压 $\dot{U}_{M1}$ 和 $\dot{U}_{N1}$ 满足关系式(5-73),从而不平衡行波差动电流表达式可由 $\dot{U}_{M1}$ 和 $\dot{E}_M$ 表示：

$$\Delta \dot{I}_{X1} = -\dot{U}_{M1}\left\{\frac{1}{Z_c}\left[1 - \frac{e^{-j\omega\tau}}{\cosh(\gamma l)}\right]\left(\frac{S_u}{H_u} - 1\right) + \frac{1}{Z_M}\left(\frac{S_i}{H_i} - 1\right)\right\} + \frac{\dot{E}_M}{Z_M}\left(\frac{S_i}{H_i} - 1\right)$$

$$\tag{5-85}$$

由于 CT 的传递函数 H_i 在工频时等于 S_i,所以式(5-85)第二部分等于 0,从而简化为

$$\Delta \dot{I}_{X1} = -\dot{U}_{M1}\left\{\frac{1}{Z_c}\left[1 - \frac{e^{-j\omega\tau}}{\cosh(\gamma l)}\right]\left(\frac{S_u}{H_u} - 1\right) + \frac{1}{Z_M}\left(\frac{S_i}{H_i} - 1\right)\right\} = \dot{U}_{M1} H_{\text{tran}}$$

$$\tag{5-86}$$

区外有故障或扰动时,将导致 $\dot{U}_{M1}$ 突变,从而 $\dot{U}_{M1}$ 是宽频带信号,因此 H_{tran} 的幅频特性决定了不平衡行波差动电流的频率分布。采用 750kV、400km 的输电线路模型,线路采用无损线,H_{tran} 的归一化幅频特性如图 5-24 所示,具有明显的高通特点,因此不平衡行波差动电流对 $\dot{U}_{M1}$ 中的高频分量敏感,导致不平衡行波差动电流中具有明显的高频分量。

基于 750kV 输电系统模型,图 5-25 示出了互感器传变频带不一致造成的不平衡行波差动电流及其幅频特性。

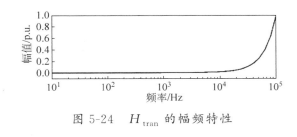

图 5-24 H_{tran} 的幅频特性

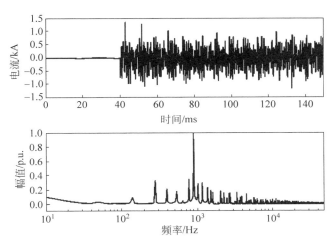

图 5-25 互感器传变频带不一致造成的不平衡行波差动电流及其幅频特性

5.5.4 区内、外有故障时行波差动电流的比较

区内有故障时,理论上行波差动电流等于故障支路电流。故障支路电流以工频分量和直流衰减分量为主,虽然 5.5.3 节的 3 个因素也会导致区内有故障时行波差动电流中含有高频分量,但是相较于占据主导的工频等低频分量而言,高频分量不明显。

基于 750kV 输电系统模型,区内、外有故障时,行波差动电流及其幅频特性如图 5-26 所示。区内有故障时,行波差动电流基本上以工频和衰减直流分量为主,高频毛刺相对很小,相较于工频等 1kHz 以下的低频分量,1kHz 以上的高频分量不明显;区外有故障时,行波差动电流具有显著的高频毛刺,相较于工频等 1kHz 以下的低频分量,行波差动电流中含有明显的 1kHz 以上的高频分量。

5.5.5 动作判据

线路区外故障暂态阶段,不平衡行波差动电流主要以 1kHz 以上的高频分量为主;区内故障暂态阶段,行波差动电流等于故障支路电流,虽然有部分高频分

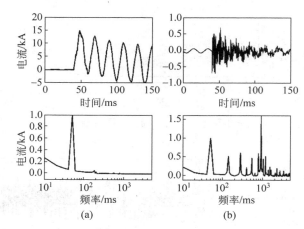

图 5-26　区内、外有故障时的行波差动电流及其幅频特性

(a) 区内有故障时；(b) 区外有故障时

量,但仍然以工频等低频分量为主。根据上述事实,采用宽频窗短时窗的故障行波构成快速行波差动保护,为了充分利用宽频窗短时窗的故障行波信息,数据时间窗设置为 5ms,采样率设置为 10kHz,动作判据有如下 3 个。

1. 基本判据

C_1 是基本判据,如式(5-87)所示,采用行波差动电流 $i_X(t)$ 在数据时间窗内的最大幅值 I_{max} 与门槛电流 I_{set} 比较。其中,对于无补偿线路和并联电抗补偿线路,$i_X(t)$ 在 M 端保护中采用 $i_{X1}(t)$,在 N 端保护中采用 $i_{X2}(t)$;对于串联电容补偿线路,两端保护采用相同的式(5-68)。

$$C_1: I_{max} = \max|i_X(t)| > I_{set} \tag{5-87}$$

2. 比例制动主判据

C_2 是比例制动主判据,如式(5-88)所示,采用行波差动电流和行波制动电流在数据时间窗内的低频能量构成。

$$C_2: E_{oL}(f_1 \sim f_2) > k_{set} E_{rL}(f_1 \sim f_2) \tag{5-88}$$

式中,k_{set} 为制动比整定值;$E_{oL}(f_1 \sim f_2)$ 是低频带(f_1, f_2)中行波差动电流 $i_X(t)$ 的能量;$E_{rL}(f_1 \sim f_2)$ 是低频带(f_1, f_2)中行波制动电流 $i_Z(t)$ 的能量。其中,对于无补偿线路和并联电抗补偿线路,$i_Z(t)$ 在 M 端保护中采用 $i_{Z1}(t)$,在 N 端保护中采用 $i_{Z2}(t)$;对于串联电容补偿线路,两端保护采用相同的式(5-69)。此外,定义 $E_{oL}(f_1 \sim f_2)$ 和 $E_{rL}(f_1 \sim f_2)$ 之比为制动比 k。

比例制动主判据采用低频分量构成,受高频分量的干扰较小,因此受不平衡行波差动电流的干扰较小,可以反映绝大多数故障。由于采用了较短的数据时间窗,提高了本判据的动作速度,但为了保证本判据的可靠性,不能选择太小的制动整定值,因此在高阻故障时可能灵敏度不足,需要第 3 个判据作为补充。

3. 能量比高阻故障判据

C_3 是能量比高阻故障判据,如式(5-89)所示,采用行波差动电流在数据时间窗内的低频能量和高频能量构成。

$$C_3 : E_{oL}(f_1 \sim f_2) > \lambda_{set} E_{oH}(f_3 \sim f_4) \tag{5-89}$$

式中,λ_{set} 为能量比整定值;$E_{oL}(f_1 \sim f_2)$ 和 $E_{oH}(f_3 \sim f_4)$ 分别为低频带(f_1,f_2)和高频带(f_3,f_4)中行波差动电流 $i_X(t)$ 的能量。另外,定义 $E_{oL}(f_1 \sim f_2)$ 和 $E_{oH}(f_3 \sim f_4)$ 之比为能量比 λ。

高阻故障时,行波差动电流非常小,比例制动主判据可能拒动,但行波差动电流的低频分量和高频分量之比在区内、外故障时有明显差别,区内故障时低频分量占主导,区外故障时高频分量占主导。由于过渡电阻理论上只影响电压和电流的幅值,不影响其频率分布,而行波差动电流由电压和电流组合构成,因此过渡电阻对于行波差动电流的高频分量和低频分量之比理论上没有影响。本判据在高阻故障时仍然具有足够的灵敏度,适合检测高阻故障。

基本判据 C_1 是行波差动保护动作的前提。比例制动主判据 C_2 覆盖了大多数故障情况,通过短时窗实现快速动作,但灵敏性不足。能量比高阻故障判据 C_3 通过低、高频能量之比,将区外故障时的暂态高频不平衡行波差动电流"变废为宝",充分利用暂态高频信息,弥补了短时窗下比例制动主判据灵敏度不足的缺点。3 个判据结合起来,在保证可靠性的前提下,快速行波差动保护面对高阻故障也具有足够的灵敏性。

整定时,门槛电流 I_{set} 按照高阻故障(对于超(特)高压输电线路即 600Ω 过渡电阻故障)时保证小于故障相最小 I_{max} 来整定,制动比整定值 k_{set} 按照躲过区外三相故障时最大制动比 k 来整定,能量比整定值 λ_{set} 按照区内高阻故障时躲过非故障相最大能量比 λ 来整定。

5.5.6 保护算法

1. 基于小波变换的能量计算方法

二进离散小波变换具有多分辨率分解作用,采用母小波为三次中心 B 样条函数的导函数,信号将二进分解为不同频带空间下的信号。快速行波差动保护采用 $10kHz$ 采样率,可获取的采样信号最高频率为 $5kHz$,逼近分量 V_x 和小波分量 W_x 在不同尺度时的主频带,如图 5-27 所示,x 表示二进小波变换的层数。

通过小波变换将行波差动电流分解到相应的频带空间,第 1 尺度的小波分量 $W_1(n)$ 和第 2 尺度的小波分量 $W_2(n)$ 的频带在 $1.25 \sim 5kHz$,大于 $1kHz$,用于表征高频分量;第 3 尺度的逼近分量 $V_3(n)$ 的频带在 $0 \sim 0.625kHz$,小于 $1kHz$,用于表征低频分量。高频能量 E_H 和低频能量 E_L 的计算式如下:

$$\begin{cases} E_{\text{H}} = \sum_n |W_1(n)|^2 + \sum_k |W_2(n)|^2 \\ E_{\text{L}} = \sum_n |V_3(n)|^2 \end{cases} \tag{5-90}$$

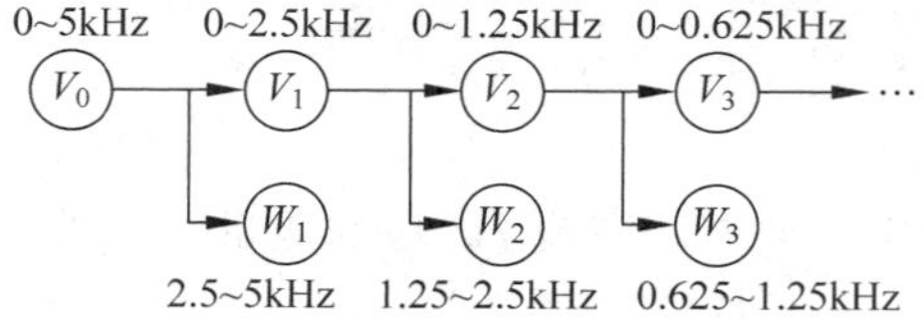

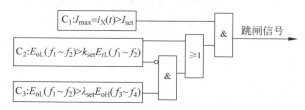

图 5-27　10kHz 采样率时二进离散小波变换多分辨率分解的频带空间

2. 保护动作逻辑

保护动作逻辑如图 5-28 所示。C_1 和 C_2 判据同时满足时可以发跳闸信号，或者 C_2 判据不满足，但 C_3 和 C_1 判据同时满足时可以发跳闸信号。

图 5-28　快速行波差动保护的跳闸逻辑

3. 算法流程

快速行波差动保护的算法流程如图 5-29 所示。判断启动后，计算数据时间窗内的行波差动电流和行波制动电流，如果判据 C_1 满足，再计算行波差动电流的高频能量和低频能量以及行波制动电流的低频能量，构造判据 C_2 和 C_3。如果任一相满足判据 C_2，则出口动作；如果三相都不满足判据 C_2，则根据判据 C_3 的结果决定出口动作或不动作。

所提行波差动保护的判据按相构成，为求解三相行波差动电流和行波制动电流，需要先对三相电压和电流进行相模变换，然后根据本端零模电流行波和对端相差 τ_0（零模行波的线路传播时延）的零模电流行波计算零模行波差动电流和行波制动电流，根据本端线模电流行波和对端相差 τ_1（线模行波的线路传播时延）的线模电流行波计算线模行波差动电流和行波制动电流，最后利用模相变换得到三相行波差动电流和行波制动电流。

4. 动作速度

快速行波差动保护算法采用实时通信的方式。按照 10kHz 的采样率，1ms 对应 10 个采样点，每点采样包括三相电压和三相电流，假设用 2B(字节)表示一相电压或电流数据，并考虑到控制字、时间戳、开关量、校验码等帧内容，每点采样构成

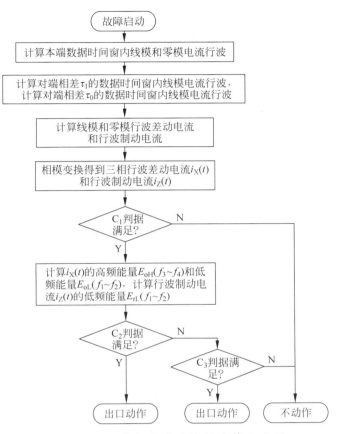

图 5-29　快速行波差动保护的算法流程

的数据帧大小约为 20B，因此 1ms 内共约 200B 的通信量。目前输电线路纵联保
护主流的通信方式是复用光纤通道，通过同步数字体系（synchronous digital
hierarchy，SDH）技术实现，纵联保护装置采用 2Mb/s 的接口直接接入 SDH 网络。
按照 2Mb/s 的通信速率，1ms 的传输容量约 262B，大于快速行波差动保护所需的
通信量，并有一定裕度，因此目前主流的 2Mb/s 通信通道可以满足所提保护的实
时传输要求。

　　快速行波差动保护算法的动作速度可以根据动作时序图分析得到，如图 5-30
所示。假设 0 时刻在线路 MN 上发生区内故障，以 M 端保护动作速度为例展开讨
论，x 为故障到 M 端的距离，v_1 和 v_0 分别为线模行波和零模行波的波速度，l 为
线路 MN 的长度，τ_1 和 τ_0 分别为线模行波和零模行波的线路传输时延。

　　数据时间窗为 T_0，对于 M 端保护而言，M 端线模和零模的数据时间窗是完全
重合的，但 N 端所需的线模和零模数据时间窗只有一部分重合，其中线模数据时

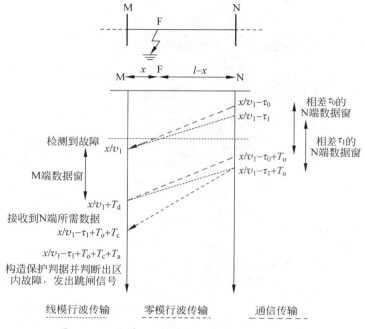

图 5-30　快速行波差动保护的动作时序图

间窗比零模数据时间窗更晚传输到 M 端,等 M 端接收到 N 端的线模数据时间窗后,经过算法耗时 T_a,可以发出跳闸信号。从故障发生开始到做出判断的动作时间的计算式如式(5-91)所示。考虑故障在线路中的不同位置,得到最大动作时间和最小动作时间,如式(5-92)所示。

$$T_M = \frac{x}{v_1} - \tau_1 + T_o + T_c + T_a \tag{5-91}$$

$$\begin{cases} T_{max} = T_o + T_c + T_a \\ T_{min} = T_o + T_c + T_a - \tau_1 \end{cases} \tag{5-92}$$

快速行波差动保护算法的动作时间与数据时间窗、通信时延、算法耗时和线路传输时延有关,各项分析如下:

(1) 数据时间窗 T_o。

数据时间窗是固定的,算法中选择为 5ms。

(2) 通信时延 T_c。

由于数据实时传输,不需要考虑通信接口时延,通信时延主要由通信通道时延构成,可由式(5-93)表示,包括了 SDH 设备复用和解复用时延 t_{SDH}、中间 N 个 SDH 设备的时延 t_n 和光纤通道时延 t_O。

$$T_c = t_{SDH} + \sum_{n=1}^{N} t_n + t_O \tag{5-93}$$

实测了众多主流微机保护装置在长通道时的通信通道时延,一般不超过 10ms。实际上,许多保护厂商的通信通道时延标准都是不得大于 15ms。本节按照 10ms 的通信时延估计动作速度。

(3) 算法耗时 T_a

根据算法流程,构建动作判据需要经历相模变换、模量行波差动电流和行波制动电流计算、模相变换、小波变换和能量计算共 5 个步骤。数据时间窗内共 50 个采样点,则总计所需的计算量不超过 7500 次乘法和 10000 次加法。目前主流的 DSP 具有 100MIPS(million instructions per second)以上的计算能力,并且一般配备硬件乘法器,每次计算可以进行 1 次加法和 1 次乘法。因此,根据计算量较大的加法次数,算法耗时约为 100μs。

(4) 线模行波的线路传输时延 τ_1

超(特)高压输电线路的长度一般不超过 600km,线模波速度可以按照光速近似估计,因此线路传输时延一般在 2ms 以内,本节按照 2ms 近似估计动作时间。

综上所述,保护算法的动作时间最快约为 13.1ms,最慢约为 15.1ms。

5.6　极化电流行波方向继电器

电流互感器具有很好的宽频传变特性,可以有效传变宽频带的电流故障行波信号,并且在输电线路电流行波故障测距及中性点非有效接地系统的接地选线技术中获得成功应用。但是在 220kV 及以上电压等级电力系统中普遍采用的 CVT,不能有效传变宽频带的电压故障行波信号,CVT 有效传输频带只在工频附近一个很窄的频带范围内。无法有效获取宽频带电压故障行波是行波保护多年来没有投入电力系统实际应用的重要原因之一,因为仅仅利用电流故障行波无法构成可靠的方向继电器。

而利用电压故障分量中的工频分量的快速继电保护已经在电力系统获得广泛的应用。鉴于 CVT 可以有效传变工频附近频带的电压信号和工频变化量保护的成功经验,本节首先分析电压故障行波中工频分量的初始极性与电压故障初始行波的波头极性之间的关系,若两者具有一致性,那么就可以用电压故障行波中工频分量的初始极性代替电压故障初始行波的波头极性,与电流故障初始行波的波头极性一起构成新型行波方向继电器;在分析得出电压故障行波中工频分量的初始极性与电压故障初始行波的波头极性之间具有一致性后,提出了一种新的行波方向继电器——极化电流行波方向继电器,并给出了该方向继电器的详细算法步骤;

最后,通过理论分析和电磁暂态仿真,验证了极化电流行波方向继电器在各种故障条件下的动作性能[7,23]。

5.6.1　不同频带下电压故障行波极性的一致性

根据故障叠加原理可知,输电线路故障后,电压故障行波由故障附加电源产生,故障后的电压故障行波是一个宽频带的信号,既包含了具有高频性质的突变波头分量,又包含了工频故障分量。下面对电压故障暂态行波的特性进行详细的分析,以研究电压故障分量中各频带分量之间的关系。

1. 电压故障行波的频谱特性

Swift 在文献[24]中指出,线路故障后的故障分量包含工频分量和故障行波固有频率分量及高次谐波分量。故障行波的固有频率与故障距离、母线结构和系统参数等因素有关。对于线路两端为全反射的无损线发生故障时,线路电压故障行波是由自然频率分量及其高次谐波组成。图 5-31 所示的单相输电系统中,e_1 和 e_2 分别为母线 M 侧和母线 N 侧的等值电源,Z_1 和 Z_2 分别为母线 M 侧和 N 侧的等值阻抗。图 5-32 所示为当线路 MN 发生金属性接地故障时的故障附加网络图,图中 Z_F 为故障附加电阻,对于金属性短路,其值为 0。线路 MF 侧电压故障行波的自然频率为方程(5-94)的解。

图 5-31　单相输电线路图

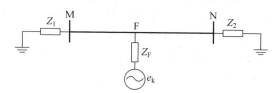

图 5-32　单相输电线路故障时的附加网络图

$$1 - \Gamma_1(s)\Gamma_2(s)P^2(s) = 0 \tag{5-94}$$

其中

$$\Gamma_1(s) = \frac{Z_1(s) - Z_c(s)}{Z_1(s) + Z_c(s)} \tag{5-95}$$

$$\Gamma_2(s) = \frac{Z_F(s) - Z_c(s)}{Z_F(s) + Z_c(s)} \tag{5-96}$$

$$P(s) = \exp(-s\tau) \tag{5-97}$$

式中,τ 为行波在母线 M 与 F 之间的传播时间。

式(5-94)一般有无穷多个解,对应于电压故障行波的自然频率主频及其高次谐波分量。Swift 在文献[24]中指出,自然频率与系统阻抗值 Z_1 大小有关,当 Z_1 为 0 时,自然频率的主频为

$$f_n = \frac{v}{2d} \tag{5-98}$$

式中,f_n 为自然频率的主频;v 为电压故障行波的波速度;d 为故障距离。

当 Z_1 为无穷大时,自然频率的主频为

$$f_n = \frac{v}{4d} \tag{5-99}$$

由式(5-98)和式(5-99)可知,输电线路故障后的自然频率分量与故障距离及网络结构有很大关系:故障距离越近,系统阻抗越小,自然频率越高;故障距离越远,系统阻抗越大,自然频率越低。

为了接近电力系统实际情况,采用图 5-33 所示的 750kV 输电系统仿真模型进行分析。线路 1 的长度为 400km,线路 2 和线路 3 的长度均为 320km,线路 4 和线路 5 的长度均为 380km。

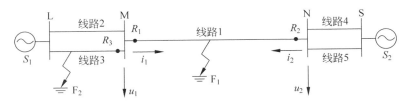

图 5-33　750kV 输电线路系统

输电线路的参数见表 5-1。

表 5-1　750kV 输电线路参数

线路参数	正　　序	零　　序
$R /(\Omega \cdot km^{-1})$	0.0127	0.2729
$L /(mH \cdot km^{-1})$	0.8531	2.6738
$C /(nF \cdot km^{-1})$	13.67	9.3

为方便分析,首先假设图 5-33 所示输电系统为单相输电系统。图 5-34 是线路 1 上 F_1 点发生故障时的故障附加电路图,其中 Z_L 是母线 L 左侧系统等值阻抗,Z_S 是母线 S 右侧系统等值阻抗。图 5-35 是对应图 5-34 的电压故障行波网格图。图中故障初始行波及其在母线 M 和故障点 F 之间的折反射波如式(5-100)所示。

$$u_M(t) = (1 + k_{ML})[e_k(t - \tau_M) - k_{MR}e_k(t - 3\tau_M) + \cdots + k_{MR}^n e_k(t - m\tau_M)]$$

$$(5\text{-}100)$$

式中，n 为故障点反射波回到 R_1 处的次数；$m = 2n - 1$；k_{ML} 为母线 M 处的电压行波反射系数；k_{MR} 为母线 M 处的电压行波折射系数。

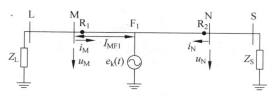

图 5-34   正向故障时的故障附加电路

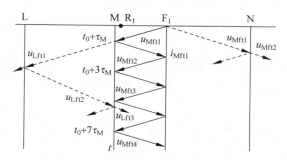

图 5-35   区内故障时的行波网格图

随着反射次数的增加，后续反射波的幅值也越来越小，这里只取前 5 次故障点反射波之和，即

$$u_M(t) = (1 + k_{ML})[e_k(t - \tau_M) - k_{MR}e_k(t - 3\tau_M) + \cdots + k_{MR}^5 e_k(t - 9\tau_M)]$$

$$(5\text{-}101)$$

如图 5-35 所示，初始行波 $u_{Mft1}(t)$ 的折射波 $u_{Lft1}(t)$ 行进到母线 L 处后，产生的反射波再次行进到母线 M 处时产生折射波 $u_{Lft3}(t)$，即

$$u_{Lft3}(t) = 2k_{MR}^2 k_{LL} e_k(t - 2\tau_L - \tau_M) \tag{5-102}$$

式中，k_{LL} 为母线 L 处的电压行波反射系数；τ_M 为行波由故障点 F_1 传输至母线 M 所需的时间；τ_L 为行波由母线 M 传输至母线 L 所需的时间；系数 2 是考虑到母线 M 和母线 L 之间的双回线影响。若忽略母线 L 处后续电压反射波对 R_1 处电压故障行波的影响，由式(5-101)和式(5-102)可得 R_1 处电压故障行波为

$$u_M(t) = (1 + k_{ML})[e_k(t - \tau_M) - k_{MR}e_k(t - 3\tau_M) + \cdots + k_{MR}^5 e_k(t - 9\tau_M)] +$$

$$2k_{MR}^2 k_{LL} e_k(t - 2\tau_L - \tau_M) \tag{5-103}$$

而故障附加电压源可以表示为

$$e_k(t) = -\sqrt{2} E_k \sin(\omega t + \varphi_{F1}) \varepsilon(t_0) \tag{5-104}$$

式中,E_k 为工频故障附加电源 e_k 的有效值,在数值上等于短路前线路故障点处电压有效值;φ_{F1} 为故障前 F_1 点的电压初相角;$\varepsilon(t_0)$ 为单位阶跃函数。记故障电压初始角为

$$\varphi_f = \omega t_0 + \varphi_{F1} \qquad (5\text{-}105)$$

由式(5-104)和式(5-105)可知,电压故障行波实际是由工频故障附加电源产生的电压故障初始行波及其后续的折反射电压故障行波叠加而成。在故障附加电源初始角不为 0 时,电压故障初始行波及其后续的折反射波都会出现突变的波头,这在频域表现为高频分量。

假设故障电压初始角为 90°,故障距离为 150km,母线 M 处电压行波反射系数为 $-1/3$,折射系数为 $2/3$,母线 L 处的电压反射系数为 -1,则根据式(5-103)~式(5-105)可计算得到电压故障暂态行波值,如图 5-36 所示。

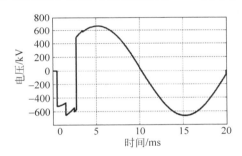

图 5-36　正向故障时的电压故障行波

对图 5-36 中所示的 20ms 的电压故障行波进行频谱分析,结果如图 5-37 所示,图中各频率成分的幅值以工频为基准进行了归一化处理。由图 5-37 可知,故障后电压故障行波是一个宽频带的信号,其中工频分量为主要分量,而电压故障行波的自然频率分量及其高次谐波分量也占有一定的比例,从能量的角度来看,电压故障行波的主能量仍然集中在工频。图 5-37 幅度频谱分析的结果与文献[24]的分析结果是一致的。图 5-38 是对应于图 5-37 的 0~1kHz 频带内的幅度频谱特性。

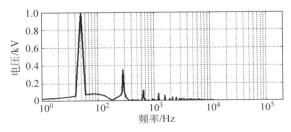

图 5-37　电压故障行波的幅度频谱

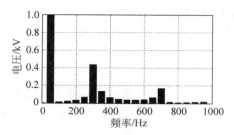

图 5-38 电压故障行波的幅度频谱(0～1kHz 频带内)

2. 电压故障行波的小波分析

根据式(5-104)的故障附加电压源表达式可知,若故障附加电压源初始角接近电压过零点,那么故障附加电压源极性很快发生变化。为方便分析,这里假设故障初始角不在故障附加电压源过零点前 18°以内,这样故障附加电压源的极性不会在故障后 1ms 数据窗内发生极性变化,我们研究的是故障行波到达电压检测点 R_1 后 1ms 的数据窗内的初始极性。

由于三相输电线路中三相电压故障行波之间具有电磁耦合关系,为了解耦,采用相模变换技术,把三相电压故障行波相量转变为三个相互独立的电压故障行波模量。相模变换方法有多种,本书选用 Karenbauer 变换:

$$\begin{bmatrix} u_\alpha \\ u_\beta \\ u_\gamma \end{bmatrix} = \frac{1}{3} \begin{bmatrix} 1 & -1 & 1 \\ -1 & 0 & 1 \\ 0 & 1 & -1 \end{bmatrix} \begin{bmatrix} u_a \\ u_b \\ u_c \end{bmatrix} \tag{5-106}$$

在图 5-34 所示的 750kV 输电线路系统中,设线路 MN 上 F_1 点发生三相金属性短路,故障距离母线 M 为 100km。故障后电压行波的故障分量提取方法为

$$u_{ftm}(n) = u_m(n) - 2u_m(n-N) + u_m(n-2N) \tag{5-107}$$

式中,$u_m(n)$ 是线路故障后电压行波模量值,m 表示 α、β、γ 三个线模量;N 为一个工频周期的采样点数。故障后母线 M 侧 R_1 处电压故障行波模量如图 5-39 所示。

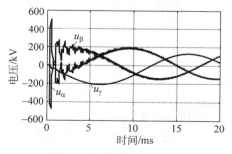

图 5-39 电压故障行波

对图 5-39 中的 α 模电压分量进行小波变换后,在不同的频率空间下的电压故障行波分量如图 5-40 所示。图 5-40 中第一个图形为电压故障行波的 α 模量原始波形。由图 5-40 可知,各频率子空间下的电压故障行波分量的初始极性与电压故障行波原始波形的初始极性具有一致性,在本例中都为负极性。随着频率子空间频率段的降低,电压故障行波的初始波头越来越平滑,但是电压故障行波在各频段中分量的初始极性却始终保持一致性。

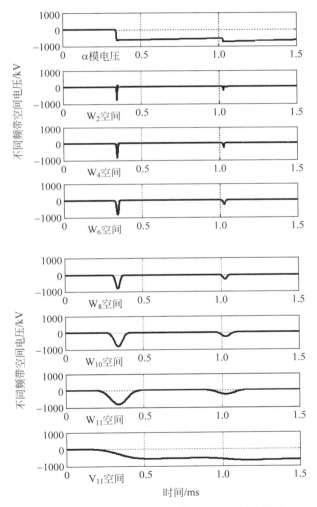

图 5-40 不同频率空间中的电压故障行波

为了对电压故障行波在各频率子空间的初始极性有明确清晰的表达,用小波变换后的模极大值来刻画各频率子空间中电压故障行波的极性。

由于电压故障行波的突变波头与小波变换的高频段模极大值具有一一对应的关系,所以用电压故障行波在 W_2(50～100kHz)空间的第一个模极大值表示电压故障初始行波的波头极性,同时用电压故障行波在 V_{11}(0～97.66Hz)空间中的第一个模极大值表示电压故障行波工频分量的初始极性。

与图 5-40 对应,各子空间下的电压故障行波的模极大值如图 5-41 所示。由图 5-41 可知,各子空间中对应电压故障初始行波极性的第一个模极大值的极性是一致的。比较子空间 W_2(50～100kHz)和 V_{11}(0～97.66Hz)中的电压故障行波的模极大值可知,第一个模极大值的极性一致,但是模极大值的位置发生了偏移,但这并不影响对子空间中电压故障行波分量初始极性的判定。子空间 V_{11} 中电压故障行波分量实际是电压故障行波中的工频分量部分,这说明电压故障行波中的工频分量的初始极性与电压故障初始行波的波头极性是一致的,这是一个非常有意义的结论。

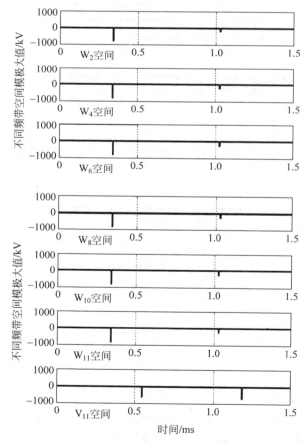

图 5-41 不同频率空间中的电压故障行波模极大值

3. CVT 二次侧电压故障行波初始极性分析

根据研究结果,CVT 由于补偿电抗器、高频杂散电容等的影响,对 2kHz 以上的高频信号具有明显的衰减特性,但对 30~1000Hz 频带的电压故障信号具有良好的传变特性。本书按照文献[25]中建议的 CVT 暂态特性研究模型,并利用一个实际的 750kV CVT 的参数,在电磁暂态仿真软件(alternative transient program,ATP)中建立 CVT 模型。

图 5-42 是 CVT 的一、二次侧电压故障行波比较图。为分析 CVT 的二次侧电压故障行波中工频分量的初始极性是否与一次侧电压故障行波中工频分量的初始极性保持一致,分别对 CVT 的一、二次电压故障行波进行小波变换多分辨率分析,图 5-43(a)给出了 CVT 的一、二次侧电压故障行波在 V_{11} 子空间中的电压故障行波,图 5-43(b)给出了对应的模极大值图形。由图 5-43 可知,虽然 CVT 二次侧电压及其模极大值出现了时间上的滞后(CVT 的暂态特性导致相位滞后),但是电压故障行波在 V_{11}(0~97.66Hz)子空间中初始极

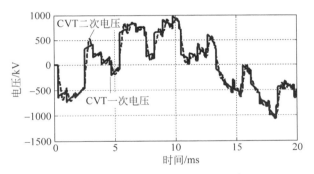

图 5-42　CVT 一、二次侧电压故障行波图

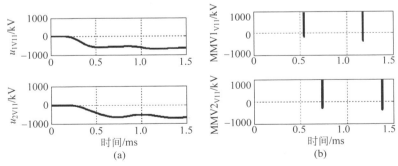

(a)　　　　　　　　　　　　(b)

图 5-43　CVT 一、二次侧电压故障行波
及其模极大值在 V_{11} 子空间比较图

(a) 电压故障行波；(b) 模极大值

性不会改变,都是明确的负极性,即 CVT 一次侧电压故障行波中的工频分量和 CVT 二次侧可采集的电压故障行波中的工频分量的初始极性具有一致性。同时,前文分析结论为电压故障行波中的工频分量的初始极性与电压故障初始行波的波头极性是一致的。由此可见,CVT 二次侧可采集电压故障行波中的工频分量的初始极性与其一次侧电压故障初始行波的波头极性具有一致性,所以可用 CVT 二次侧电压故障行波中的工频分量的初始极性代替电压故障初始行波的波头极性,与电流故障初始行波的波头极性相比较,构成新的极性比较式方向保护。

4. 建模与仿真

为了验证用小波变换多分辨率分析提取电压故障行波工频分量的初始极性代替电压故障初始行波的波头极性的可靠性,作者进行了大量的仿真试验。由于母线的结构会影响到母线处的电压行波的折反射系数,从而影响电压故障行波的初始极性,为了便于分析,将母线结构分为三类。

第 I 类母线:母线上只有被保护线路一回出线。

第 II 类母线:母线上接有两回出线。

第 III 类母线:母线上接有三回及以上出线。

本书对正向故障和反向故障情况下不同故障距离、不同过渡电阻、不同母线结构和不同故障类型进行了大量的仿真,限于篇幅,部分仿真结果见表 5-2 与表 5-3。表中 MMU_1 表示 CVT 一次侧电压故障初始行波在 W_2 空间的模极大值,MMU_{2pf} 表示 CVT 二次侧电压故障行波在 V_{11} 空间的模极大值。进行第 II 类母线的仿真时,线路 2 退出运行;进行第 I 类母线的仿真时,线路 2 和线路 3 退出运行;反向故障发生在图 5-33 所示的线路 3 上。

表 5-2　正向故障仿真结果

母线类型	故障类型	故障距离/km	过渡电阻/Ω	MMU_1/kV	MMU_{2pf}/kV
III	ABC	1	0.1	−855.4	−971.3
III	ABG	100	0.1	−831	−691.7
III	AG	350	200	−172.9	−139.3
II	ABC	1	0.1	−1235.1	−971.7
II	ABG	100	0.1	−1229.7	−968.3
II	AG	350	200	−260.7	−209
I	ABC	1	0.1	−2235.5	−971.8
I	ABG	100	0.1	−2288.7	−1934.8
I	AG	350	200	−506.1	−418.2

表 5-3 反向故障仿真结果

母线类型	故障类型	故障距离/km	过渡电阻/Ω	MMU_1/kV	MMU_{2pf}/kV
Ⅲ	ABC	1	0.1	−856.3	−971.3
Ⅲ	ABG	100	0.1	−832.1	−691.7
Ⅲ	AG	200	200	−172.2	−150.6
Ⅱ	ABC	1	0.1	−1237.2	−971.7
Ⅱ	ABG	100	0.1	−1232	−968.5
Ⅱ	AG	200	200	−260.7	−225.8
Ⅲ	ABC	1	0.1	−856.3	−971.3
Ⅲ	ABG	100	0.1	−832.1	−691.7
Ⅲ	AG	200	200	−172.2	−150.6

在表 5-2 和表 5-3 中，ABC、ABG 和 AG 分别表示三相短路、两相接地短路和单相接地短路。反向故障时若为第 Ⅰ 类母线，则 R_1 处不能检测到电压故障行波，所以表 5-3 中未给出第 Ⅰ 类母线的仿真结果。为了方便比较，将 CVT 二次侧电压折算到一次侧，由仿真结果可知，电压故障行波的工频分量的初始极性始终保持与电压故障初始行波的波头极性一致，不受母线类型、故障类型、故障距离和过渡电阻的影响。

5.6.2 极化电流行波方向继电器的原理与算法

前文在对故障后电压故障行波的特性深入分析后得出结论：电压故障初始行波的波头极性与电压故障行波中工频分量的初始极性具有一致性。本小节将在此研究基础之上，探索用电压故障行波中工频分量的初始极性代替电压故障初始行波的波头极性，与电流故障初始行波的波头极性相比较，构成一种新型行波方向继电器——极化电流行波方向继电器（polarized current travelling-wave direction relay，PCTDR）。

1. PCTDR 的基本原理

极化电流行波方向继电器的基本原理可以简述为当故障发生在正方向时，电压故障初始行波和电流故障初始行波的极性相反；而故障发生在反方向时，电压故障初始行波和电流故障初始行波的极性相同。

仍以图 5-33 所示的 750kV 输电线路系统为分析对象。

极化电流行波方向继电器的原理分析见表 5-4（其中电流的正方向规定为由母线流向线路）。

表 5-4　极化电流行波方向继电器的基本原理

故障点	故障附加电源极性	M 侧极性		N 侧极性		故障附加电路示意图
		电压	电流	电压	电流	
内部故障	正极性	+	−	+	−	L M →　← N S　$e_f(t)$
	负极性	−	+	−	+	
外部故障	正极性	+	−	+	+	L M →　← N S　$e_f(t)$
	负极性	−	+	−	−	
外部故障	正极性	+	+	+	−	L M →　← N S　$e_f(t)$
	负极性	−	−	−	+	

2. PCTDR 的算法

1）电压故障行波的工频分量初始极性的获取

电压故障行波中工频分量的初始极性提取步骤如下：

（1）电压故障行波的提取

$$u_{ftm}(n) = u_m(n) - 2u_m(n-N) + u_m(n-2N) \tag{5-108}$$

式中，$u_{ftm}(n)$ 为线路故障后电容式电压互感器二次侧电压故障行波离散采样点；N 为一个工频周期的采样点数，对应 400kHz 的采样率，N 为 8000 点；m 表示 A、B、C 三相。

（2）电压故障行波的相模变换

对提取的电压故障行波进行 Karenbauer 相模变换，获得解耦后的三个模量电压故障行波 $u_{ft\alpha}$、$u_{ft\beta}$、$u_{ft\gamma}$。

（3）小波变换多分辨率分析并求取模极大值

对电压故障行波进行小波变换的多分辨率分解，将电压故障行波分解至各频率子空间。频率子空间 V_{11}（0～97.66Hz）中的信号对应于电压故障行波的工频分量。求取电压故障行波在频率子空间 V_{11} 中的小波变换逼近分量的模极大值：MMU_α、MMU_β、MMU_γ。

（4）提取电压故障行波中工频分量的初始极性

$$SU_m = \text{sgn}(MMU_m) \tag{5-109}$$

式中，m 代表模量 α、β、γ。

2）电流故障初始行波的波头极性的获取

电流故障初始行波极性的提取步骤如下：

（1）电流行波的相模变换

对电流行波进行 Karenbauer 相模变换，获得解耦后的三个模量电流故障行波 $i_{ft\alpha}$、$i_{ft\beta}$、$i_{ft\gamma}$。

（2）小波变换并求取电流行波的模极大值

对各模量电流故障行波进行小波变换，并求出小波变换后的模极大值。由于电流故障初始行波的波头具有高频特性，所以取小波变换后的高频段子空间 W_2（50～100kHz），W_3（25～50kHz），W_4（12.5～25kHz）中的细节分量并求取模极大值，同时对三个频带空间内的小波变换模极大值进行综合以提高算法的可靠性。若这三个频带空间内的小波变换模极大值都存在，且极性相同，幅值依次增大，则该模极大值对应故障波头。取 W_3 频段子空间中第一个模极大值作为电流故障初始行波的模极大值，各模量电流故障初始行波的波头对应模极大值，表示为 MMI_α、MMI_β、MMI_γ。

（3）提取电流故障初始行波的波头极性

$$SI_m = sgn(MMI_m) \tag{5-110}$$

式中，m 代表模量 α、β、γ。

3）故障方向的判定

将获得的电流故障初始行波的波头极性 SI_α、SI_β、SI_γ 与电压故障行波中工频分量的初始极性 SU_α、SU_β、SU_γ 相比较。PCTDR 的正向方向继电器逻辑框图如图 5-44 所示，当任一模量电流故障初始行波的波头极性与对应模量的电压故障行波的工频分量的初始极性不同时，判定为正向故障。而 PCTDR 的反向方向继电器逻辑框图如图 5-45 所示，当与故障类型相对应的电流模量故障初始行波的波头极性与对应模量的电压故障行波的工频分量的初始极性都相同时，判定为反向故障。注：实际的保护算法中，在执行故障方向判据前，执行行波故障选相算法，保证方向继电器采用与故障类型相关的模量构成保护算法，提高算法的可靠性。

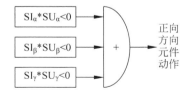

图 5-44　正向方向继电器逻辑框图

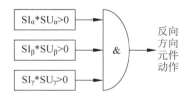

图 5-45　反向方向继电器逻辑框图

5.6.3　极化电流行波方向继电器动作性能分析

极化电流行波方向继电器是利用电压故障行波中工频分量的初始极性和电流故障初始行波的波头极性，构成新的行波方向继电器。其解决了传统的行波方向继电器因不能有效获取电压故障初始行波的突变波头而无法应用于电力系统实际的问题。

在不同的故障条件和母线结构下，极化电流行波方向继电器的动作性能如何，需要进一步深入研究。本小节首先讨论了母线结构对极化电流行波方向继电器动作性能的影响，接着讨论了故障类型、故障过渡电阻、故障距离、故障电压初相角对极化电流行波方向继电器动作性能的影响，最后通过电磁暂态仿真软件 ATP 验证了极化电流行波方向继电器在各种影响因素下的动作性能，并根据分析和仿真结果对该新型行波方向继电器进行了评价。

1. 不同母线结构下的动作行为

根据前文对 PCTDR 的算法描述可知，PCTDR 所依据的物理量为故障后的电流故障初始行波中的高频分量和电压故障行波中的工频分量。根据行波的折反射基本规律可知，在波阻抗不连续点会发生行波的折反射，一般母线是典型的波阻抗不连续点，故障行波沿输电线路传播到母线处会产生折反射，只要在各种母线结构下，折反射行波不改变电流故障初始行波的高频分量极性和电压故障行波工频分量的极性，则 PCTDR 算法理论上就是可靠有效的。

同时，考虑到 PCTDR 的算法中电流故障初始行波采用的频带为（50kHz，100kHz）、（25kHz，50kHz）和（12.5kHz，25kHz），具有明显的高频特性，下文的分析中均以 100kHz 为典型频率研究电流故障行波。而 PCTDR 的算法中电压故障行波采用的是其工频分量，所以下文的分析中以 50Hz 频率研究电压故障行波。

1）母线折反射系数的频率特性

由于母线结构对行波的折反射系数会产生影响，所以必须分析各种母线结构对 PCTDR 算法的影响。5.6.1 节中将母线结构分为 Ⅰ、Ⅱ、Ⅲ 三类。

考虑到实际电力系统的母线上一般会连接有变压器、断路器、隔离开关和电抗器等一次电气设备。其中变压器为一个电感继电器，由于变压器的等值电感值较大，对高频信号相当于开路。所以，对行波的分析中，变压器可以视为开路[24]。同时，变压器、电抗器等这些连接在母线上的电气设备具有一定数值的杂散电容，电容数值取决于母线上所连接电气设备的数量和连接方式，一般情况下电容值在数千皮法到数万皮法之间[26]。由于电容对高频信号呈现低阻抗，所以有必要分析这些分布电容对极化电流行波方向继电器的影响。

分析用电力系统模型仍采用图 5-33 所示的 750kV 输电线路系统。

由于 PCTDR 的算法中采用电流故障初始行波的波头极性作为方向判别的依据，根据行波传播的折反射规律可知，在母线处由于波阻抗的不连续，会产生行波的折反射，所以母线处的折反射系数与 PCTDR 算法的可靠性有直接关系。所以，有必要对母线处的折反射系数进行深入的分析。

第 Ⅰ 类母线如图 5-46(a)所示，母线上除被保护线路外没有其他出线，其折射

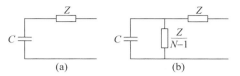

图 5-46　母线等效电路
（a）第Ⅰ类母线；（b）第Ⅱ类和第Ⅲ类母线

系数的频域函数形式为

$$\gamma(j\omega) = \frac{2}{1 + j\omega CZ} \qquad (5\text{-}111)$$

相应的反射系数的频域函数形式为

$$\rho(j\omega) = \frac{1 - j\omega CZ}{1 + j\omega CZ} \qquad (5\text{-}112)$$

　　第Ⅱ类和第Ⅲ类母线如图 5-46(b)所示，母线上除被保护线路外有其他出线，其折射系数的频域函数形式为

$$\gamma(j\omega) = \frac{2}{N + j\omega CZ} \qquad (5\text{-}113)$$

相应的反射系数的频域函数形式为

$$\rho(j\omega) = \frac{2 - N - j\omega CZ}{N + j\omega CZ} \qquad (5\text{-}114)$$

　　由式(5-111)和式(5-113)可知，若 N 取值为 1，两式是一样的，所以三类母线的折射系数可以统一为式(5-113)。同理，三类母线的反射系数可以统一为式(5-114)。

　　根据图 5-33 所示的 750kV 输电系统的参数，可计算得到其线模波阻抗 $Z = 249.6\Omega$，并取母线杂散电容 $C = 10\text{nF}$，对应母线处的折射系数依频特性如图 5-47 所示，母线反射系数依频特性如图 5-48 所示。

　　由图 5-47 可知，折射系数的特征如下：

　　(1) 当母线为第Ⅰ类母线时，其折射系数的幅值在工频 50Hz 时为 2，其幅值随着频率的升高而逐渐减小；当频率为 100kHz 时，受母线杂散电容的影响，其幅值为 1 左右。

　　(2) 当母线为第Ⅱ类母线时，其折射系数的幅值在工频 50Hz 时为 1，受母线杂散电容的影响，其幅值随着频率的升高而逐渐减小。

　　(3) 当母线为第Ⅲ类母线时，母线折射系数的幅值小于 1，受母线杂散电容的影响，其幅值随着频率的升高而逐渐减小，且母线上连接的出线越多，折射系数的幅值越小。

　　(4) 折射系数的相位在低频时为 0，随着频率的升高，相位偏移加大，且频率为 1MHz 时，在各种母线结构情况下相位偏移都接近 90°，高频时相位特性由电容决定。

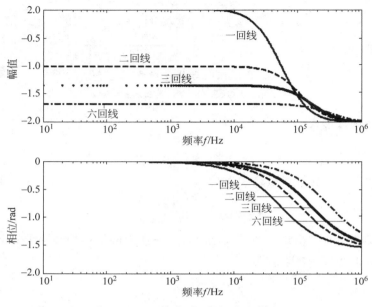

图 5-47 母线折射系数依频特性

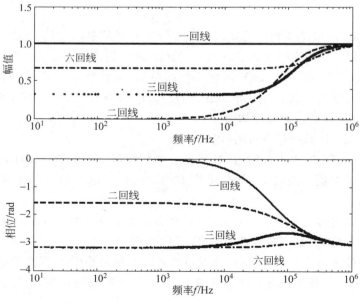

图 5-48 母线反射系数依频特性

由图 5-48 可知,反射系数的特征如下:

(1) 当母线为第Ⅰ类母线时,反射系数的幅值在工频 50Hz 时为 1,相位偏移为 0;当频率为 100kHz 时,受母线杂散电容的影响,其幅值为 −0.5 左右,相位偏移接近 −180°。

(2) 当母线为第Ⅱ类母线时,其反射系数的幅值在低频段为零;当频率为 100kHz 时,受母线杂散电容的影响,其幅值为 −0.5 左右。

(3) 当母线为第Ⅲ类母线时,反射系数的幅值小于 1,其幅值随着频率的升高逐渐增大,且母线上连接的出线越多,幅值越大,但幅值不超过 1。相位偏移接近 −180°。

2) 正向故障时母线折、反射系数对 PCTDR 的影响

图 5-49 是输电线路正向故障时的故障附加电路图和故障行波网格图,图中 t_0 为故障发生时刻,t_1 为初始行波到达母线 M 的时刻。

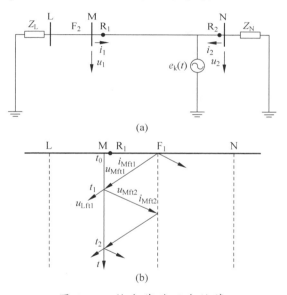

图 5-49 输电线路正向故障

(a) 故障附加电路图;(b) 故障行波网格图

根据图 5-49 中所示电流参考方向可知,在正向故障时,母线 M 处实际采集到的电流行波为电流故障初始行波与其反射波的叠加:

$$i = -i_{\mathrm{Mft1}} + i_{\mathrm{Mft2}} = -i_{\mathrm{Mft1}} + \rho i_{\mathrm{Mft1}} \tag{5-115}$$

式中,i_{Mft1}、i_{Mft2} 分别为电流初始行波及其反射波,写成频域形式为

$$I(\mathrm{j}\omega) = -I_{\mathrm{Mft1}}(\mathrm{j}\omega) + \rho I_{\mathrm{Mft1}}(\mathrm{j}\omega) \tag{5-116}$$

由图 5-48 所示母线反射系数依频特性可知,在 100kHz 时,各类母线情况下的反射系数 $-1 \leqslant \rho(\mathrm{j}\omega) < -0.5$,所以 i_{Mft2} 与 $-i_{\mathrm{Mft1}}$ 极性相同,即反射电流行波与初始电

流行波叠加后极性保持与初始电流行波一致,其对 PCTDR 的算法无影响。

根据图 5-49 所示电压参考方向可知,在正向故障时,母线 M 处实际采集到的电压行波为

$$u = u_{Mft1} + u_{Mft2} = (1 + \rho)u_{Mft1} \tag{5-117}$$

式中,u_{Mft1}、u_{Mft2} 分别为电压初始行波及其反射波,写成频域形式为

$$U(j\omega) = (1 + \rho)U_{Mft1}(j\omega) \tag{5-118}$$

由图 5-48 所示的母线反射系数依频特性可知,在 50Hz 时,第 I 类母线的 $\rho(j\omega) = 1$,所以电压反射行波加强了电压初始行波,电压反射行波与电压初始行波极性一致;第 II 类母线的 $\rho(j\omega) = 0$,反射电压行波对初始电压行波没有影响;第 III 类母线的 $|\rho(j\omega)| \leqslant 1$,只有在母线上连接无数回出线时 $\rho(j\omega) = -1$,在实际电力系统中这是不存在的,所以 $1 + \rho(j\omega) > 0$,说明电压反射行波和电压初始行波叠加后极性保持与电压初始行波极性一致。

综上所述,正向故障时,在各种母线结构下电压反射行波不会改变电压初始行波的极性,所以对 PCTDR 的算法没有影响。

3)反向故障时母线折、反射系数对 PCTDR 的影响

图 5-50 是输电线路反向故障时的故障附加电路图和故障行波网格图。反向故障时,母线 M 处检测到的电压故障初始行波 u_{Mft2} 和电流故障初始行波 i_{Mft2} 满足关系式:

$$u_{Mft2} = Z \cdot i_{Mft2} \tag{5-119}$$

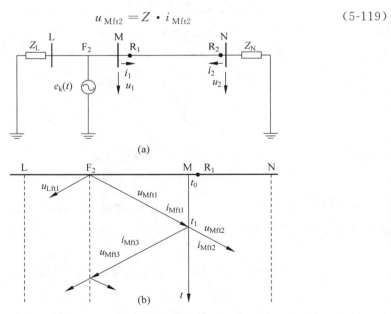

(a)

(b)

图 5-50　输电线路反向故障

(a) 故障附加电路图;(b) 故障行波网格图

式中,Z 为线路 MN 的波阻抗。虽然在反向故障时,线路 MN 上检测到的电压故障行波和电流故障行波的幅值会受到母线 M 处折射系数的影响,但是折射到线路 MN 上的电压故障行波和电流故障行波之间极性关系始终不变,所以不会影响到 PCTDR 的方向判定。

4）通过 ATP 仿真验证母线折、反射系数对 PCTDR 的影响

作者正向故障和反向故障时各种母线结构下 PCTDR 的动作行为进行了大量的仿真,限于篇幅,部分仿真结果见表 5-5 与表 5-6。表中,SU_m（m 代表 α, β, γ）表示电压故障行波经过小波变换后,在 V_{11} 空间中的工频分量的模极大值；SI_m 表示电流故障初始行波经过小波变换后,在 W_2 空间中的小波模极大值。在进行第 II 类母线的仿真时,线路 2 退出运行；在进行第 I 类母线的仿真时,线路 2 和线路 3 退出运行；反向故障发生在图 5-33 所示的线路 3 上。其中,ABC、ABG 和 AG 分别表示三相短路、两相接地短路和单相接地短路。反向故障时若为第 I 类母线,则 R_1 处检测不到电压故障行波,所以表 5-6 中未给出第 I 类母线的仿真结果。表格中的"1"表示方向继电器动作,"0"表示方向继电器不动作。

表 5-5 正向故障仿真结果

母线类型	故障类型	SI_α/kA	SI_β/kA	SI_γ/kA	SU_α/kV	SU_β/kV	SU_γ/kV	正向继电器	反向继电器
I	ABC	−5.19	−1.26	−4.14	3649.6	−1107	−2542.6	1	0
I	ABG	−5.19	2.34	2.85	3649.5	−1715.3	−1934.2	1	0
I	AG	−1.53	1.53	—	1145.3	−1094.1	—	1	0
II	ABC	−6.18	2.01	4.17	1637.8	−650.9	−986.9	1	0
II	ABG	−6.18	2.89	3.29	1637	−794.2	−843.7	1	0
II	AG	−1.95	1.95	—	548.13	−523.06	—	1	0
III	ABC	−8.26	2.83	5.42	1067.1	−443.8	−623.3	1	0
III	ABG	−8.26	3.89	4.36	1067.1	−520.5	−546.5	1	0
III	AG	−2.64	2.65		361.4	−344.6		1	0

表 5-6 反向故障仿真结果

母线类型	故障类型	SI_α/kA	SI_β/kA	SI_γ/kA	SU_α/kV	SU_β/kV	SU_γ/kV	正向继电器	反向继电器
II	ABC	5.77	−2.03	−3.74	1839.0	−843.2	−995.8	1	0
II	ABG	5.77	−2.72	−3.05	1839.0	−906.2	−932.7	1	0
II	AG	1.87	−1.86	—	638.2	−607.9	—	1	0
III	ABC	4.17	−1.54	−2.63	1356.9	−634.1	−722.9	1	0
III	ABG	4.17	−1.98	−2.19	1356.9	−671.8	−685.1	1	0
III	AG	1.37	−1.36	—	456.3	−436.1	—	1	0

2. 故障类型对 PCTDR 的影响

两类典型的故障条件如下:

（1）故障条件 I：线路 1 上发生的正向故障,故障距离母线 M 为 100km。

（2）故障条件Ⅱ：线路 3 上发生的反向故障，故障距离母线 M 为 60km。

作者对不同故障类型时 PCTDR 的动作特性进行了大量的仿真，仿真结果表明 PCTDR 在各种故障类型时均可做出正确的故障方向判断。表 5-7 中列出了在线路 3 上发生的反向三相短路故障，故障距离母线 M 为 60km 时，不同故障类型下 PCTDR 算法的结果。"＊"表示对应的故障类型中该模量不存在不参与 PCTDR 算法。

表 5-7　故障类型对 PCTDR 的影响

故障类型	模量	MMU_m	MMI_m	SU_m	SI_m	正向继电器	反向继电器
单相短路	α	456.3	1469.5	+	+	0	1
	β	−436.2	−1465.7	+	+		
	γ	＊	＊	＊	＊		
两相短路	α	537.0	1985.2	+	+	0	1
	β	181.5	860.1	+	+		
	γ	−718.6	−2824.3	−	−		
三相短路	α	1356.8	4476.6	+	+	0	1
	β	−634.3	−1652.9	+	+		
	γ	−722.5	−2824.3	−	−		

3. 故障过渡电阻对 PCTDR 的影响

故障过渡电阻对 PCTDR 的影响主要表现在初始行波随故障过渡电阻的增大而减小，将使保护采集到的电压故障行波和电流故障行波幅值减小，但不会影响故障方向的判别。

作者对不同过渡电阻时 PCTDR 的动作特性进行了大量的仿真，仿真结果表明 PCTDR 算法不受故障过渡电阻的影响。表 5-8 中列出了线路 1 上发生三相正向短路故障，故障距离母线 M 为 100km 时，不同故障过渡电阻情况下 PCTDR 算法的结果。

表 5-8　故障过渡电阻对 PCTDR 的影响

故障类型	模量	MMU_m	MMI_m	SU_m	SI_m	正向继电器	反向继电器
0.1Ω	α	556.05	−4784.7	+	−	1	0
	β	441.59	−4575.6	+	−		
	γ	−1000.43	9360.3	−	+		
100Ω	α	333.86	−3784.7	+	−	1	0
	β	219.4	−3575.6	+	−		
	γ	−550.62	7360.3	−	+		
300Ω	α	233.86	−2784.7	+	−	1	0
	β	119.4	−2575.6	+	−		
	γ	−340.62	5360.3	−	+		

4. 故障距离对 PCTDR 的影响

作者对不同故障距离时 PCTDR 的动作特性进行了大量的仿真,仿真结果表明 PCTDR 在不同故障距离情况下动作性能可靠稳定。表 5-9 中列出了在线路 3 上发生的反向三相短路故障,故障距离母线 M 为 60km 时,不同故障距离下 PCTDR 算法的结果。

表 5-9　故障距离对 PCTDR 的影响

故障距离	模量	MMU$_m$	MMI$_m$	SU$_m$	SI$_m$	正向继电器	反向继电器
	α	1201.4	4560.2	+	+		
1km	β	−571.9	−1655.0	+	+	0	1
	γ	−619.6	−2905.2	−	−		
	α	1026.8	4455.6	+	+		
100km	β	−461.0	−1665.0	+	+	0	1
	γ	−565.8	−2790.7	−	−		
	α	1154.2	4102.4	+	+		
350km	β	−636.7	−1637.9	+	+	0	1
	γ	−553.3	−2464.5	−	−		

5. 故障电压初相角对 PCTDR 的影响

作者对不同故障电压初相角时 PCTDR 的动作特性进行了大量的仿真。仿真结果表明故障电压初相角对 PCTDR 算法的灵敏度及可靠性有一定影响,主要表现在近零点故障时,算法提取的电流故障初始行波的模极大值 MMI$_m$ 和电压故障行波中的工频分量的模极大值 MMU$_m$ 幅值都较小,PCTDR 算法的灵敏度下降。而电力系统中实际运行的保护装置受到各种电磁干扰的影响,如果算法所依据的 MMI$_m$ 和 MMU$_m$ 较小,有被干扰噪声信号淹没的危险,所以在实际保护装置中使用 PCTDR 算法时,需设定幅值门槛,当 MMI$_m$ 或 MMU$_m$ 较小时,可靠闭锁保护,防止误动作。

表 5-10 中列出了线路 1 上发生的正向 A 相接地故障,故障距离母线 M 为 100km 时,不同故障电压初相角情况下 PCTDR 算法的结果。虽然表中仿真结果显示在故障电压初相角为 −5°(A 相电压过零点前 5°)时发生故障,PCTDR 算法仍然可以做出正确的方向判断,但与故障电压初相角为 90°时相比,MMU$_m$ 在 −5° 故障电压初相角时幅值约为 90° 故障电压初相角时幅值的 0.4%,MMI$_m$ 在 −5° 故障电压初相角时的幅值约为 90° 故障电压初相角时幅值的 11%。仿真结果表明,故障电压初相角越小,保护的灵敏度越低。在实际构成保护时,对于近零点故障应闭锁 PCTDR。通过大量仿真可知,只要故障电压初相角不在过零点前后 18° 范围内,PCTDR 算法的可靠性是可以保证的。

表 5-10　故障电压初相角对 PCTDR 的影响

故障电压 初相角	模量	MMU_m	MMI_m	SU_m	SI_m	正向继电器	反向继电器
−15°	α	−58.250	1031.7	−	+	1	0
	β	58.252	−1029.9	+	−		
	γ	−	−	−	−		
−5°	α	−1.3045	436.4	−	+	1	0
	β	1.3047	−434.8	+	−		
	γ	−	−	−	−		
15°	α	−123.61	1004.8	−	+	1	0
	β	123.87	−1005.8	+	−		
	γ	−	−	−	−		
90°	α	−334.988	3864.4	−	+	1	0
	β	334.889	−3862.5	+	−		
	γ	−	−	−	−		

参考文献

[1]　贺家李,李永丽,董新洲,等.电力系统继电保护原理[M].5 版.北京:中国电力出版社,2017.

[2]　秦前清,杨宗凯.实用小波分析[M].西安:西安电子科技大学出版社,1995.

[3]　Chui C K. An introduction to wavelets[M]. San Diego: Academic Press,1992.

[4]　刘贵忠,邸双亮.小波分析及其应用[M].西安:西安电子科技大学出版社,1995.

[5]　Mallat, S. and Zhong, S. Reconstruction of functions from the wavelet transform local maxima[J]. 1990.

[6]　苏斌.输电线路数字式行波差动保护研究[D].北京:清华大学,2005.

[7]　王世勇,董新洲,施慎行.极化电流行波方向继电器的实现方案[J].电力系统自动化,2011,35(23):76-81.

[8]　葛耀中.新型继电保护与故障测距的原理与技术[M].2 版.西安:西安交通大学出版社,1995.

[9]　邱关源,罗先觉.电路[M].5 版.北京:高等教育出版社,2006.

[10]　Chui C K, Wang J. A cardinal spline approach to wavelets[J]. Proceedings of the American Mathematical Society,1991,113(3):785-793.

[11]　董新洲,毕见广.配电线路暂态行波的分析和接地选线研究[J].中国电机工程学报,2005,25(4):1-6.

[12]　董新洲,耿中行,葛耀中,等.小波变换应用于电力系统故障信号分析初探[J].中国电机工程学报,1997,17(6):421-424.

[13]　董新洲,刘建政,余学文.输电线路暂态电压行波的故障特征及其小波分析[J].电工技术学报,2001,16(3):57-61,74.

[14] 董新洲,葛耀中,徐丙垠.输电线路暂态电流行波的故障特征及其小波分析[J].电工技术
      学报,1999,14(1):59-62.

[15] 董新洲,刘建政,张言苍.行波的小波表示[J].清华大学学报(自然科学版),2001,41(9):
      13-17.

[16] 李光琦.电力系统暂态分析[M].2 版.北京:中国电力出版社,2007.

[17] 施慎行,董新洲.基于行波电气量量测的电力电缆在线绝缘监测方法[P].国家发明专利,
      200910081348.7.

[18] Akimoto Y,Yamamoto T,Hosokawa H,et al. Fault protection based on traveling wave
      theory. Part 2: feasibility study[J]. Electrical Engineering in Japan,1978,98(4):
      113-120.

[19] 雷傲宇.超/特高压交流线路新型行波差动保护原理和技术研究[D].北京:清华大
      学,2018.

[20] Tang L,Dong X Z,Luo S,et al. A new differential protection of transmission line based on
      equivalent travelling wave[J]. IEEE Transactions on Power Delivery,2017,32(3):
      1359-1369.

[21] Tang L,Dong X Z,Wang B,et al. Study on the current differential protection for half-
      wave-length AC transmission lines[C]//2017 IEEE Power Energy Society General
      Meeting,2017.

[22] Lei A,Dong X Z. Decomposition of post-fault transients on power lines and analytical
      solution of its stationary component[J]. Journal of Electrical Engineering and
      Technology,2019,14(1):37-46.

[23] 王世勇,董新洲,施慎行.不同频带下电压故障行波极性的一致性分析[J].电力系统自动
      化,2011,35(20):6(8-73).

[24] Swift G,Tziouvaras D A,Mclaren P,et al. Discussion of "Mathematical models for
      current,voltage,and coupling capacitor voltage transformers" and closure[J]. IEEE
      Transactions on Power Delivery,2001,16(4):827-828.

[25] 穆淑云.电容式电压互感器暂态性能的仿真计算(续)[J].电力电容器,2001,2:1-8.

[26] 咀云霄,庞浩,李东霞,等.一种基于 Hilbert 数字滤波的无功功率测量方法[J].电力系统
      自动化,2003,27(16):50-52,70.

第6章 直流输电系统故障分析与保护

6.1 直流输电系统故障分析

直流输电系统主要由两端换流站、直流输电线路和接地极系统所组成,换流站内主要有换流器、直流开关场和交流开关场的一次设备以及控制保护二次设备。此外,影响直流系统运行的还有与两端换流站相连的交流系统。不同区域设备的故障有其自己的特点,对直流系统的影响有所不同[1]。

6.1.1 换流器故障

换流器是直流输电系统中最为重要的元件,可以比作直流输电系统的"心脏",其故障形式和机理与交流系统中的一般元件有很大差别,保护动作后也有所差异。现代直流输电为了减少交流侧和直流侧的谐波,通常以一个极为基本运行单元,每端采用一个十二脉动换流器,它由两个交流侧电压相位差 30°的六脉动换流器组成。下面主要以六脉动换流器为例,对换流器故障进行分析。图 6-1 为六脉动换流器的原理接线图。

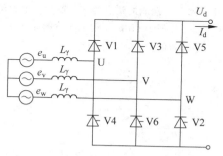

图 6-1　六脉动换流器原理接线图

换流器的故障可分为主回路故障和控制系统故障两类。主回路故障是换流器交流侧和直流侧各个接线端间短路(如阀短路)、换流器载流元件及接线对地短路(如交流侧单相对地短路)。图 6-2 为十二脉动换流器主要故障点示意图。

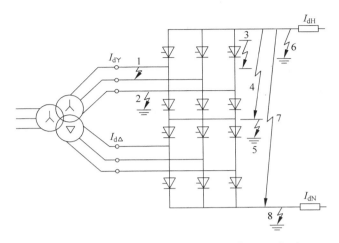

图 6-2　十二脉动换流器主要故障点示意图

1. 换流器阀短路故障

1) 整流器阀短路

阀短路是换流器阀内部或外部绝缘损坏或被短接造成的故障,这是换流器最为严重的一种故障,其故障点见图 6-2 中的 3。整流器的阀在阻断状态时,大部分时间承受反向电压。当经历反向电压峰值大幅的跃变或阀出现冷却水系统漏水汽化等可能引起的绝缘损坏时,阀将会发生短路。这时阀相当于在正、反向电压作用下均能导通。图 6-3 为六脉动换流器发生阀短路时造成的两相短路和三相短路等值电路图。

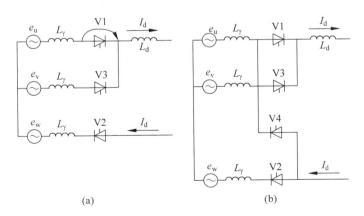

图 6-3　六脉动换流器发生阀短路时的等值电路图

(a) 两相短路;(b) 三相短路

假设 $\alpha=0°$、$I_d=0\text{A}$ 时阀短路,将产生最大的故障电流,以阀 V1 向阀 V3 换相结束后阀 V1 立即发生短路为例说明故障过程,其短路电流波形如图 6-4 所示。在 P3 脉冲发出后,阀 V3 开始导通,等值电路如图 6-3(a)所示,形成两相短路,由此可算出阀 V3 的短路电流;换相结束后阀 V1 立即发生短路,相当于反向导通,电流继续按两相短路电流的规律发展,I_3 继续增大,I_1 开始向负方向增大;在 P4 脉冲发生时刻,因阀 V4 的阳极对阴极电压为负而不能导通,当 W 相电压变正时,阀 V4 的阳极对阴极电压开始为正,阀 V4 导通,阀 V2 开始向 V4 换相,形成三相短路和直流短路,I_3 电流按三相短路计算,其等值电路如图 6-3(a)所示;阀 V2 向阀 V4 换相结束后,又形成两相短路;当 P5 脉冲发出时,在阀 V3 向阀 V5 换相时又形成三相短路,从而交替发生两相短路、三相短路和直流短路。

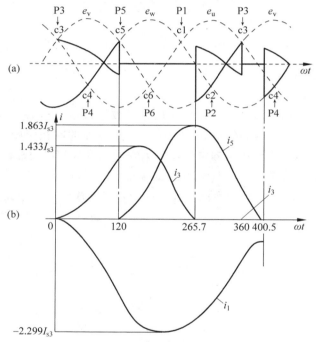

图 6-4　整流器阀短路电流波形图

(a)换相电压波形图;(b)最大阀短路电流波形图

经分析,阀 V3 的电流 i_3 在进行到 150°附近时达到最大值 $1.433I_{s3}$,而在进行到 265.7°时降为零;此时阀 V5 的电流 i_5 达到最大值 $1.863I_{s3}$。在此过程中,阀 V1 的电流 $i_1=-(i_3+i_5)$,在 210°左右达到最大值 $2.299I_{s3}$。i_1、i_3 及 i_5 的电流变化如图 6-4(b)所示。

两相短路电流与三相短路电流的幅值分别由以下公式表示:

$$I_{s2} = \frac{\sqrt{2}\,E}{2\omega L_\gamma} \tag{6-1}$$

$$I_{s3} = \frac{\sqrt{2}\,E}{\sqrt{3}\,\omega L_\gamma} \tag{6-2}$$

式中,E 为换相线电压;L_γ 为换相电抗的电感;ω 为角频率,$\omega = 2\pi f$,f 为交流系统频率。

额定运行工况下的直流电流可由下式表示:

$$I_d = \frac{\sqrt{2}\,E}{2\omega L_\gamma}\left[\cos\alpha - \cos(\alpha+\mu)\right] \tag{6-3}$$

式中,α 为触发角;μ 为换相角。

假定额定工况下触发角 $\alpha = 15°$,换相角 $\mu = 20°$,则可得出 I_{s2}、I_{s3} 与额定直流电流的关系如下:

$$I_{s2} = \frac{\sqrt{2}\,E}{2\omega L_\gamma} = \frac{I_d}{\left[\cos\alpha - \cos(\alpha+\mu)\right]} \approx 6.8129 I_d \tag{6-4}$$

$$I_{s3} = \frac{\sqrt{2}\,E}{3\omega L_\gamma} = \frac{2I_d}{\sqrt{3}\left[\cos\alpha - \cos(\alpha+\mu)\right]} \approx 7.8669 I_d \tag{6-5}$$

由此,可得到在上述条件下流过阀 V1、V3 和 V5 的故障电流最大值分别为

$$I_{1max} = 2.299 I_{s3} = 18.086 I_d \tag{6-6}$$

$$I_{3max} = 1.433 I_{s3} = 11.273 I_d \tag{6-7}$$

$$I_{5max} = 1.863 I_{s3} = 14.656 I_d \tag{6-8}$$

综上所述,阀短路的特征有:①交流侧交替地发生两相短路和三相短路;②通过故障阀的电流反向并剧烈增大;③交流侧电流激增,使换流阀和换流变压器承受比正常运行时大得多的电流;④换流器直流母线电压下降;⑤换流器直流侧电流下降。

十二脉动整流器是由两个六脉动整流器串联组成的。当一个六脉动整流器发生阀短路时,交流侧短路电流将使换相电压减小,从而影响到另一个六脉动整流器,因此十二脉动整流器的电流将减小,导致直流输送功率降低。因为仅一个换流阀短路,所以交流侧短路电流与六脉动整流器相似。

2)逆变器阀短路

逆变器的阀在阻断状态,大部分时间承受着正向电压,当电压过高或电压上升太快时,容易因阀绝缘损坏而发生短路。例如,当逆变器的阀 V1 关断时,加上正向电压后发生短路,相当于阀 V1 重新开通,同样与阀 V3 发生倒换相,而在阀 V4 导通时,阀 V1 与阀 V4 形成直流侧短路,与换相失败过程相同。不同的是,由于阀 V1 短路,双向导通,换相失败将周期性地发生。另外,在直流电流被控制后,阀 V1

与阀 V3 换相时的交流两相短路电流将大于直流电流。

2. 逆变器换相失败

换相失败是逆变器常见的故障,它是由逆变器多种故障所造成的结果,如逆变器换流阀短路、逆变器丢失触发脉冲、逆变侧交流系统故障等均会引起换相失败。当逆变器两个阀进行换相时,因换相过程未能进行完毕,或者预计关断的阀关断后在反向电压期间未能恢复阻断能力,当加在该阀上的电压为正时,立即重新导通,则发生了倒换相,使预计开通的阀重新关断,这种现象称为换相失败。

以阀 V1 对阀 V3 的换相过程(如图 6-5 所示)为例,若阀 V3 触发时换相角较大,在阀电压过零点后,阀 V1 上还有剩余载流子,在正向电压作用下,不加触发脉冲也会重新导通,使阀 V3 倒换相至阀 V1,到 A 时刻阀 V3 关断。有时由于换相角过大,甚至到 c6 时阀 V1 向阀 V3 换相的过程尚未完成,接着就从阀 V3 倒换相到阀 V1。倒换相结束后,阀 V1 和阀 V2 继续导通。若无故障控制,则按原来的次序触发各阀,在阀 V4 触发导通时,通过阀 V4 和阀 V6 形成直流侧短路。在 P5 时

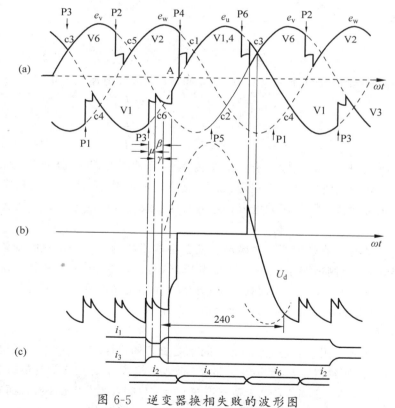

图 6-5　逆变器换相失败的波形图

(a)换相电压波形图;(b)直流电压波形图;(c)阀电流波形图

刻,阀 V5 承受反向电压不能导通,直到阀 V4 换相至阀 V6 后,直流短路消失。若不再产生换相失败,则可以自行恢复正常运行。在此故障过程中,逆变器反向电压下降 240° 历时约 13.3ms,直流侧短路换相角为 $120° + \mu$。

逆变器在发生换相失败、直流侧短路后,直流系统的逆变侧失去反电动势。假设整流器在故障瞬间触发角运行,则它相当于电压源(参见图 6-6(a))。当发生换相失败时,通过逆变器的故障电流可按下式计算:

$$i_{dn} = I_{d0} + \frac{U_{dn}}{2R}(1 - e^{-\sigma t}) + \frac{U_{dn}}{2\omega_1 L}e^{-\sigma t}\sin\omega_1 t \tag{6-9}$$

式中,I_{d0} 为故障前输电线路电流;U_{dn} 为故障前逆变器直流电压;假设 $L_1 = L_2 = L$,$\sigma = \frac{R}{2L}$,则 $\omega_1 = \sqrt{\frac{2}{LC} - \sigma^2}$;$R = \frac{1}{2}(R_1 + R_2 + R_\gamma)$,$C$ 为直流线路等值电容。

如果整流器的定电流调节器是理想的,则可认为它是电流源(参见图 6-6(b)),保持输出的直流电流不变,因此通过逆变器的故障电流将按下式计算:

$$i_{dn} = I_{d0} + \frac{U_{dn}}{\omega_2 L}e^{-\sigma t}\sin\omega_2 t \tag{6-10}$$

式中,$\omega_2 = \sqrt{\omega_0^2 - \sigma^2}$,$\omega_0 = \frac{1}{\sqrt{LC}}$。

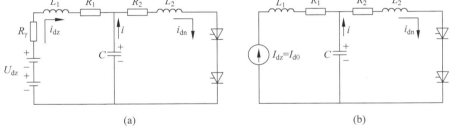

图 6-6　逆变器换相失败时故障电流计算电路图
(a) 电压源;(b) 电流源

图 6-7 是采用三常直流工程参数,逆变器发生换相失败时直流侧故障电流计算结果。曲线 1 是按照式(6-9)计算的,曲线 2 是按照式(6-10)计算的,工程实测的最大直流短路电流在两条曲线之间,更接近曲线 2,其振荡频率也在 ω_1 与 ω_2 之间。

目前的直流控制系统一般在逆变器直流侧短路后 120°(约 6.7ms),不能完全控制住短路电流,因此逆变器换相角仍很大,使阀 V4 向阀 V6 换相仍不成功,直流侧短路继续存在;通常,最大短路电流出现在换相失败后 20ms 时,约为 2 倍的额定电流;在直流侧短路 50ms 左右,整流侧的电流调节器才能将直流电流控制在整定值或零,这与电流调节器的性能有关。此后,阀 V6 或阀 V3 换相成功,解除直流

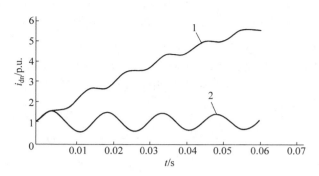

图 6-7　逆变器换相失败时直流侧故障电流计算结果

侧短路。

若在阀 V3 换相失败之后，阀 V4 也换相失败，则称为两次连续换相失败，阀 V1 和阀 V2 连续导通近一个周波，直流电压反向 180°(约 10ms)，换流变压器持续流过直流电流而产生偏磁，工频分量将进入直流系统。

换相失败的特征是：①关断角小于换流阀恢复阻断能力的时间(大功率晶闸管约 0.4ms)；②六脉动逆变器的直流电压在一定时间内降到零；③直流电流短时增大；④交流侧短时开路，电流减小；⑤基波分量进入直流系统。

对于十二脉动逆变器，若一个六脉动逆变器发生换相失败，由于换相失败反向电压减小一半，直流电流又增大，使得串联的另一个六脉动逆变器的换相角增大，也可能发生换相失败。其直流电压和电流的变化趋势与六脉动逆变器相同。

3. 换流器直流侧出口短路

直流侧出口短路是指换流器直流端子之间发生的短路故障，其故障点见图 6-2 中的 4 和 7。

1) 整流器直流侧出口短路

整流器直流侧出口短路与阀短路的最大不同是换流器的阀仍可保持单向导通的特性。以六脉动换流器为例，如果在整流器两个阀正常工作期间发生直流出口短路，就相当于发生了交流两相短路；当下一个阀导通换相时，将形成交流三相短路。如果在换流阀换相期间发生直流出口短路，就相当于发生了交流三相短路。

以下简单分析整流器直流侧出口短路过程，如图 6-8 所示。设整流器运行在理想空载状态($\alpha=0°$，$I_d=0$A)。在阀 V1 和阀 V3 换相结束后，阀 V2 和阀 V3 导通时发生短路，此时交流侧 V、W 两相短路，阀 V2 及阀 V3 的电流 i_2 和 i_3 按两相短路计算；当 $\omega t=60°$ 时阀 V4 开通，形成交流三相短路，i_2 和 i_3 按三相短路计算；当 $\omega t=120°$ 时发出 P5 脉冲，但由于直流短路，阀 V5 处于反向电压作用下而不能导通，要等阀 V2 关断后 $i_2=0$A 时阀 V5 才导通，仍形成三相短路，阀 V3 的电流

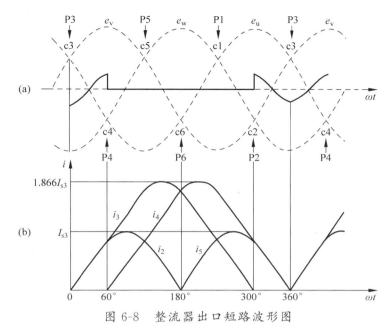

图 6-8 整流器出口短路波形图

（a）换相电压波形图；（b）最大阀短路电流波形图

继续按上阶段变化；在 $\omega t = 180°$ 时发出 P6 脉冲，但阀 V6 也要等阀 V3 关闭后才能导通。而阀 V3 要在 $\omega t = 300°$ 时才能关断，P6 的宽度最多只有 $120°$，因此实际上阀 V6 是不能导通的。在 $\omega t = 300°$ 时阀 V3 关断，只剩下阀 V4 和阀 V5 导通，转为 U 和 W 两相短路。在 $\omega t = 360°$ 时，$i_4 = i_5 = 0A$，阀短路电流均为零，若故障继续存在，整流器重新转入阀 V2 和阀 V3 导通情况下的两相短路状态，因此上述过程将周期性地循环。此时，阀 V3 和阀 V4 中的最大电流为 $1.866I_{s3}$，阀 V2 和阀 V5 中的最大电流为 I_{s3}。

整流器直流侧出口短路的特征是：①交流侧通过换流器形成交替发生的两相短路和三相短路；②导通的阀电流和交流侧电流激增，比正常值大许多倍；③因短路直流线路侧电流下降，换流阀保持正向导通状态。

对于十二脉动整流器，若它由两个相差 $30°$ 的六脉动整流器串联组成，直流侧出口短路时，短路通过两个六脉动整流器形成，其故障过程与六脉动整流器相似。

2）逆变器直流侧出口短路

逆变器直流侧出口短路时，直流线路电流增大，与直流线路末端短路类似，但是由于直流平波电抗器的作用，其故障电流上升速度较慢，短路电流较小。当逆变器发生直流侧短路时，流经逆变器阀的电流将很快降到零，对逆变器和换流变压器均不构成威胁。实际上,在逆变器触发脉冲的作用下,当每个阀触发时,仍有瞬时充电电流存在。通常在整流站电流调节器的作用下,故障电流可以得到控制,但是短路不能被清除。

对于十二脉动逆变器,若它由两个相差 30°的六脉动逆变器串联组成,直流侧出口短路时,换流器直流侧电流增大、交流侧电流减小的现象与六脉动逆变器相同。

4. 换流器交流侧相间短路

换流器交流侧发生相间短路时,其故障点参见图 6-2 中的 1,直接造成交流系统的两相短路。这对交流系统来说将产生两相短路电流,对整流器和逆变器来说将有所不同。

1) 整流器交流侧相间短路

整流器交流侧相间短路时,交流侧形成两相短路电流,使整流器失去两相换相电压,其直流电流和电压以及输送功率将迅速下降。对于十二脉动整流器,尽管非故障的六脉动换流器由于换流变压器电抗的作用,交流电压下降得较少,但其直流电压和电流也下降。

2) 逆变器交流侧相间短路

逆变器交流侧发生相间短路时,由于逆变器失去两相换相电压,以及相位的不正常,使逆变器将发生换相失败,其直流回路电流升高,交流侧电流降低。另外,对于受端交流系统,相当于发生了两相短路故障,将产生两相短路电流,在直流故障电流被整流侧电流调节器控制后,每周瞬间交流侧两相短路电流将大于直流侧电流。对于十二脉动逆变器,非故障的六脉动逆变器受到换相电压下降和故障的六脉动换流器发生换相失败使直流电流增加的影响,其换相角增大,因而也发生换相失败。

5. 换流器交流侧相对地短路

对于六脉动换流器,换流器交流侧相对地短路的故障与阀短路相似。对于十二脉动换流器,高压端六脉动换流器交流侧相对地短路是通过低压端六脉动换流器形成回路的,其故障点见图 6-2 中的 2。

1) 整流器交流侧相对地短路

整流器交流侧发生相对地短路时,通过站接地网及直流接地极(在站内接地开关闭合时不通过接地极)到达直流中性端,形成相应的阀短路。因此,短路回路电阻相应增加,其短路电流比阀短路略有减小。此时,直流中性端电流基本与交流端相同,但直流另一端电流基本不变。

对于十二脉动整流器,无论哪个六脉动换流器发生单相对地短路,直流中性母线都是短路回路的一部分。由于高压端六脉动换流器的交流短路回路需要通过低压端六脉动换流器构成,因此交流侧短路电流相对较小。

应该注意的是,在整流器交流侧发生相对地短路期间,二次谐波分量将进入直流侧,如果直流回路的固有频率接近此频率,则可能引起直流回路的谐振。

2）逆变器交流侧相对地短路

逆变器交流侧发生相对地短路时,同样通过站接地网及直流接地极(在站内接地开关闭合时不通过接地极)到达直流中性端,形成相应的阀短路。其故障过程与阀短路类似,使逆变器发生换相失败。在故障初期,直流电流增加,交流电流减小。当直流电流被整流侧电流调节器所控制、逆变站换相解除直流短路时,反向电压突然建立,使换流器高压端的直流电流瞬间减小(甚至为零),通过对地短路回路形成的两相短路使交流侧电流和直流中性端电流增加。最后,由相应的保护动作,闭锁换流器,跳开交流侧断路器。

对于十二脉动逆变器,由于故障的六脉动逆变器发生换相失败,直流电流增加,可能使非故障的六脉动换流器也发生换相失败。同样,无论哪个六脉动换流器发生单相对地短路,通过大地回路形成的两相短路使交流侧电流和直流中性端电流增加,而换流器另一端的直流电流瞬间由大变小,然后由整流侧电流调节器控制其在其整定值上。

6. 换流器直流侧对地短路

直流侧对地短路包括十二脉动换流器中点、直流高压端、直流中性端对地形成的短路故障,其故障点见图 6-2 中的 5、6、8。故障机理与直流端短路类似,仅短路的路径不同。

1）整流器直流侧对地短路

十二脉动整流器直流高压端对地短路时,其故障点见图 6-2 中的 6,通过站接地网及直流接地极(在站内接地开关闭合时不通过接地极)到达直流中性端,形成十二脉动换流器直流端短路。短路使直流回路电阻减小,阀及交流侧电流增加,而直流侧极线电流很快下降到零。

十二脉动整流器直流侧中点对地短路时,其故障点见图 6-2 中的 5,使低压端六脉动换流器通过站接地网及直流接地极(在站内接地开关闭合时不通过接地极)到达直流中性点,形成低压端六脉动换流器直流端短路。短路使直流回路电阻减小,低压端六脉动换流器阀电流及交流侧电流、直流中性点电流增加,直流极线电流下降。

十二脉动整流器直流中性端对地短路时,其故障点见图 6-2 中的 8,因中性端一般处于地电位,对换流器正常运行影响不大。但是,短路电阻与接地极电阻并联,会重新分配通过中性点的直流电流。

2）逆变器直流侧对地短路

十二脉动逆变器直流高压端对地短路时,其故障点见图 6-2 中的 6,直流端直接接地,通过站接地网及直流接地极形成逆变器直流端短路,其故障过程与逆变器直流侧出口短路类似。故障使直流侧电流增加,而流经逆变器的电流很快下降到零,中性端电流也下降。

十二脉动逆变器直流侧中点对地短路时,其故障点见图 6-2 中的 5,将低压端六脉动换流器短路,使直流极线电流增加,可能引起高压端六脉动换流器换相失败。同样,中性端电流下降。

十二脉动逆变器直流中性端对地短路时,其故障点见图 6-2 中的 8,因中性端一般处于地电位,对逆变器正常运行影响不大。但是,由于短路电阻与接地极电阻并联,会重新分配通过中性点的直流电流。

7. 控制系统故障

直流输电换流器由控制系统的触发脉冲控制,保证直流系统的正常运行。控制系统故障体现在触发脉冲不正常,从而使换流器工作不正常,其故障形式主要有以下两种。

1) 误开通故障

整流器阀关断期间,大部分时间承受着反向电压,发生误开通的机会较少,即使发生误开通,也仅相当于提早开通,这对于正常运行扰动不大。逆变器的阀在阻断期间的大部分时间内承受着正向电压,若此时受到过大的正向电压作用,或阀的控制极触发回路发生故障,都可能造成桥阀的误开通故障。逆变器的误开通故障发展过程与一次换相失败相似,只要加以控制,就能够使其恢复正常。

误开通故障的特征是:整流侧发生误开通时,因直流电压稍有上升,使直流电流也稍上扬;逆变侧发生误开通时,直流电压下降或发生换相失败,使直流电流增加。

2) 不开通故障

阀不开通故障是由于触发脉冲丢失或门极控制回路的故障所引起。整流器发生不开通故障,如阀 V3 发生不开通故障,使阀 V1 继续导通,整流器直流电压下降;当阀 V4 导通后,阀 V4 和阀 V1 形成整流器旁路,而使整流器直流出口电压下降为零,直流电流跟随下降到零,一直到阀 V5 开通,直流出口电压才逐步恢复,若采取控制措施,直流出口电压将提早恢复;直流出口电压的变化,使直流系统的电流也跟随变化;直流电压和电流中将出现工频分量,当直流回路的自振频率接近工频时,则可能会引起工频谐振。逆变器发生不开通故障,使先前导通的阀继续导通,与换相失败相似,差别在于不存在倒换相,同理采用控制的方法可使其恢复正常。

不开通故障的特征是:整流侧发生不开通故障时,直流电压和电流下降;逆变侧发生不开通故障时,直流电压下降,直流电流上升。

8. 换流器辅助设备故障

为了防止晶闸管元件因结温高而损坏,换流器需要空冷、水冷或油冷等冷却设备。冷却系统出现故障,将导致热交换剂温度的升高和流量及品质的异常现象。

6.1.2 直流开关场与接地极故障

1. 直流极母线故障

直流极母线故障主要指接在母线上的电流场设备发生对地闪络故障。其故障机理是:在整流站像是换流器直流出口对地短路,在逆变站像是直流线路末端对地短路。在换流站直流开关场中,通常极母线两端设置有直流电流检测装置,其中的极母线对地短路将反映在两端测量的电流差值中,极母线上连接的各种装置一般都有专门的保护。对于一些对直流系统运行没有直接影响的辅助设备,发生非接地性故障时,其直流电压和电流基本不变,如何保护这些辅助设备则需要具体研究。

2. 中性母线故障

直流中性母线故障主要指接在中性线上的直流设备发生的对地短路,其故障机理像是换流器直流中性点对地短路,双极中性母线故障像是接地极引线对地短路。

同样,在换流站直流开关场中,所有中性母线两端都设置有直流电流检测装置,根据这些电流可以判断出中性母线设备是否发生对地短路故障。另外,中性母线的电压在不同的直流接线方式下应在一定的范围内变化。例如,单极金属回线,直流系统唯一的接地点,一般设在逆变站,此时整流站中性母线的电压等于金属回线上的压降。如果接地设备发生开路,中性线电压将发生异常现象。

由于中性母线处于地电位,短路支路与原接地线并联来分配直流电流,如果直流电流较小或短路阻抗较大,那么电流差值可能很小。中性母线上连接的重要装置一般都有专门的保护。同样,对于一些对直流系统运行没有直接影响的辅助设备,发生非接地性故障时,其直流电压和电流基本不变,如何保护它们则需要具体研究。

3. 直流滤波器故障

直流输电使用的直流滤波器主要由电容、电感和电阻等元件组成,一般接在直流极母线与中性母线之间。如果它们出现接地故障,除了直流极线或中性线上两端的电流出现差值,故障滤波器极线端与中性端的电流也会出现差值。另外,通过滤波器的电流也会增大。

由于电容元件一般由多台容量相等的电容器串联、并联组成,可以将它们分成两组或四组容量相等的部分,通过测量其不平衡电流来判断电容器故障,从直流输电工程运行中发现,如果发生电容器对称性故障,则上述的测量将不起作用。为此,根据滤波器的特性,可以检测流过滤波器的几种特征谐波电流,并计算出滤波器的失谐度,以此来判断电容器的故障情况。

4. 直流接线方式转换开关故障

为构成直流系统不同的接线方式进行带电转换和极隔离,直流开关场具有一些断路器和隔离开关。这些设备发生对地短路故障,可由所在地域的电流测量装置测出差动电流。对于主要的断路器,如极隔离断路器(NBS)、金属回线转换断路器(MRTB)、大地回线转换开关(GRTS)等,可以通过相应的直流运行参量来判断是否具备这些断路器断开的条件以及断路器动作是否正确,以便采取重合断路器等保护措施。

5. 直流接地板及引线故障

为了避免直流地电流对站接地网和换流变压器的影响,接地极通常建在离换流站几十公里的地方,因此换流站与接地极之间需要接地极引线进行连接。当接地极引线发生断路故障时,流过接地极的电流为零,站内失去参考电位,中性母线电压将会升高。

接地极引线一般采用两根平行导线,比较两根导线的电流差可以判断出一定距离的引线故障。由于接地极本身处于地电位,因此对于接地故障,直流电流是按短路电阻和接地电阻分配的。对于接近接地极的短路故障,短路电阻远大于接地电阻,在换流站内测量接地极电流,很难反映出故障的实际情况。

6.1.3 换流站交流侧故障

1. 换流变压器及辅助设备故障

1)变压器故障的本体物理量变化

换流变压器发生内部故障,其绕组温度,油温、油流和油位,以及气体、压力均会发生异常变化。

2)变压器辅助设备故障

换流变压器的油泵、风扇和电动机等辅助设备工作不正常,可以使换流变压器出现故障,从而使其本体物理量不正常。

3)变压器故障的电气量变化

除了变压器本体物理特性变化反映变压器故障外,不同故障将引起变压器的不同电气量变化。在换流变压器交流进线各相及各个绕组两端设有电流测量装置,可以测量出不同地点对地短路故障所产生的差电流和过电流;不同故障和操作将产生一定时间的涌流和谐波量;通过故障电流可以计算出变压器的发热情况。交流电网操作时可能产生对换流变压器和换流器有损害的异常过电压现象。

对于每个六脉动换流器,只要换流器闭锁,就不会有严重的故障电流出现,但在换流器存在接地故障时,在换流变压器阀侧电压中会出现明显的零序分量。换流变压器发生三相不平衡故障,在换流变压器网侧中性点将产生零序电流分量。

对于双极不平衡运行或单极大地回线运行,当直流侧中性线接地开关闭合时,有较大的直流电流流过换流变压器中性点。换流变压器中性点流过大的直流电流,将引起变压器饱和,这种饱和的特点是变压器中性点产生有很大峰值的周期性电流,并与直流接地极电流呈线性变化关系。换流变压器一次绕组内部接地故障或绕组故障,通过比较绕组高压侧的零序电流与中性点的零序电流可以测出故障。

2. 换流站交流侧三相短路故障

交流系统故障对直流系统的影响是通过加在换流器上的换相电压的变化而起作用的。当交流系统发生故障时,交流电压下降的速率、幅值以及相位的变化都会对直流系统的运行造成影响。

1) 整流侧交流系统三相短路故障

交流系统发生三相对称性故障,整流器的换相电压变化与故障点距换流站的电气距离有关,根据理论分析可知:

$$U_{d1} = 1.35E_1\cos\alpha - (3/\pi)X_{\gamma 2}I_d \tag{6-11}$$

式中,U_{d1} 为整流器的直流电压;α 为触发角;$X_{\gamma 1}$ 为整流器的等值换相电抗;E_1 为整流器的换相线电压有效值;I_d 为直流电流。

由式(6-11)可知,故障点离换流器越近,E_1 下降越大,U_{d1} 下降也越大,对换流器的影响就越大,直至换相电压下降为零。直流系统受换相电压下降的影响,首先是直流电压下降引起的直流电流下降,定电流控制从整流侧转到逆变侧,从而导致直流输送功率下降。由于没有危及直流设备的过电压和过电流产生,所以不需要直流系统停运。在交流系统故障被切除后,随着交流系统电压的恢复,直流功率也快速恢复。

2) 逆变侧交流系统三相短路故障

逆变侧交流系统发生三相短路故障,使逆变站交流母线电压降低,从而使逆变器的反电动势降低,直流电流增大,可能引起换相失败。交流电压下降的速度及幅值与交流系统的强弱及故障点离逆变站的远近有关。当故障点离逆变站较近及交流系统较弱时,换相电压下降的幅值大且速度也快,最容易引起换相失败。下面对交流系统发生三相短路故障可能引起换相失败的机理进行分析。

由换流原理可知,逆变器的触发角 α、换相角 μ_2、关断角 γ 以及超前触发角 β 之间有如下关系:

$$\alpha = 180° - \beta \tag{6-12}$$

$$\beta = \gamma + \mu_2 \tag{6-13}$$

逆变器的直流电压、换相角和关断角可分别由以下公式表示:

$$U_{d2} = 1.35E_2\cos\gamma - (3/\pi)X_{\gamma 2}I_d \tag{6-14}$$

$$\mu_2 = \arccos[\cos\gamma - 6X_{\gamma 2}I_d/(1.35\pi E_2)] - \gamma \tag{6-15}$$

$$\gamma = \arccos\left[\left(U_{d2} + \frac{3}{\pi}X_{\gamma 2}I_d\right)/(1.35E_2)\right] \tag{6-16}$$

式中,$X_{\gamma 2}$ 为逆变器的等值换相电抗;E_2 为逆变器的换相线电压有效值;U_{d2} 为逆变器的直流电压;I_d 为直流电流。

在额定工况下,通常 μ_2 为 15°～20°,γ 为 16°～18°。对于逆变器,α 的工作范围为 90°<α<180°,即 β 的工作范围为 0°<β<90°。假定 $\gamma_{\min}$ 为晶闸管换流阀恢复阻断能力所需的时间,则根据目前晶闸管的制造水平,其值约为 400ms(约为 7.2°)。这意味着在逆变器运行中,如果 γ 小于 7°,则会发生换相失败。

当交流系统发生三相短路时,换相电压 E_2 将降低,从式(6-14)可知,这将使逆变器的直流电压 U_{d2} 降低,直流电流 I_d 升高。同时由式(6-15)和式(6-16)可知,E_2 的降低和 I_d 的升高都会引起运行的换相角 μ_2 加大和 γ 变小。当 γ 小于 $\gamma_{\min}$ 时,逆变器将发生换相失败。因此,逆变侧交流系统发生三相短路故障时逆变器是否会发生换相失败,与 E_2 下降的幅值和速度、I_d 上升的速度、γ 角调节器的增益和时间常数等因素有关。其中,E_2 下降的幅值和速度取决于故障点离换流站的距离和交流系统的强弱;I_d 上升的速度取决于直流回路的参数(主要是平波电抗器的电感和直流线路的电感和电容等)及整流侧电流调节器的增益和时间常数。看起来像是电流调节器与 γ 角调节器响应得越快,调节量越大,对抑制换相失败是有利的。但需要注意的是,γ 角调节器的调节量不能太大,响应时间也不能太快,它必须与电流调节器的动态参数相配合才能得到较好的结果。因为 γ 加大将使逆变器的反电动势降低,从而加快了 I_d 的上升,致使 μ_2 增大,这对防止换相失败是不利的。因此,对于一个已运行的直流输电工程(其直流系统参数和交流系统结构和参数已定),合理地调整电流调节器和 γ 角调节器的动态参数也是降低换相失败率的一种方法。

对于不同的直流输电工程,其直流回路参数、控制系统功能配置、动态参数和两端交流系统的强弱及参数等是不相同的。在工程设计阶段需要对整个交、直流系统进行实时物理模拟和离线数字仿真,并对直流控制系统的参数进行优化选择,使其有利于降低逆变器的换相失败率。

当交流系统故障,使换相电压大幅度下降时,换相角 μ_2 将大大增加,导致阀的实际关断角变小,此时的关断角与换相角的关系为:$\gamma = 60° - \mu_2$。即使直流系统运行在整流站定直流电流、逆变站定关断角的理想方式,逆变器也可能发生换相失败。在这种情况下,交流系统发生三相短路时,产生换相失败的临界电压下降系数 K 可由下式表示:

$$K = X_{\gamma 2}^* / [\cos\gamma - \cos(\gamma - \gamma_{\min} + 60°)] \tag{6-17}$$

式中,$X_{\gamma 2}^*$ 为换相电抗标幺值。

假定 $X_{\gamma 2}^* = \sqrt{2} X_{\gamma 2} I_d / E_2 = 0.15$,$\gamma = 17°$,$\gamma_{\min} = 7°$,代入式(6-17)得 $K = 0.244$,即逆变器的三相电压对称度下降到 24.4% 以下时,即使关断角调节器起作用,换流器仍将发生换相失败。

　　需要注意的是,逆变器的触发角 α 不能小于 90°,即关断角与换相角之和不能大于 90°;所以,当换相电压瞬时变化幅值过大,逆变器的触发角被限制在最小值(100°左右)时,将很难避免发生换相失败。因此,在三相换相母线电压为零的极端情况下,逆变器必然发生换相失败。

　　考虑到十二脉动换流器实测的关断角调节器最快只能在 1.667ms 完成换相电压变化对应的角度调节,在这个时间,如果相应于换相电压下降减小的关断角大于调节器增加的角度,将会发生换相失败。如果换相电压波形畸变或下面叙述的不对称故障造成的相位变化速度大于调节器的调节速度,那么也将发生换相失败。但是,换相失败发生后,如果在调节器作用下的关断角大于相对稳定的换相电压对应的关断角,那么逆变器将恢复正常换相。

　　在实际直流输电工程中,逆变器换相失败通常在 50ms 之内就可以恢复正常换相(与整流器的电流调节器的性能有关),一般交流系统三相故障在 100ms 内清除,随后 120ms 内直流系统就可以恢复正常运行。

3. 换流站交流侧单相短路故障

　　单相故障是交流系统常见故障,一般形式为对地闪络。单相故障是不对称性故障,可以分离出正序、负序、零序分量。在不同的换流变压器接线方式下,其对换相电压的影响也有所不同。其中零序分量通过换流变压器中性点,需要考虑换相线电压过零点相位变化的影响。例如,换流母线发生单相接地故障时,换流变压器网侧故障相电压为零,对于 Yy 接线,阀侧换相电压与网侧一致;对于 Yd 接线,阀侧两相电压下降到 0.577p.u.,三相都有换相电压。如果交流线路一相断路,由于换流变压器存在三角接线,有互感作用,因此使换流变压器不同接线的换流器都有三相换相电压,仅相位发生变化。

　　1) 整流侧交流系统单相故障

　　整流侧交流系统发生单相故障时,由于不平衡换相电压的影响,在直流系统将产生二次谐波。在故障期间,直流系统除了出现二次谐波外,与三相故障一样,直流电流和电压也相对减小,但直流输送功率下降比三相故障时小。在交流系统单相故障清除后,直流输送功率将快速恢复。

　　2) 逆变侧交流系统单相故障

　　以变压器为 Yy 接线的逆变器为例,在一相(如 U 相)换相电压为零的极端情况下,如果触发脉冲相位不变(不考虑控制作用),随着 U 相电压幅值的下降,线电压过零点将发生变化。当 U 相电压为零时,c_1 和 c_4 滞后 30°,c_3 和 c_6 超前 30°,c_2 和 c_5 不变(参见图 6-9);线电压过零点的变化使应开通的阀(V6 和 V3)没有开通条件,应关断的阀(V4 和 V1)没有足够的关断角,逆变器则发生连续换相失败。

　　在考虑关断角调节器作用的情况下,为保证足够的关断角,触发角被立即减小,换相失败在几十毫秒内就能恢复正常换相。图 6-9 是 U 相换相电压为零时,

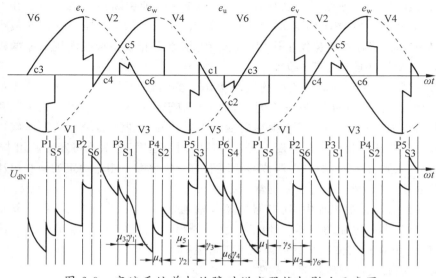

图 6-9   交流系统单相故障对逆变器换相影响示意图

触发角减小到 120°，假定换相角为 15°、关断角也为 15°的换相过程图。由图 6-9 可以看出，在失去一相换相电压时，减小触发角（增大关断角），可以使逆变器所有关断角都大于 15°，以正常顺序换相，不会再发生换相失败；此时逆变器的直流电压平均值将低于正常值，并且出现较大的 100Hz 分量。触发角的减小将受到逆变器最小触发角的限制。

4. 交流单相重合闸

单相重合闸是在交流线路发生单相对地闪络故障时所采取的清除故障、恢复线路运行的措施。在 220kV 系统中，单相重合闸时序是：0ms 单相对地短路故障；150ms 切除故障相，两相不平衡运行；1000ms 重合故障相；重合后 150ms 不成功跳三相。

根据前面交流系统单相故障的分析，整流侧交流系统单相重合闸，仅因清除交流故障的时间增长，增加了直流扰动的时间，其他机理基本相同。

对于逆变侧，如果逆变站有多回交流线路送出，其中一回发生单相对地闪络故障，尽管故障瞬间逆变器会发生换相失败，但在几十毫秒后即可恢复正常。在故障相切除后两相运行期间，由于换流变压器的三角接线互感作用以及其他正常交流线路的支撑，换流器各相换相电压仍可保持一定的幅值，维持正常换相顺序，逆变器可以逐步恢复正常运行。在重合时，如果单相故障未被清除，相当于又发生一次单相短路故障，逆变器又发生换相失败，再逐渐恢复正常。故障线路跳三相切除或重合成功，换相电压将恢复正常，逆变器也恢复正常运行。当单相故障不能清除（开关拒动）时，需要交流后备保护动作来切除故障，从而不再执行重合闸措施，随着交流电压的恢复,直流系统也即恢复正常运行。

5．交流滤波器故障

通常交流滤波器由电容器、电感器、电阻器和避雷器等元件组成。如果这些部件出现接地故障,则在高压和接地两端的电流将出现差值,另外通过滤波器的电流也会增大。电容元件一般由多台容量相等的电容器串联、并联组成,可以将它们分成两组或四组容量相等的几个部分,并通过测量其不平衡电流来判断电容器故障;在发生不平衡电流和测量不能感知的对称故障时,可以通过检测流过滤波器的特征谐波电流和计算滤波器的失谐度来判断电容器故障。

6．站用电系统故障

为了确保站用电和避免同时失去所有站用电源,一般换流站需要从相邻不同地点的交流变电站接两三路电源。为了避免造成环流,这些电源一路为有效,其他为备用;在有效的一路电源故障时,自动切换到其他备用的供电电源上;也可以使用两路站用电分别供给冗余配置的用电设备两个系统。换流站的站用电系统虽然不是直流系统的主要设备,但是从实际直流输电工程的运行来看,如果设计不当,在站用电切换时将会造成直流系统停运。在站用电切换时需要注意转换时间与站用电设备允许失电时间的配合。当站用电系统供电电源及设备发生故障时,首先是相关的供电电压下降,可以利用这个特点进行站用电快速切换的控制和保护。

6.1.4　直流线路故障

直流线路故障一般是以因遭受雷击、污秽或树枝等环境因素造成线路绝缘水平降低而产生的对地闪络为主。直流线路对地短路瞬间,从整流侧检测到直流电压下降和直流电流上升,从逆变侧检测到直流电压和直流电流均下降。其主要故障机理如下。

1．雷击

直流输电线路遭受雷击的机理与交流输电线路有所不同。直流输电线路两个极线的电压极性是相反的,根据异性相吸、同性相斥的原则,带电云容易向不同极性的直流极线放电。因此,对双极直流输电线路,两个极在同一地点同时遭受雷击的概率几乎等于零。一般直流线路遭受雷击的时间很短,雷击使直流电压瞬时升高而后下降,放电电流使直流电流瞬时上升。如果直流线路某处对地绝缘不能承受瞬时的电压上升,将发生直流线路对地闪络放电现象。

2．对地闪络

除了上述雷电原因外,当直流线路杆塔的绝缘受污秽、树木、雾雪等环境影响变坏时,也会发生对地闪络。直流线路发生对地闪络,如果不采取措施切除直流电流源,则熄弧是非常困难的。

当发生对地闪络后,直流电压和电流的变化将从闪络点向两端换流站传播。根据行波理论,两端测量的电压和电流可认为是前行波和反行波的叠加,行波以固有的幅值和略低于光速的速度传播。假设用 $a(t)$ 代表前行波,$b(t)$ 代表后行波,Z 表示波阻抗,电压和电流的瞬时增量与 $a(t)$、$b(t)$ 的关系如下:

$$\Delta u(t) = [a(t) - b(t)]/2 \tag{6-18}$$

$$\Delta i(t) = [a(t) + b(t)]/(2Z) \tag{6-19}$$

或者

$$a(t) = Z\Delta i(t) + \Delta u(t) \tag{6-20}$$

$$b(t) = Z\Delta i(t) - \Delta u(t) \tag{6-21}$$

电压突然变化(如接地故障)将造成线路突然放电,因此对输电系统将产生涌流。这些波的不断折、反射会在线路上产生高频的暂态电压和电流。通过对瞬时电压和电流进行采样,利用已知的直流线路波阻抗,可以计算出行波值,更进一步地讲,还可检测出直流线路接地故障的地点。

3. 高阻接地

当直流输电线路发生树木碰线等高阻接地短路故障时,直流电压、电流的变化不能被行波等保护检测到,但由于部分直流电流被短路,两端的直流电流将出现差值。

4. 直流线路与交流线路碰线

对于长距离架空直流输电线路,会与许多不同电压等级的交流线路相交,在长期的运行中可能发生交、直流线路碰线故障。交、直流线路碰线,会使直流线路电流中出现工频交流分量。

5. 直流线路断线

当发生直流线路倒塔等严重故障时,可能会伴随直流线路的断线。直流线路断线将造成直流系统开路,直流电流下降到零,整流器电压上升到最大限值。

6.2　直流输电保护系统

6.2.1　直流保护的配置原则、特点及动作策略

1. 直流保护的配置原则

直流输电系统保护的配置原则来源于交流系统保护的配置原则,并结合了自己的特点,主要有以下几个方面。

1) 可靠性

可靠性体现在保护装置的冗余配置上。每套冗余配置的保护完全一样,有自己独立的硬件设备,包括专用电源、主机、输入电路、输出电路和直流保护全部功能软件,避免了保护装置本身故障引起的主设备或系统停运。每个可以独立运行的

换流系统(如:极)的所有保护功能均集中放置在本极的保护装置中,采用集中冗余配置。双极部分的保护功能也应配置在每个极保护装置中,并有自己的测量回路。随着微机技术的发展,直流系统的一些主设备保护逐渐演变成在一定区域内集中配置。

2)灵敏性

保护的配置应能够检测到所有可能的、致使直流系统及设备处于危险情况的、对于系统运行来说不可以接受的故障和异常运行情况。因此,直流保护采用分区重叠,没有遗漏,每一区域或设备至少采用相同原理的双主双备保护或不同原理的一主一备保护配置。

3)选择性

直流系统保护分区配置,每个区域或设备至少有一个选择性强的主保护,便于故障识别;可以根据需要退出和投入部分保护功能,而不影响系统安全运行;单极部分的故障引起保护动作,不应造成双极停运;仅在站内直接接地双极运行方式下,某一极故障时才必须停运双极,以避免较大的电流流过站接地网;任何区域或设备发生故障,直流保护系统中仅最先动作的保护功能作用;本极的关于极或双极部分的保护无权停运另外的极;保护尽量不依赖两端换流站之间的通信,必须采取措施避免端换流器故障时引起另一端换流器的保护动作。

4)快速性

充分利用直流输电控制系统,以尽可能快的速度停运、隔离故障系统或设备,保证系统和设备的安全。措施包括紧急移相、投旁通对、封锁触发脉冲、跳交直流两侧开关等。

5)可控性

通过控制系统控制故障电压、电流等运行参数的方法,来降低各种故障对设备的危害程度。

6)安全性

保护应既不能拒动,也不能误动。为了保证设备和人身的安全,在不能兼顾防止保护误动和拒动时,保护及跳闸回路的配置宁可误动也不可拒动。跳闸回路应为独立的双跳闸线圈、双操作电源。

7)易修性

各种直流保护功能的参数应便于修改,保护的配置应考虑到装置试验和维护时不会影响到被保护的系统运行。

2. 直流保护的特点

1)微机化

随着电子技术的发展,现代直流输电保护已进入微机化时代。采用微处理器技术的直流保护具有以下特点:

（1）集成度高。可以将单独运行的换流系统内的所有能引起该系统停运的设备故障保护集中在一套保护系统中，有关高一级的极或双极的保护功能也都尽可能集中在这个基本的保护系统中。例如，葛南直流输电工程将一个极的交流母线、换流器、直流开关场、直流线路和接地极及引线的保护都集中在主控室内的三套完全一样的冗余直流保护系统中；天广直流输电工程的直流保护也是三重化，还将一大组交流滤波器保护集中在就地的继电器室中双重化配置，三常直流输电工程将换流变压器保护也集中到直流保护中。这些集中保护系统都是采用了多微处理器系统。

（2）判断准确。由于采用微处理器技术，便于输入信号处理、定量计算、判据设定、延时选择和冗余配置，因此提高了保护动作的准确性和系统的可靠性，便于故障分析与处理。

（3）便于修改。微机保护中的各种功能可以通过软件功能和参数的修改进行修正，方便地投入或退出。例如，葛南直流在调试和运行期间曾经修改软件，增加了丢失脉冲保护，调整了中性母线电流差动保护的定值，改进了直流系统保护的性能。

（4）经济性好。由于保护功能集中，因此可以节省保护硬件的投资；通过软件的修改，也提高和完善了保护功能，节省了技改经费，同时系统可靠性的提高也带来了一定的经济效益。

2）与直流控制系统关系密切

由于直流系统的控制是通过改变换流器的触发角来实现的，直流保护动作的主要措施也是通过触发角变化和闭锁触发脉冲来完成的，因此直流系统的控制与保护功能关系密切。

（1）直流控制系统始终保持系统输送的功率恒定，当系统发生故障扰动时，控制系统立即起作用，快速抑制事故发展，维持系统稳定。例如，当逆变器发生换相失败时，整流器的定电流调节器将抑制直流短路电流，约在 50ms 内将直流电流调回到额定值；逆变器的关断角调节器也将加大关断角，以防止换相失败。

（2）只有当系统发生严重的故障或设备发生永久故障，以及控制系统达到控制范围极限，直流系统不能恢复稳定时，直流保护才动作，停运直流系统，隔离故障设备。例如，整流器发生阀短路故障，交流侧短路电流很大，控制系统不能控制，则需要保护迅速动作，紧急移相，闭锁整流器触发脉冲。

（3）直流系统保护动作的策略是：某些保护先告警，同时采取控制措施，有些工程采取冗余的控制系统切换；如果故障进一步发展，则会启动保护停运程序。通过换流器触发脉冲的紧急移相或投旁通对，使直流电流和电压很快到零；根据不同的故障情况，直流保护启动不同的自动顺序控制程序，闭锁触发脉冲，并断开所连的交流滤波器和并联电容器；根据故障严重程度和不同的区域，相应发出直流极隔离的跳开直流断路器和换流变压器交流断路器指令。

因此,直流控制系统和保护配合,既能快速抑制故障的发展,迅速切除故障,又能在故障消除后迅速恢复直流系统的正常运行。

3) 多重冗余配置

直流系统的保护基本属于系统保护,它包括换流器、直流开关场、中性母线、直流线路及交流开关场保护等不同保护区域的保护功能。为了防止直流保护装置本身故障造成的运行可靠性降低,直流输电系统保护装置采用了冗余配置。直流保护的冗余用于提高保护装置本身的可靠性,最终达到提高整个系统可靠性的目的。

如果仅有一套保护装置,装置本身故障时,不是造成保护误动就是造成保护拒动。如果采用两套相同的保护通道,其硬件、电源各自独立,假设它们发生误动和拒动的概率相同,但当冗余的方式不同时,保护的误动与拒动的概率也会不同。例如,冗余的方式为两个保护跳闸电路相"与"(二取二)输出,即两套保护都有跳闸信号时才输出。对于这种冗余配置,保护误动的可靠性逻辑是"与"的关系,保护拒动的可靠性逻辑则是"或"的关系。如果冗余的方式为两个保护跳闸电路相"或"(二取一)输出,即任一套保护有跳闸信号就输出,那么误动的可靠性逻辑是"或"的关系,拒动的可靠性逻辑是"与"的关系。如果采用三套硬件和电源独立、功能完全相同的保护通道,输出采用"三选二"方式(两两之间先"与",三个输出再"或"),则可以避免任何一套保护装置本身故障造成的保护设备误动和拒动。一个保护通道故障误动,另两个通道正常,保护不会误动;一个保护通道故障拒动,另两个通道仍能正确动作,保护不会拒动;但需要解决好输出选择逻辑的冗余问题。如果采用四个相同的保护通道,输出逻辑的方式不同,作用也就不同。如果采用两两先"或",然后输出再"与"的"四取二"方式,也可在一定程度上解决误动与拒动的矛盾。电子技术的高速发展,为直流保护的多重冗余配置提供了可能。

3. 直流保护动作策略

1) 告警和启动录波

使用灯光、音响等方式提醒运行人员注意相关设备的运行状况,采取相应的措施,自动启动故障录波和事件记录,便于识别故障设备和分析故障原因。

2) 控制系统切换

利用冗余的控制系统,通过系统切换排除控制保护系统设备故障的影响。

3) 紧急移相

紧急移相是将触发角迅速增加到 90° 以上,将换流器从整流状态变到逆变状态,以减小故障电流,加快直流系统能量释放,便于换流器闭锁。

4) 投旁通对

同时触发六脉动换流器接在交流同一相上的一对换流阀,称为投旁通对。投旁通对可以用于直流系统的解锁和闭锁；直流保护使用投旁通对形成直流侧短路，快速降低直流电压到零，隔离交、直流回路，以便交流侧断路器快速跳闸。形成投旁通对的一种策略是：当收到投入旁通对命令时，保持最后导通的那个阀的触发脉冲，同时发出与其同一相的另一阀的触发脉冲，闭锁其他阀的触发脉冲。

5）闭锁触发脉冲

闭锁换流器的触发脉冲，使换流器各阀在电流过零后关断，在双极都闭锁时需要同时切除所有交流滤波器。

6）极隔离

在一个极故障停运时，为了不影响另一极正常运行，便于停运极直流设备检修，需要同时断开停运极中性母线上的连接断路器和极线侧连接隔离开关，进行极隔离。

7）跳交流侧断路器

换流变压器网侧通过交流断路器与交流系统相连。为了避免故障发展造成换流器或换流变压器损坏，一些保护在闭锁换流器的同时跳开交流侧断路器。

8）直流系统再启动

为了减少直流系统停运次数，在直流线路发生闪络故障时，直流线路保护动作，启动再启动程序，将整流器控制角迅速增大到 $120°\sim150°$，变为逆变运行，使直流系统储存的能量很快向交流系统释放，直流电流迅速下降到零。等待一段时间，待短路弧道去游离后，再将整流器的触发角按一定速率逐渐减小，使直流系统恢复正常运行。

6.2.2　直流保护功能配置

直流系统保护采取分区配置，通常将直流侧保护、交流侧保护和直流线路保护三大类分为 6 个保护分区：①换流器保护区，包括换流器及其连线和控制保护等辅助设备；②直流开关场保护区，包括平波电抗器和直流滤波器及其相关的设备和连线；③中性母线保护区，包括单极中性母线和双极中性母线；④接地极引线和接地极保护区；⑤换流站交流开关场保护区，包括换流变压器及其阀侧连线、交流滤波器和并联电容器及其连线、换流母线；⑥直流线路保护区。以三常直流输电工程为例，对各保护区的功能配置进行介绍。

1. 换流器保护区

本区域主要包括在阀厅交、直流穿墙套管之内的换流器各种设备故障的电流差动保护、过电流保护以及换流器触发保护、电压保护和本体保护等。这个区域的主要保护功能如下。

1）电流差动保护组

通过比较换流变压器阀侧套管中的电流互感器、换流器直流高压端和中性端出口穿墙套管中的电流互感器的测量值,根据各种电流的差值情况,区别不同的换流器故障而设置不同的保护。换流器的这些电流差动保护起主保护的作用。例如,以交流电流大于直流电流为判据的保护,可作为换流器交、直流端短路故障的保护;以换流器直流侧高压端和低压端电流的差值为判据的换流器差动保护,可作为换流器对地短路故障的保护;以直流电流大于交流电流为判据的差动保护,可作为逆变器换相失败等故障的保护。现举例说明如下。

(1) 阀短路保护。保护目的是保护晶闸管换流器免受故障造成的过应力。其工作原理是利用阀短路、换流器交流侧相间短路或阀厅直流端出线间短路时,换流器交流侧电流大于直流侧电流的故障现象作为保护的判据。在正常运行时,这些电流是平衡的;当发生阀短路时,故障阀和正在换相的正常阀流过高幅值的电流,如果同一个三脉动阀组内第三个阀被触发,这种大电流也将流过这个阀。为避免这种情况,在第三个阀触发前快速地检测故障,并且不投旁通对,立即闭锁换流器。

为了保证该保护快速动作,其动作定值一般设置为额定电流的一半;保护的延时仅考虑防止高频干扰,一般仅为保护的软件执行周期(1ms 左右)。阀短路故障是直流系统的严重故障,因此在保护动作后要闭锁换流器、跳开交流断路器和进行极隔离。

(2) 换相失败保护。保护目的是检测因交流电网扰动和其他异常换相条件造成的换流器换相失败,减少因交流电网扰动造成的换相失败次数,保证直流系统设备的安全。换相失败实质是关断角不能满足晶闸管恢复控制能力的需要,可以利用实测关断角或根据实测的运行参数来计算出关断角的方法取得保护的判据。由于实测关断角需要许多硬件装置,按照公式计算的关断角又不能精确表示故障过程的每个阀关断角的具体情况,因此该保护的基本原理是根据逆变器换相失败时交流侧电流大幅降低,同时直流侧电流大幅增加的故障特征而设计的。换相失败是控制脉冲故障或由交流电网故障引起的,因此必须与交流系统故障的最长清除时间相配合。每个直流工程换相失败保护均有自己的特点,通常为了防止换相失败,还配备有相应的控制功能,保护动作后立即提前触发故障的逆变器,以防止继续换相失败,并启动暂态故障录波。保护动作后启动控制系统切换,避免因控制设备故障而造成停运;如果故障仍未消除,则闭锁换流器(由于换相失败是换流器工作不正常,故可以不投旁通对),跳开交流断路器。一些直流工程为了避免换相失败而引起直流线路保护误动,通过通信闭锁整流侧直流线路保护。

(3) 换流器差动保护。保护目的是检测换流器保护范围内的接地故障,并将故障换流器退出运行。其工作原理是:测量安装在阀厅直流中性端穿墙套管和极线端穿墙套管中的直流电流互感器的电流差值。为了适应直流各种运行工况,换流器差动保护可由一个快速不灵敏部分和一个慢速灵敏部分组成,保护定值和延时需要与阀短路保护和过电流保护相配合。由于保护动作是换流器接地故障的结果,因此需要闭锁换流器,跳开交流断路器,进行极隔离。

2) 过电流保护组

通过对换流变压器阀侧电流、换流器直流侧中性母线电流以及换流阀冷却水温度等参数的测量,可构成换流器的过电流保护,作为电流差动保护的后备保护。

(1) 直流过电流保护。保护目的是防止换流设备,特别是晶闸管阀过电流损坏。其工作原理是测量换流器直流侧电流的最大值,当发生故障电流超过给定值时,闭锁换流器。为了与直流运行方式和主保护配合,通常保护的定值和延时分段设置。

(2) 交流过电流保护。此保护与直流过电流保护不同的仅是监测量为换流器交流侧电流。

3) 触发保护组

对于换流器的触发脉冲,通常设置监视系统。通过比较控制系统发出的脉冲与换流器晶闸管元件实际返回的触发脉冲,可对换流器的误触发或丢失脉冲进行辅助保护。在阀内还需为晶闸管设置强迫导通保护,以避免当阀导通时某个晶闸管不开通而承受过大的电压应力。

阀触发异常保护的目的是检测发出控制脉冲后换流阀是否导通,检测意外的阀触发,防止被选为投旁通对的阀不能导通,检测投旁通对阀的意外导通。其工作原理是换流器的触发系统按要求的导通间隔,向每个阀发送触发脉冲,比较触发脉冲与返回的触发信息,检测阀是否发生故障。这样,阀在触发脉冲间隔之外触发(误触发)或在间隔之内不能触发(丢失脉冲)都能检测到。此保护要与换相失败保护、直流谐波保护等配合,保护动作后先切换到冗余控制系统,如果故障仍然存在,则应闭锁换流器。

4) 电压保护组

电压保护组包括以交流侧或直流侧电压为监控对象的保护功能。

(1) 电压应力保护。保护目的是通过连锁换流变压器分接开关,避免交流电压对所有换流设备产生过高的电气应力,避免阀避雷器过应力以及换流变压器过励磁。保护采用交流换流母线电压、分接开关位置来计算理想空载直流电压 U_{di0},当电压值超过预设的整定值时,保护动作。此保护的策略是: U_{di0} 高于一定值,立即禁止进一步增大 U_{di0} 方向的分接开关动作; U_{di0} 高于一个更高的定值,将使分接开关向降低 U_{di0} 方向动作,并且切换到冗余的控制系统;对于再高的 U_{di0},则闭锁换流器,跳开换流变压器交流侧断路器。

(2) 直流过电压保护。保护目的是防止所有由于分接开关不正常运行或不正常的换流器开路运行造成的直流过电压。其工作原理是通过测量直流电压,结合直流电流、触发角来防止直流线路过电压。此保护应与极控设备中的过电压限制器、低压限流和直流线路保护等功能相配合。

5) 本体保护组

对于换流器本体,通常要求设置阀温度的监视。大部分直流输电工程使用温度的计算值,以对阀的热过应力进行保护。对于晶闸管工作状态的监视是换流器必不可少的环节。

(1) 晶闸管监测。当一个阀内的晶闸管故障数目达到预先整定的数量时,给出报警;当换流器充电且任何一个阀内晶闸管故障的数目超过整定值时,需跳开换流变压器网侧断路器。其工作原理是:每个阀的阀控单元可以检测每个晶闸管在一定时间内是否加上了电压。当晶闸管加上电压时,通过光纤将一个指示脉冲传到阀控,说明此晶闸管是正常的,否则就是损坏了。

(2) 大触发角监视。检查和限制主回路设备在大触发角运行时所受的应力。用大角度监测功能,计算因特殊要求增加触发角和关断角时在主回路设备上增加的应力。大角度保护是根据阀阻尼电路、阀避雷器和阀内电抗器的理论模型来计算换流器最大允许的功率损耗。当大角度运行时,如果超过晶闸管的限制值,同时具有较高的 U_{di0},则大角度监测将在一定延时后向分接开关发出降低 U_{di0} 的指令,并给出告警信号;若晶闸管阀上的应力进一步增加,大角度监测在一定延时后将闭锁换流器。

2. 直流线路保护区

1) 直流线路故障保护组

(1) 直流线路行波保护。它是直流线路故障的主保护,其目的是检测直流线路上的接地故障。根据行波理论,电压和电流可认为是前行波和后行波的叠加。行波以固有的幅值和略低于光速的速度传播。电压突然变化(接地故障)将造成线路突然放电,在输电系统中产生涌流。这些波的不断反射会在电力系统中产生高频的暂态电压和电流。通过对瞬时电压和电流进行采样和利用已知的波阻抗,可以计算出行波,从而可以检测直流线路接地故障。行波保护的故障恢复策略详见下面的"再启动逻辑"。

(2) 微分欠压保护。该保护与行波保护的目的和动作策略相同,保护只在整流站有效。它检测直流电压和电流,并有微分和欠电压两种不同的保护动作条件,相互结合可以提高保护动作的正确性。微分部分由一个微分电路构成。当直流线路发生接地故障时,直流电压以较高的速率降低到一个较低值,微分检测部分快速动作;为使微分检测更完善,同时要检测直流欠电压,较高的微分整定值和较低的欠电压水平,再考虑适当延时可以防止暂态电压下的保护误动。为区分整流站内故障与直流线路故障,测量 dU/dt 的同时测量 dI/dt,较高的正 dI/dt 值(电流在正常方向上增加)表明故障发生在直流线路电流互感器的线路侧,而较高的负 dI/dt 值则表明故障点在直流场内;检测到欠电压持续时间超过预定值,则满足欠电压的条件;延时主要是保证保护的选择性,避免在开关操作过程中及其他非直流线路故障扰动引起的保护误动。

（3）直流线路纵差保护。保护目的是检测在流线路上的行波和微分欠压保护不能检测到的高阻接地故障。其工作原理是：测量并比较两站的极线电流，对测量电流可能出现的时间差应进行延时补偿。纵差保护的故障恢复策略详见下面的"再启动逻辑"。

（4）再启动逻辑是在行波、微分欠压、纵差等直流线路保护动作后，执行故障清除程序，进行再启动尝试的功能。当检测到故障时，向电流调节器发出"暂停"指令，并立即将触发角增大到 90°以上，使整流器进入逆变运行，整流站和逆变站都使直流线路放电，直流电流很快降到零，在一定的去游离时间之后进行再启动尝试。如果故障已经清除，再启动逻辑将监测直流电压的建立，恢复传输功率。如果直流电压不能建立，说明故障依然存在，再启动不成功，重新进行移相、降电流的去游离过程。再启动的次数是根据系统研究预先定好的。在绝缘出现问题（如绝缘子污染）时，为维持电压应力在较低水平，可采取降压再启动。当最后一次再启动不成功时，将闭锁换流器，停运直流系统。

2）直流系统保护组

（1）直流欠电压保护。它是直流系统的后备保护，是通过测量直流电压或直流电流并结合触发角 α，检测直流线路上的低电压故障。此保护应与直流线路保护和低压限流功能相配合。

（2）线路开路试验监测。保护目的是检测在线路开路试验期间本站直流场和直流线路的接地故障。其工作原理是：如果直流电流超过预先设置值或者直流电压没有按预期上升，则表明有接地故障发生。当交流侧电流过大时，保护也会动作。保护动作为闭锁换流器。

（3）功率反向保护。保护目的是检测控制系统故障所造成的功率反向。功率反向的判据是：在没有功率反向指令的条件下，如果线路电压在一定时间（如 0.5s）内极性改变并且超过设定的值，保护动作为闭锁该极。

（4）直流谐波保护。保护目的是检测交直流线路碰线、阀故障、交流系统故障和控制设备缺陷等。其工作原理是：从直流电流中流出基波和二次谐波，当谐波电流超过预定值一段时间后，保护动作。当谐波电流较小时，在一定延时后报警；当谐波电流较大时，则闭锁换流器。此保护应考虑与换相失败保护、阀触发异常保护以及交流保护的最长故障清除时间相配合。其保护动作有切换到冗余控制系统、闭锁换流器、跳开交流断路器、进行极隔离等。

3. 直流开关场和中性母线保护区

1）直流开关场电流差动保护组

（1）直流极母线差动保护。保护的范围是从极母线直流线路出口的直流电流互感器到阀厅穿墙套管上的直流电流互感器之间的直流母线和设备，检测保护范围内的接地故障。有的工程使用中性母线套管上的直流电流测量设备,将保护范围扩展到换流器。其工作原理是:检测到的电流差值按定时限动作。保护动作为:切换到冗余控制系统,并且在一定的延时之后闭锁换流器、跳开交流断路器、进行极隔离。

(2)直流中性母线差动保护。保护的范围是从阀厅内中性端上的直流电流互感器到极中性母线出口直流电流互感器之间的设备,检测保护范围内的接地故障。其工作原理是:检测到的电流差值作为接地故障的判据,定时限动作,保护动作的策略与极母线差动保护相同。

(3)直流极差保护。保护的范围是从直流极母线出口到中性母线出口的直流电流测量点之间,包括换流器、直流滤波器在内的整个直流开关场,检测保护范围内的接地故障,作为直流开关场接地故障的后备保护。极直流电流由安装在中性母线和极母线上的电流互感器测量,同时测量避雷器和直流滤波器的电流,这些电流共同判断保护范围内的接地故障。其保护动作策略与极母线差动保护相同。

2)直流滤波器保护组(每组直流滤波器设备的保护)

(1)直流滤波电抗器过负荷保护。此保护是直流滤波器的元件保护,检测直流滤波电抗器谐波过负荷,使滤波器免受过应力。保护具有与电流的二次方成比例的反时限特性,测量通过滤波器组的电流,并将它与保护整定值比较。跳闸有足够的延时,以避免短时过负荷时保护误动。保护的整定与滤波器元件的耐热特性相配合。保护动作为:切换到冗余控制系统,断开滤波器,如果是最后一组滤波器或故障电流很大时,则闭锁换流器。

(2)直流滤波电容器不平衡保护。直流滤波器的电容器组采用桥式或两大组并联结构。电流互感器侧最不平衡电流作为不平衡保护动作条件。若一个电容元件短路,则内熔丝熔断,隔离此故障元件,这时会有小的不平衡电流。如果故障的电容器元件增加,则不平衡电流就会增加。保护目的是检测电容器的故障,避免直流滤波器组中电容单元的“雪崩”故障。其工作原理是:测量电容器中点 100Hz、300Hz、600Hz 三种频率的不平衡电流,每一种不平衡电流都与流过整个滤波器主电流中的同一频率电流相比较。报警和切除的整定值都建立在不平衡电流与主电流的比率基础之上,只有当至少两种频率主电流达到整定值时,才允许保护动作。保护动作为:1 段报警;2 段报警并延时切除滤波器;3 段立即切除滤波器;如果是一个极的最后一组滤波器,则闭锁换流器。

(3)直流滤波器差动保护。保护目的是检测直流滤波器范围内的接地故障。在极线侧和中性线侧测量流过滤波器的谐波电流差值,并与保护整定值比较。保护动作为切除滤波器。当故障电流很大或此滤波器为该极最后一组滤波器时,则应闭锁换流器。

3) 平波电抗器保护组

平波电抗器有干式和油浸式两种。干式平波电抗器的故障由直流系统极母线差动保护兼顾。油浸式平波电抗器除了直流系统保护外,还有同换流变压器类似的本体保护继电器,主要有油泵和风扇电机保护、油位监测、气体监测、油温检测、压力释放、油流指示、绕组温度、穿墙套管 SF_6 压力继电器等。

4. 接地极引线和接地极保护区

1) 双极中性线保护组

(1) 双极中性母线差动保护。保护目的是检测接地极引线和极中性母线之间的接地故障。保护测量接地极引线、金属回线母线和两极中性母线等流入和流出双极公共中性母线的直流电流,并求代数和。代数和值超过定值是保护区内接地故障的判据。在金属回线方式运行中还有其他保护,此保护不用。

(2) 站内接地过电流保护。保护目的是检测站内直流开关场保护区的接地故障和站内接地点的电流,如果流入站接地网的电流较大,则保护动作,清除故障电流。保护测量接地极引线、金属回路和中性母线上的直流电流。这些电流的代数和超过一定值时,表明保护范围内发生接地故障,发出告警。在双极运行时,首先进行冗余系统切换和极平衡调整,并投入中性母线接地开关,转移故障电流以便于极隔离;如果已经使用站内接地网,则延时停运直流系统。在单极运行时,冗余系统切换后故障依然存在,则停运直流系统,跳开交、直流两侧开关,进行极隔离。

2) 转换开关保护组

(1) 中性母线断路器保护。中性母线断路器位于极中性母线上,起连接或隔离换流器和中性线的作用。保护目的是:在一极停运时,此断路器断开该极换流器与中性母线的连接,将直流电流转移到接地极引线;如果断路器不能正确地转移电流,则保护将使其重合闸。其工作原理是:测量中性母线的直流电流,当发出中性母线断路器断开命令后一段时间内电流不为零时,保护将对它发出重合闸指令。此保护用于极隔离。

(2) 中性母线接地开关保护。保护目的是当不能从站接地网向接地极引线转换电流时,保护中性母线接地开关。其工作原理是:测量与开关串联的直流电流互感器的电流,当发出中性母线接地开关断开命令后一段时间内电流不为零时,保护将对它发出重合闸指令。

(3) 大地回线转换开关(GRIS)保护。保护目的是当电流从金属回线向大地回线转移失败时,保护大地回线转换开关。其工作原理是:测量流过 GRTS 的直流电流,当 GRTS 断开并且直流电流在一定时间后仍不为零时,保护将对它发出重合闸指令。

(4) 金属回线转换断路器(MRTB)保护。保护目的是当电流从大地回线向金属回线转移失败时,保护金属回线转换断路器。其工作原理是:测量两条接地极引线的直流电流,当断路器断开并且直流电流在一定时间后仍不为零时,保护将对它发出重合闸指令。

3) 金属回线保护组

(1) 金属回线横差保护。保护只在金属回线方式运行期间,且在直流系统接地的换流站才有效。运行极的保护是测量两个极中性线电流和金属回线电流来检测金属返回导线上的接地故障。

(2) 金属回线纵差保护。保护只在金属回线方式运行期间有效。保护是根据两个站测量的金属回线电流识别金属回线上的接地故障。此外,还补偿可能的通信延时,通信中断时保护被连锁。

(3) 金属回线接地故障保护。保护只在金属回线方式运行期间,且在直流系统通过接地极接地的换流站才有效。保护是测量站内接地电流和两条接地极引线电流来检测金属返回导线上的接地故障。

4) 接地极引线保护组

(1) 接地极引线断线保护。保护目的是使中性母线设备免受接地极断线所造成的过电压。其工作原理是:测量极中性母线对地电压,较大的持续过电压作为接地极引线开路的判据。当中性母线电压过高时,保护将发出闭合站内接地开关的指令。如果中性母线电压过高的同时中性母线电流较小,则表明接地极引线开路。

(2) 接地极引线过负荷保护。保护目的是检测接地极引线过负荷。其工作原理是:测量接地极引线导线上的直流电流,整定需要与接地极引线承受的过负荷水平相配合,采用定时限特性,超过整定值一定时间后保护动作。保护动作为切换到冗余控制系统,降到一个预定的功率运行。

(3) 接地极引线阻抗监测。保护目的是检测接地极引线故障。其工作原理是:通过串联谐振电路向接地极引线注入高频电流,测量谐振电抗上产生的电压和注入接地极引线的电流,通过滤波计算处理后可得到一个从输入端看进去的阻抗。阻抗的改变是接地极引线故障的判据。以接地极引线无故障时注入电流频率下的阻抗为整定值,保护动作为报警。此保护的后备是接地极引线不平衡监测。

(4) 接地极引线不平衡监测。保护目的是检测两条接地极引线之间的电流不均匀分布。其工作原理是:测量两接地极引线间的电流差,此电流差值构成接地极引线导线接地故障或开路故障的判据。保护动作为报警。

5. 换流站交流开关场保护区

本保护区域包括换流变压器、交流滤波器及并联电容器、换流母线设备等。换流变压器同常规电力变压器一样,具有本体保护,在电气上还配置有各种主保护和后备保护。在直流输电系统中,换流变压器的分接开关控制十分重要,并且动作频繁,因此应特别注意分接开关的位置及机械部件的监测和保护。

1) 换流变压器差动保护组

(1) 换流器交流母线和换流变压器差动保护。保护范围是从换流器交流母线断路器电流互感器到换流变压器二次侧电流互感器。按相比较流入和流出保护范围的电流,当电流的相量和超过整定值时保护动作。保护仅对基波电流敏感,对穿越电流、涌流和过励磁是稳定的。

(2) 换流变压器差动保护。保护目的是检测换流变压器从一次侧套管上的电流互感器到二次侧套管上的电流互感器之间的故障。保护比较换流变压器一次侧和二次侧的电流相量,其中考虑了变比和分接开关位置。其工作原理是:检测基波电流差值,如果稳态励磁电流的安匝数相等条件不满足,则保护动作;基波电流差值越限是判断变压器内部接地故障或绕组匝间短路的依据。安匝数相等条件只有在稳态时才有效。在交流电压突然上升(如闭合断路器)之后,将产生短暂的差动电流,这种涌流有大量的 2 次谐波分量,保护分析此电流并产生 2 次谐波制动。安匝数相等这一标准只在换流变压器不饱和时才有效,在持续过电压期间,换流变压器可能会饱和,也会存在差动电流;保护通过检测 5 次谐波分量来检测过励磁电流并制动保护。保护中有一个快速动作无制动的功能,仅检测大的差动电流,不检测谐波。保护在区外故障,有穿越电流时不应动作;当保护丢失分接开关位置信息时,这种保持稳定的功能尤其重要。

(3) 换流变压器绕组差动保护。保护目的是使换流变压器绕组免受内部接地故障的损害。其工作原理是:一次绕组每相有两个电流互感器测量绕组电流,这两个电流互感器分别安装在绕组的两端,其保护取差动电流与整定值逐相比较,以定时限特性动作。阀侧 Y 绕组和阀侧 △ 绕组每相也都有两个电流互感器测量绕组电流,这两个电流互感器分别安装在绕组的两端,其保护取差动电流与整定值逐相比较,以定时限特性动作。保护动作为闭锁换流器、跳开交流断路器。

2) 换流变压器过应力保护组

(1) 换流变压器过电流保护。保护目的是通过测量换流变压器一次侧电流,检测换流变压器内部故障,并按照可选的反时限特性动作。定值的选择应适合保护范围内的设备,保护的整定原理和动作策略与下面所述的换流器交流母线和换流变压器过电流保护相同。

(2) 换流器交流母线和换流变压器过电流保护。保护目的是测量换流器交流母线电流,检测换流器交流母线和换流变压器区域内的故障,并按照可选的反时限特性动作。保护的整定与在最小短路功率水平和最大短路功率水平时,故障清除后交流侧的预期涌流相配合。保护还要与其他过电流保护相配合,能快速地清除严重故障,并且当短路功率较小时能有一定的灵敏度或故障不太严重时有一个合理的较短延迟时间。

保护动作为闭锁换流器、跳开交流断路器。保护的后备有油、压力、气体、温度等继电器保护和换流变压器零序电流保护。

（3）换流变压器热过负荷保护。保护目的是检测换流变压器过负荷,测量换流变压器一次绕组电流,并按照可选的发热时间常数动作。保护定值按照变压器制造厂提供的绕组温度与外部温度的热曲线设置。保护动作为报警。

（4）换流变压器过励磁保护。保护原理是以变压器制造厂提供的过励磁曲线,选择换流变压器交流母线电压比值与频率比值和延时,确定保护整定值。保护动作为闭锁换流器、跳开交流断路器。

3）换流变压器不平衡保护组

（1）换流变压器中性点偏移保护。保护目的是检测换流变压器阀侧交流连接线上的接地故障。其工作原理是:对于每个六脉动换流桥,通过阀侧换流变压器套管上的末屏抽头测量换流变压器阀侧三相对地电压的相量和。如果换流器闭锁且没有发生接地故障,相量和为零。在发生单相接地故障时,只要换流器闭锁,就不会有严重的故障电流出现,但在阀侧电压中会出现明显的零序分量。保护检测零序分量并与整定值比较。当换流器解锁时保护必须退出,因为保护工作原理不适用于换流器解锁。

（2）换流变压器零序电流保护。保护测量换流变压器中性点电流,将三相电流瞬时值代数和输入保护,因此保护对零序电流分量敏感。保护分解电流并构成涌流(2次谐波)制动。整定值的选择应能避免区外交流系统故障时误跳闸,整定应与外部故障期间零序电流的切除时间相配合。保护动作为闭锁换流器、跳开交流断路器。

（3）换流变压器饱和保护。保护目的是防止直流电流从中性点进入换流变压器而引起换流变压器饱和。其工作原理是:监测变压器一次侧中性点电流和。在单极大地运行方式或双极不平衡运行方式下,当直流中性母线接地开关闭合时,将引起换流站接地网电压升高,有直流电流流过换流变压器中性点,这个电流较大时将使变压器直流饱和。这种现象的特点是中性点电流有很大的周期性峰值,峰值与直流接地极电流呈线性变化。根据峰值电流,采用反时限过电流保护。保护动作为报警、闭锁换流器、跳开交流断路器。

4）换流变压器本体保护

换流变压器保护继电器主要有油泵和风扇电机保护、油位检测、气体检测、油温检测、压力释放、油流指示、绕组温度、套管 SF_6 密度和油流(分接开关)继电器等。

5）交流开关场和交流滤波器保护

换流站交流开关场配置常规的交流线路保护、交流母线保护、重合闸和断路器失灵保护等,换流站交流母线设备的故障,可按常规采用母线差动保护,但是对母线电流中可能出现的谐波电流应予以足够的重视。

（1）换流器交流母线差动保护。保护范围是从换流器交流母线断路器电流互感器到换流变压器一次侧绕组电流互感器。其工作原理是：流入保护范围的电流按相比较，当电流相量和不为零时，保护动作。保护仅对基波电流敏感，对穿越电流是稳定的。保护动作为闭锁换流器、跳开交流断路器。

（2）换流器交流母线过电压保护。保护目的是防止严重的持续过电压对换流变压器和换流器产生损害。其工作原理是：测量换流器交流母线的每相电压，相电压与固定的参照值比较以检测异常过电压情况。保护对基波电压敏感，同时对 7 次以内的谐波敏感。当交流过电压不能被主要过电压限制措施限制在规定的幅值和持续时间范围内时，应切除交流滤波器。此保护虽然不是限制过电压的主要手段，但可起到后备保护作用。定值的选择应能避免在交流电网操作过电压下保护误动。保护动作为闭锁换流器、跳开交流断路器。

（3）交流滤波器保护。保护目的是对构成交流滤波器的电容器、电抗器和电阻器等每一个元件都予以保护，也包括并联电容器组的保护，使其不被过电压或过电流所损坏。处于高压的电容器组通常布置成"H"形结构，以便通过检测其中点桥差电流而构成电容器组的不平衡保护；还可通过检测流过滤波器的电流，配置并联电容器的过电流保护和电抗器接地故障保护；还有电抗器和电阻器热检测的过负荷保护、并联电抗器内部短路接地的电流差动保护，以及通过对滤波器中零序电流和各相阻抗值变化的检测而设置的滤波器失谐保护等。一些保护功能参见直流滤波器保护。交流滤波器的断路器是直接影响换流站运行的重要部件，必须配置检测信号可靠的断路器失灵保护。故障的交流滤波器组被保护直接切除后，一般情况下可以投入其他滤波器组，对直流系统运行仅产生投切扰动，不影响正常运行。如果没有后备滤波器，则需要降低直流输送功率。

由于在交流滤波器以及并联电容器组中都有大量的电容器单元，少量的电容器单元故障对滤波器特性的影响不大，往往不需要立即切除滤波器分组，而是可以根据损坏的电容器单元数的多少采取不同的保护措施。其保护措施可以考虑三段式动作方式：

（1）第一段选择的定值，应使得承受最高应力的电容器元件上的电压应力，在任何运行条件下都不超过所设计的连续额定应力；第一段只发出报警信号。在第一段已经报警的情况下，该滤波器或电容器组应能继续运行。

（2）第二段选择的定值，应使得承受最高应力的电容器元件上的电压应力，在任何运行条件下都不超过所设计的连续额定应力乘以再坚持运行 2h 所允许的降低定额系数。另外，此定值还应与过负荷保护相配合。第二段应立即报警，且在 2h 后跳开故障分组。如果故障是由电容器不平衡保护所检知的，当另一电容器支路的电容器也发生故障，从而使不平衡条件消失时，则第二段报警及跳闸的定时不应被复位。

（3）第三段选择的定值，应使承受最高应力的电容器元件上的电压应力不应超过所设计的连续额定应力的 2 倍。第三段动作应立即切除该故障分组。

（4）最后断路器保护。保护目的是监测换流变压器进线连接状态，当最后一条进线断开时，应立即闭锁换流器。同时，保护监视相关的连接点，并且综合考虑最后一条进线的跳闸信息或能导致进线跳闸的保护动作信号。

（5）其他保护。换流站中的辅助设备，如换流阀的冷却设备、变压器和电抗器的冷却设备、断路器的压缩空气系统、蓄电池及其充电系统、不停电电源等，都应配置监视和保护装置。当这些设备失去备用时，相应保护应报警。当某设备的功能失效，致使它所服务的设备可能遭受过应力时，相应的保护应发出跳闸信号。

6.2.3 直流保护工程实例

我国自 20 世纪 80 年代末开始，先后建设了一批 ±500kV 高压直流输电工程，具有代表性的工程有葛南直流输电工程、天广直流输电工程和三常直流输电工程。下面对它们所采用的直流保护系统举例说明。

1. 葛南直流输电工程

葛南直流输电工程的直流保护设备使用瑞士 ABB 公司的可编程实时多处理器 PHSC 系统，采取三取二冗余配置。在一套保护故障时，剩下的两个通道自动变成二取一。葛南的三套直流保护与选择回路一起安放在同一个设备柜中，每套保护均有自己专门的电源，由处在保护柜中的一套三取二硬件回路选取相应的测量回路，分别启动两条紧急停运总线。

葛南直流输电工程 10 多年的运行实践说明，三取二配置是成功的，其没有因直流保护装置故障而发生直流系统强迫停运。应该注意到，直流系统的保护功能应尽可能放在三取二的保护装置中，保护输出逻辑电路在硬件上应与保护设备分开，采用尽量少的元件来保证高的可靠性，也应采取冗余措施。葛南直流保护的配置、各种保护功能的整定值和延时以及动作策略见表 6-1，未包括交直流滤波器、换流变压器等设备保护。

表 6-1 葛南直流输电工程直流保护一览表

保护编号	保护名称	保护定值	延时	保护动作策略
01	交流紧急停运保护	换流变压器及交流线路保护动作	0ms	紧急停运
02	站控紧急停运保护	换流器辅助设备保护动作	0ms	紧急停运
03	阀控紧急停运保护	40～46 号保护动作	10ms	紧急停运
04	星侧快速过电流保护	$I_{acy} \geqslant 4.2\text{p. u.}$	0ms	紧急停运
05	角侧快速过电流保护	$I_{acd} \geqslant 4.2\text{p. u.}$	0ms	紧急停运

保护编号	保护名称	保护定值	延时	保护动作策略
06	星侧 06 号桥差保护（Ⅰ、Ⅱ段保护）	$I_{acy}-I_{dyc}>2\text{p. u.}$ $I_{acy}-I_{dyc}>0.5\text{p. u.}$	3.3ms 60ms	紧急停运
07	角侧 07 号桥差保护（Ⅰ、Ⅱ段保护）	$I_{acd}-I_{ddc}>2\text{p. u.}$ $I_{acd}-I_{ddc}>0.5\text{p. u.}$	3.3ms 60ms	紧急停运
08	快速过电压保护	$U\geqslant1.6\text{p. u.}$	1.68ms	紧急停运
09	断线保护	$I_{dyl}\leqslant0.05\text{p. u.}$	100ms	紧急停运
10	星侧慢速过电流保护	$I_{acy}\geqslant2\text{p. u.}$	0.6s	紧急停运
11	角侧慢速过电流保护	$I_{acd}\geqslant2\text{p. u.}$	0.6s	紧急停运
12	星侧桥 12 号桥差保护	$I_{dyc}-I_{acy}>0.07\text{p. u.}$ $U_{ac}<0.3\text{p. u.}$	200ms 600ms	紧急停运
13	角侧桥 13 号桥差保护	$I_{ddc}-I_{acd}>0.07\text{p. u.}$ $U_{ac}<0.3\text{p. u.}$	200ms 600ms	紧急停运
14	换流器差动保护	$\lvert I_{dyc}-I_{ddc}\rvert>0.2\text{p. u.}$	5ms	紧急停运
15	极母差保护	$\lvert I_{dyc}-I_{dyl}\rvert>0.5\text{p. u.}$	10ms	紧急停运
16	中性母线差动保护	$\lvert I_{ddc}-I_{ddl}\rvert>0.12\text{p. u.}$	180ms	紧急停运
17	双极线极母差保护	$\lvert I_{dyc}-I_{dy}+I_{dyop}\rvert>0.5\text{p. u.}$	10ms	紧急停运
18	金属回线旁路线差动保护	$\lvert I_{dd}-I_{dylop}\rvert>0.2\text{p. u.}$	0.5ms	紧急停运
23	慢速过电压保护	$U\geqslant1.2\text{p. u.}$	0.5s	紧急停运
24	交流欠压保护	$U\leqslant0.3\text{p. u.}$	650ms	紧急停运
25	接地极引线断线保护（Ⅰ段）	$U_{ee}\geqslant62.5\text{kV}$ $I_{ee}+I_{eeop}\leqslant60\text{A}$	50ms	紧急停运
27	直流欠压保护	$V_d\leqslant0.15\text{p. u.}$	0.2s/1s	紧急停运
28	50Hz 保护	$\max[I_{dyc},I_{ddc}]50\text{Hz}\geqslant0.07\text{p. u.}$	200ms 600ms	紧急停运
29	次同步振荡保护（Ⅱ段）	$\max[I_{dyc},I_{ddc}](20+40)\text{Hz}\geqslant0.02\text{p. u.}$	35s	紧急停运
	次同步振荡保护（Ⅰ段）	$\max[I_{dyc},I_{ddc}](20+40)\text{Hz}\geqslant0.02\text{p. u.}$	5s	报警
30	行波保护	$\mathrm{d}v/\mathrm{d}t\leqslant-396\text{kV/ms}$ 和 $\int\Delta d(t)\mathrm{d}t>1\text{kV}$	5ms	直流线路再启动
31	直流线路欠压保护	$\mathrm{d}v/\mathrm{d}t\leqslant-396\text{kV/ms}$ $V_d>U_d$	<60ms	直流线路再启动
32	再启动保护	$\int V_d\mathrm{d}t>Ud$ $40\%\times U_d>V_d$	60ms	直流线路再启动

续表

保护编号	保护名称	保护定值	延时	保护动作策略
33	直流线路从差保护	$\Delta I_d \geqslant 0.1\text{p. u.}$	5s	直流线路再启动
34	永久故障保护	$N=3$(再启动次数)	180ms	紧急停运
35	合差保护	$\|I_{dyc}+I_{dycop}+l_{ee\_tot}\|\geqslant$ 0.05p. u.	500ms	报警
36	接地极引线横差保护	$\|I_{ee}-I_{eeop}\|\geqslant 0.02\text{p. u.}$	1s	报警
37	大地回线转换开关保护(重合 GRTS)	$I_{dylop}\geqslant 30\text{A}$ $I_{dyc}>600\text{A}$	149ms	报警,重合 GRTS
38	金属回线转换断路器保护(重合 MRTB)	$I_{ee\_tot}\geqslant 60\text{A}$	149ms	报警,重合 MRTB
39	开关跳闸保护	$I_{dyc}\leqslant 0.05\text{p. u.}$	20ms	跳低压高速开关
40	紧急触发保护	I_{acy} 或 $I_{acd}\geqslant 1.2\text{p. u.}$ 后,回 $<1.0\text{p. u.}$,又$\geqslant 1.2\text{p. u.}$	0ms	触发全部换流阀
41	维修盘手动紧急停运保护		0ms	紧急停运
42	站控软件紧急停运保护		0ms	紧急停运
43	快速停运后备保护	快速停运启动	90s	紧急停运
44	接地极引线断线保护(Ⅱ段)	$U_{ee}\geqslant 5\text{kV}$ $I_{ee}+I_{eeop}\leqslant 48\text{A}$	0.5s	紧急停运
45	通信故障时逆变站紧急停运保护	$I_{dc}\leqslant 0.05\text{p. u.}$	3s	紧急停运
46	无功减载保护	$P_d>P_d(q)\text{ limit}$	20s/40s	报警/紧急停运
47	脉冲丢失保护	$\gamma\leqslant 5°$;$U_{ac}\geqslant 0.5\text{p. u.}$	120ms	紧急停运

2. 天广直流输电工程

天广直流输电工程的直流保护采用德国 SIEMENS 公司的 SIMADYN D 系统。直流保护的冗余方式同样为三取二配置。天广直流输电工程的直流保护分别安放在两个保护柜中,输出与其他装置的保护跳闸信号一起分别送给换流器两个控制通道及变压器保护柜的两套跳闸回路。天广直流输电工程直流保护一览表见表 6-2。

表 6-2 天广直流输电工程直流保护一览表

序号	保护名称	代码	保护定值	延时	动作策略
1. 换流器保护					
1.1	短路保护	87SCY/ 87SCD	$I_{acY} - \min(I_{dH}, I_{dN}) > 2.0 \text{p.u.}$ $I_{acD} - \min(I_{dH}, I_{aN}) > 2.0 \text{p.u.}$	0ms	(1) 启动紧急停运; (2) 跳中性母线高速开关; (3) 跳换流变压器; (4) 脉冲闭锁(整流侧); (5) 启动中央报警、事件记录、故障录波
1.2	交流过电流保护	50/51C-4	$I_{ac} > 3.7 \text{p.u.}$	5ms	(1) 启动紧急停运; (2) 跳换流变压器; (3) 启动中央报警、事件记录、故障录波
		50/51C-3	$I_{ac} > 2.0 \text{p.u.}$	100ms	
		50/51C-2	$I_{ac} > 1.65 \text{p.u.}$	15s	
		50/51C-1	$I_{ac} > 1.5 \text{p.u.}$	20s	
1.3	桥差动/换相失败保护	87CBY-1/ 87CBD-1	$I_{ac} - I_{acY} > 0.4 \text{p.u.}$ $I_{ac} - I_{acD} > 0.4 \text{p.u.}$	200ms	(1) 电流降低至 $0.3 I_{dref}$; (2) 启动中央报警、事件记录、故障录波
		87CBY-2/ 87CBD-2	$I_{ac} - I_{acY} > 0.1 \text{p.u.}$ $I_{ac} - I_{acD} > 0.1 \text{p.u.}$	200ms $(U_{AC}<)$ 1s $(U_{AC}>)$	(1) 启动紧急停运; (2) 跳换流变压器; (3) 启动中央报警、事件记录、故障录波
1.4	阀组差动保护	87CG-1	$\max(I_{dH}, I_{dN}) - I_{ac} > 0.4 \text{p.u.}$	200ms	(1) 电流降低至 $0.3 I_{dref}$; (2) 启动中央报警、事件记录、故障录波
		87CG-2	$\max(I_{dH}, I_{dN}) - I_{ac} > 1.0 \text{p.u.}$	10ms	(1) 启动紧急停运; (2) 跳换流变压器; (3) 启动中央报警、事件记录、故障录波
			$\max(I_{dH}, I_{dN}) - I_{ac} > 0.1 \text{p.u.}$	1s	
1.5	直流差动保护	87DCM	$\text{ABS}(I_{dH} - I_{dN}) > 0.05 \text{p.u.}$	5ms	(1) 启动紧急停运; (2) 跳中性母线高速开关; (3) 跳换流变压器; (4) 脉冲闭锁(整流侧); (5) 启动中央报警、事件记录、故障录波
2. 直流母线保护配置					
2.1	极母线差动保护	87HV	$\text{ABS}(I_{dH} - I_{dL1}) > 0.5 \text{p.u.}$ 非单极并联运行 $\text{ABS}[I_{dH} - (I_{dL1} + I_{dL2})] > 0.5 \text{p.u.}$ 单极并联运行	10ms	(1) 启动紧急停运; (2) 跳中性母线高速开关; (3) 禁止解锁换流器; (4) 禁止旁通对触发(逆变侧); (5) 启动中央报警、事件记录、故障录波

续表

序号	保护名称	代码	保护定值	延时	动作策略
2.2	中性母线差动保护	87LV	$ABS(I_{dN}-I_{dE})>0.05p.u.$	800ms	（1）启动紧急停运； （2）跳中性母线高速开关； （3）禁止解锁换流器； （4）启动中央报警、事件记录、故障录波
			$ABS(I_{dN}-I_{dE})>0.25p.u.$	10ms	
2.3	直流差动后备保护	87DCB	$ABS(I_{dL}-I_{dE})>0.05p.u.$	800ms	（1）启动紧急停运； （2）跳中性母线高速开关； （3）禁止解锁换流器； （4）启动中央报警、事件记录、故障录波
			$ABS(I_{dL}-I_{dE})>0.25p.u.$	50ms	
2.4	直流过电流保护	76-4	$I_{dH}>2.50p.u.$	50ms	（1）启动紧急停运； （2）禁止解锁换流器； （3）启动中央报警、事件记录、故障录波
		76-3	$I_{dH}>2.00p.u.$	100ms	
		76-2	$I_{dH}>1.65p.u.$	15s	
		76-1	$I_{dH}>1.50p.u.$	60min	

3. 接地极引线保护配置

序号	保护名称	代码	保护定值	延时	动作策略
3.1	接地极母线差动保护	GR方式	$ABS[(I_{dE1}-I_{dE2})-(I_{dee1}+I_{dee2})]>0.05p.u.$	800ms	（1）换流器闭锁； （2）启动中央报警、事件记录、故障录波
			$ABS[(I_{dE1}-I_{dE2})-(I_{dee1}+I_{dee2})]>0.25p.u.$	300ms	
		MR方式	$ABS[(I_{dE1}-I_{dE2})-I_{dL2}]>0.25p.u.$	300ms	
			$ABS[(I_{dE1}-I_{dE2})-I_{dL2}]>0.05p.u.$	800ms	
		BP方式	$ABS[(I_{dE1}-I_{dE2})-(I_{dee1}+I_{dee2})]>0.05p.u.$	800ms	启动中央报警、事件记录、故障录波
			$ABS[(I_{dE1}-I_{dE2})-(I_{dee1}+I_{dee2})]>0.25p.u.$	300ms	
3.2	接地极电流不平衡保护	GR方式	$ABS(I_{dee1}-I_{dee2})>0.05p.u.$	500ms	（1）换流器闭锁； （2）启动中央报警、事件记录、故障录波
		MR方式			
		BP方式			启动中央报警、事件记录、故障录波
3.3	接地极过电流保护		$I_{dee1}>0.9p.u.$ $I_{dee2}>0.9p.u.$	1s	（1）换流器闭锁； （2）启动中央报警、事件记录、故障录波

序号	保护名称	代码	保护定值	延时	动作策略
3.4	过电压保护(接地极开路保护)	BP 方式	$U_{dN}>1.6$p.u.(80kV)	100ms	(1) 合高速接地开关;(2) (在 &$I_{dee4}>0.1$p.u. 时)换流器闭锁;(3) 启动中央报警、事件记录、故障录波
		GR 方式	$U_{dN}>1.6$p.u.(80kV)	20ms	(1) 合高速接地开关;(2) 换流器闭锁;(3) 启动中央报警、事件记录、故障录波
		MR 方式	$U_{dN}>1.6$p.u.(80kV)	20ms	(1) 合高速接地开关;(2) 换流器闭锁;(3) 启动中央报警、事件记录、故障录波
3.5	金属回线接地故障保护		$I_{dee4}>0.05$p.u.	800ms	(1) (若 OEP 动作)换流器闭锁;(2) 启动中央报警、事件记录、故障录波
4. 直流线路保护配置					
4.1	行波保护		$du/dt>17.5\%$ & $U_{dL}>40\%$ & $I_{dL}>40\%$(逆变器)/$I_{dL}>15\%$(整流器)	0ms	(1) 启动直流线路故障恢复顺序(整流侧);(2) 启动中央报警、事件记录、故障录波
4.2	直流低电压保护		$U_{dL}<25\%$ & after $du/dt>17.5\%$	50ms	(1) 启动直流线路故障恢复顺序(整流侧);(2) 启动中央报警、事件记录、故障录波
4.3	直流线路差动保护		$\mathrm{ABS}(I_{dL}-I_{dLother\,station})>0.05$p.u.	500ms	(1) 启动直流线路故障恢复顺序(整流侧);(2) 启动中央报警、事件记录、故障录波
4.4	交流—直流导线碰线保护		$I_{dL}(50\mathrm{Hz})>0.05$p.u.$U_{dL}(50\mathrm{Hz})>0.4$p.u.	0ms	(1) 换流器闭锁;(2) 启动中央报警、事件记录、故障录波
4.5	金属回路导线保护		已经包含在 51MGFP(金属回线接地故障保护)中		

续表

序号	保护名称	代码	保护定值	延时	动作策略
5. 基波保护配置					
5.1	50Hz 检测 Ⅰ 段 (81-50Hz-1)		$I_{dL}(50\text{Hz})>0.05\text{p. u.}$	1s	(1) 电流降低至 $0.3I_{dref}$； (2) 启动报警、事件记录、故障录波
5.2	100Hz 检测 Ⅰ 段 (81-100Hz-1)		$I_{dL}(100\text{Hz})>0.05\text{p. u.}$		
5.3	50Hz 检测 Ⅱ 段 (81-50Hz-2)		$I_{dL}(50\text{Hz})>0.05\text{p. u.}$	200ms	(1) 换流器闭锁； (2) 启动报警、事件记录、故障录波
5.4	100Hz 检测 Ⅱ 段 (81-100Hz-2)		$I_{dL}(100\text{Hz})>0.05\text{p. u.}$		
6. 高速开关保护(8区)配置					
6.1	高速中性母线开关保护		$I_{dE}>0.04\text{p. u.}$	150ms	(1) 重合中性母线高速开关； (2) 若仍检测到接地故障,启动另一极闭锁
6.2	高速接地开关保护		$I_{dee4}>0.04\text{p. u.}$	150ms	重合高速接地开关
6.3	金属回线转换断路器保护		$I_{dee3}>0.04\text{p. u.}$	150ms	禁止断开 MRTB,重合 MRTB
			$I_{dee3}<0.03\text{p. u.}$	150ms	请求合上 MRTB 时,禁止断开金属回线开关(MRS)
6.4	大地回线转换开关保护		$I_{dLop}>0.04\text{p. u.}$	150ms	禁止断开 MRS,重合MRS
			$I_{dLop}>0.03\text{p. u.}$	150ms	请求合上 MRS 时,禁止断开 MRTB
7. 直流侧其他保护配置					
7.1	对方站故障检测		$U_{dL}(100\text{Hz})>0.1\text{p. u.}$ & $I_{dL}(50\text{Hz})>0.05\text{p. u.}$ & 通信中断 & 整流器侧	1s	整流侧换流器闭锁
			$U_{dL}(100\text{Hz})>0.1\text{p. u.}$ & $I_{dL}(50\text{Hz})>0.05\text{p. u.}$ & 通信中断 & 整流器侧 & $U_{dL}>1.1\text{p. u.}$	10ms	
7.2	交流阀绕组接地故障监测		$U_0>0.1\text{p. u.}$ (208/SQR3=12kV) & 换流器未解锁	1s	禁止解锁

3. 三常直流输电工程

三常直流输电工程的直流保护采用瑞典 ABB 公司的 MARCH2 系统。它包括四组保护：①换流器保护；②极保护（包括直流开关场保护、中性母线保护、直流线路保护和直流滤波器保护）；③双极保护（包括双极中性线保护及接地极引线保护）；④换流器交流母线和换流变压器保护。

直流控制保护系统采用了冗余工作与备用概念。每套系统由主保护和备用保护构成。两套主系统中的任何一套都由两个主机（MC1 和 MC2）构成，其中 MC1 包括直流控制和第一套保护，MC2 包括第二套保护。直流保护的名称、定值、延时以及动作策略见表 6-3，未包括换流变压器、交直流滤波器等设备保护。

表 6-3　三常直流输电工程直流保护一览表

名称	测量点	保护定值	延时	动作策略
1. 换流器保护				
阀短路保护	I_{VY}、I_{VD}、I_{DNE}、I_{DNC}、T_4、I_{CN}、I_{DL}、I_{ANC}	$(\text{max}\_I_{VYD}-I_{D\_max})>(0.5\times \text{p.u.}+0.2\times I_{D\_max})$	0.5ms	（1）紧急移相闭锁换流器；（2）跳换流变压器交流侧断路器；（3）发出极隔离指令
换相失败保护	I_{VY}、I_{VD}、I_{DNE}、T_4、I_{CN}、I_{DL}、I_{ANC}	单六脉动桥 $I_{Dmax}-I_V>(0.133\text{p.u.}+0.1\times I_{Dmax})$ & $I_V<65\times I_{Dmax}$ & $U_{ac}>0.65\text{p.u.}$，展宽 150ms	550ms	控制系统切换
			600ms	（1）紧急移相闭锁换流器；（2）跳换流变压器交流侧断路器；（3）发出极隔离指令
		任一六脉动桥 $I_{Dmax}-I_V>(0.133\text{p.u.}+0.1\times I_{Dmax})$ & $I_V<65\times I_{Dmax}$ 展宽 500ms	1.8s	控制系统切换
			2.6s	（1）紧急移相闭锁换流器；（2）跳换流变压器交流侧断路器；（3）发出极隔离指令
		任一六脉动桥 $I_{Dmax}-I_V>(0.133\text{p.u.}+0.1\times I_{Dmax})$ & $I_V<65\times I_{Dmax}$ 展宽 2s	8s	控制系统切换
			10s	（1）紧急移相闭锁换流器；（2）跳换流变压器交流侧断路器；（3）发出极隔离指令
电压应力保护	TCP、FREQ、U_{AC}	$U_{dio}>U_{dioG}$	2s	禁止分接头向高挡调节
		$U_{dio}>U_{dioL}$	155s	分接头向低挡调节
		$U_{dio}>1.02\times U_{dioabsmax}$	158s	（1）控制系统切换；（2）紧急移相闭锁换流器；（3）跳换流变压器交流侧断路器；（4）闭锁换流变压器交流侧断路器

续表

名称	测量点	保护定值		延时	动作策略
阀触发异常保护	CP、FP	误触发和不触发		80ms	控制系统切换
				100ms	（1）紧急移相闭锁换流器；（2）跳换流变压器交流侧断路器；（3）闭锁换流变压器交流侧断路器
可控硅监视	VBE	每个阀 3 个可控硅故障			报警
		每个阀 4 个可控硅故障			控制系统切换（闭锁阀解锁指令）
		每个阀 6 个可控硅故障			跳换流变压器交流侧断路器
阀结温保护	I_{DNC}、CWT、α、γ、U_D、I_0	阀结温 92℃		50ms	减负荷
		冷却水出水温度 69.6℃		50ms	减负荷
				3s	紧急移相闭锁换流器
大触发角监视	U_{AC}、α、γ	电抗器温度 96℃		65min	禁止换流变压器分接头向高挡调节
		电抗器温度 99℃		65min	换流变压器分接头向低挡调节
		电抗器温度 100℃		73min	控制系统切换
		电抗器温度 101℃		81min	紧急移相闭锁换流器
直流过电压保护	I_{DNE}、U_{DN}、U_{DL}	$U_{DL}>1.08$p.u. 或 $U_{DL}-U_{DN}>1.08$p.u.		30s	控制系统切换
		$U_{DL}-U_{DN}>1.1$p.u.		61s	投旁通对闭锁换流器
				60s	紧急移相闭锁换流器
2. 极保护					
极母线差动保护	I_{DL}、T_1、I_{DNC}	150A		1s	报警
		$I_{diff}>(0.4+0.2\times I_D/3000)\times 3000$		2ms	控制系统切换
				6ms	（1）投旁通对闭锁换流器；（2）跳换流变交流侧断路器；（3）发出极隔离指令
极差动保护	I_{DL}、I_{DNE}、I_{ANC}、I_{CN}		$I_{diff}>90A$	4.1ms	报警
				4.2ms	控制系统切换
		慢速部分	$I_{diff}>(0.05+0.2\times I_D/3000)\times 3000$	250ms	控制系统切换
				300ms	（1）投旁通对闭锁换流器；（2）跳换流变交流侧断路器；（3）发出极隔离指令
		快速部分	$I_{diff}>(0.4+0.2\times I_D/3000)\times 3000$	7ms	控制系统切换
				15ms	（1）投旁通对闭锁换流器；（2）跳换流变交流侧断路器；（3）发出极隔离指令

名称	测量点	保护定值	延时	动作策略
接地极断线保护	U_{DN}、I_{DNE}	正常方式 $U_{DN}>10\text{kV}$ MR 方式 $U_{DN}>50\text{kV}$	60s	合中性母线接地开关
			50s	控制系统切换
			90s	(1) 投旁通对闭锁换流器； (2) 跳换流变交流侧断路器； (3) 发出极隔离指令
		正常方式 $U_{DN}>20\text{kV}$ MR 方式 $U_{DN}>60\text{kV}$	300ms	控制系统切换
			350ms	合中性母线接地开关
			400ms	(1) 投旁通对闭锁换流器； (2) 跳换流变交流侧断路器； (3) 发出极隔离指令
		正常方式 $U_{DN}>30\text{kV}$ $I_{DNE}<75\text{A}$ MR 方式 $U_{DN}>75\text{kV}$ $I_{DNE}<75\text{A}$	10ms	(1) 投旁通对闭锁换流器； (2) 跳换流变交流侧断路器； (3) 发出极隔离指令
直流滤波器 C1 电容不平衡保护（Ⅰ、Ⅱ、Ⅲ段）	T_4、I_{UNB}	12/24 电容器不平衡保护		
		龙泉：$I(150\text{Hz})>101.2\text{A}$ $I(300\text{Hz})>53.9\text{A}$ $I(600\text{Hz})>50.6\text{A}$	0（一个电容损坏）	报警（2 周波）
		政平：$I(150\text{Hz})>104.2\text{A}$ $I(300\text{Hz})>50\text{A}$ $I(600\text{Hz})>52.6\text{A}$	0（一个电容损坏）	报警（2 周波）
		龙泉：$I(150\text{Hz})>306.2\text{A}$ $I(300\text{Hz})>163.0\text{A}$ $I(600\text{Hz})>153.1\text{A}$	2h（一个单元电容损坏）	拉开故障滤波器两侧隔离开关
		政平：$I(150\text{Hz})>315.2\text{A}$ $I(300\text{Hz})>151.3\text{A}$ $I(600\text{Hz})>159.3\text{A}$		
		龙泉：$I(150\text{Hz})>620.0\text{A}$ $I(300\text{Hz})>330.0\text{A}$ $I(600\text{Hz})>310.0\text{A}$	0（两个单元电容损坏）	(1) 拉开故障滤波器两侧隔离开关； (2) 当最小滤波器组不满足时闭锁换流器
		政平：$I(150\text{Hz})>639.2\text{A}$ $I(300\text{Hz})>306.8\text{A}$ $I(600\text{Hz})>323.0\text{A}$		

名称	测量点		保护定值	延时	动作策略
直流滤波器C1电容不平衡保护（Ⅰ、Ⅱ、Ⅲ段）	T_4、I_{UNB}	12/36电容器不平衡保护	龙泉：$I(150\text{Hz})>101.2\text{A}$ $I(300\text{Hz})>53.9\text{A}$ $I(600\text{Hz})>51.4\text{A}$ 政平：$I(150\text{Hz})>104\text{A}$ $I(300\text{Hz})>50.2\text{A}$ $I(600\text{Hz})>53.2\text{A}$	0	报警(两周波)
			龙泉：$I(150\text{Hz})>306.2\text{A}$ $I(300\text{Hz})>163.0\text{A}$ $I(600\text{Hz})>155.6\text{A}$ 政平：$I(150\text{Hz})>304.7\text{A}$ $I(300\text{Hz})>152\text{A}$ $I(600\text{Hz})>162\text{A}$	2h	拉开故障滤波器两侧隔离开关
			龙泉：$I(150\text{Hz})>620.0\text{A}$ $I(300\text{Hz})>330.0\text{A}$ $I(600\text{Hz})>315.0\text{A}$ 政平：$I(150\text{Hz})>637.8\text{A}$ $I(300\text{Hz})>308.1\text{A}$ $I(600\text{Hz})>328.4\text{A}$	0	(1)拉开故障滤波器两侧隔离开关； (2)当最小滤波器组不满足时闭锁换流器
直流滤波器差动保护	T_1、T_4 额定电流100A		$I_{diff}>20\text{A}$	2s	控制系统切换
				2.05s	(1)拉开故障滤波器两侧隔离开关； (2)当 $I_{diff}>180\text{A}$ 时，禁止滤波器两侧隔离开关动作，闭锁换流器
直流滤波器过负荷保护	T_3、T_4		$P>0.95\text{p.u.}$ $P>1.0\text{p.u.}$		报警，换流器闭锁，跳换流变交流侧断路器，发出极隔离指令
直流线路行波保护	I_{CN}、U_{DL}、I_{DEL}、I_{DL}		极线波阻抗256.2Ω，接地极引线波阻抗493Ω，一般模式波临界值75kV，极线波临界值210kV		启动再启动程序

名称	测量点	保护定值		延时	动作策略
直流线路突变量和欠压保护	I_{DL}、U_{DL}	微分部分	电压定值(整流/逆变)0.5p. u. /0.75p. u.	0.2ms	启动再启动程序
			电压微分定值 1(整流/逆变)−150kV	0	
			电压微分定值 2(整流/逆变)−125kV	0.15ms	
				0.4ms	
			电流微分定值(整流/逆变)0.5p. u. /ms	0.5ms	
		欠压	正常运行 0.5p. u.降压运行 0.3p. u.	40ms	控制系统切换
				100ms	启动再启动程序
				820ms	当无通信时,启动再启动程序
直流线路纵差保护	I_{DL}、I_{DL5}^{*}	$I_{diff}=I_{DLOCAL}-I_{DREMOTE}>I_{REF1}$ $30<I_{REF1}=0.1\times I_{DLOCAL}<150$		100ms	报警(允许通道延时 100ms)
				300ms	控制系统切换
		$I_{diff}=I_{DLOCAL}-I_{DREMOTE}>I_{REF1}$ $30<I_{REF1}=0.3\times I_{DLOCAL}<150$		400ms	启动再启动程序
交直流碰线保护	I_{DL}、I_{DL5}^{*}	相对地基波电压大于 80kV		50ms	保护动作,保持 500ms 投旁通对闭锁,极隔离,交流断路器跳闸
再启动保护	I_{DL}、I_{DL5}^{*}	双极模式	以故障前电压启动次数	2 次	紧急移相闭锁换流器
			降压(0.7)启动次数	1 次	
		单极模式	以故障前电压启动次数	1 次	
			降压(0.7)启动次数	1 次	
		通信故障	以故障前电压启动次数	1 次	
中性母线开关保护	I_{DNE}	>75A		125ms	控制系统切换
				140ms	重合 NBS

名称	测量点	保护定值	延时	动作策略
开路试验保护	I_{DNE}、I_{VD}、I_{VY}、U_D	$U_{DL}-U_{DCAL}>0.25\times U_{DNOR}$ 或 $I_{DNE}>60A$ 或 $\max(I_{VY}, I_{VD})-I_{DNE}>60A$	0	报警
		$U_{DL}-U_{DCALC}>0.3U_{DNOR}$ 或 $I_{DNE}>75A$	4ms	跳闸（直流侧故障），跳交流断路器
		$\max(I_{VY},I_{VD})-I_{DNE}>75A$	2ms	跳闸（交流侧故障），跳交流断路器
直流谐波保护	I_{DNE}	对于二次谐波：173A	$\tau=9s$	报警
		对于二次谐波：206A		控制系统切换
		对于二次谐波：247.5A		换流器闭锁，跳换流变压器交流侧断路器，发出极隔离指令
		对于基波：150A		报警
		对于基波：210A		控制系统切换
		对于基波：270A		换流器闭锁，跳换流变压器交流侧断路器，发出极隔离指令
中性线差动保护	I_{DNC}、I_{DNE}、I_{ANC}、I_{CN}、T_4	150A	1s	报警
		$I_{diff}>(0.1+0.2\times I_D/3000)\times 3000$	6ms	控制系统切换
			16ms	换流器闭锁，跳换流变压器交流侧断路器，发出极隔离指令
直流欠压保护	α、U_{DL}、I_{DNE}	$D_L<0.5p.u.$	2s	换流器闭锁，跳换流变压器交流侧断路器，发出极隔离指令
			4s	
		α（整流侧）$>60°$ 且 $I_{DNE}>0.3p.u.$	400ms	
		α（逆变侧）$>60°$ 且 $I_{DNE}>0.3p.u.$	500ms	
功率反向保护	U_{DL}、I_{DNE}	功率等级1：300MW	50ms	换流器闭锁，跳换流变压器交流侧断路器，发出极隔离指令
		功率等级2：200MW	70ms	
		功率等级3：200MW	80ms	
			100ms	
		电压等级1：0.1p.u.		
后备中性母线隔离开关保护		$>75A$	130ms	换流器闭锁，跳换流变压器交流侧断路器，发出极隔离指令
			150ms	

名称	测量点	保护定值	延时	动作策略
3. 双极保护				
双极中性线差动保护	I_{DNE1}、I_{DNE2}、I_{DEL1}、I_{DEL2}、I_{DGND}、I_{DME}、I_{ANCE}	$I_{diff}=I_{DNE1}-I_{DNE2}-(I_{DEL1}+I_{DEL2}+I_{DGND}+I_{DME}+I_{ANCE})$，双极运行时 $I_{diff}>75A$	1s	报警
		双极运行时 $I_{diff}>0.1\times(I_{DNE1}-I_{DNE2})+100A$	130ms	控制系统切换
			200ms	发出极平衡指令
			700ms	控制系统切换
			1.2s	合上 NBGS
			2s	换流器闭锁，极隔离，交流断路器跳闸
		单极运行时 $I_{diff}>75A$	1s	报警
		单极运行时 $I_{diff}>0.1\times(I_{DNE1}-I_{DNE2})+100A$	130ms	控制系统切换
			150ms	功率回降
			600ms	换流器闭锁，极隔离，交流断路器跳闸
金属回线纵差保护	I_{DME} 和对站 I_{DME}	$I_{diff}>I_{REF1}$，$I_{diff}=I_{DME\_L}-I_{DME\_R}$，$I_{REF1}=0.1\times I_{DME\_L}$ 且 $60A<I_{REF1}<150A$	100ms	报警
			300ms	控制系统切换
		$I_{diff}>I_{REF2}$，$I_{REF2}=0.3\times I_{DME\_L}$ 且 $60A<I_{REF1}<150A$	300ms	功率回降直至重新启动
			550ms	换流器闭锁，极隔离，交流断路器跳闸
接地极引线过负荷保护	I_{DEL1}、I_{DEL2}	$I_{DEL1}>0.75\times I_{DNOM}$ 或 $I_{DEL2}>0.75\times I_{DNOM}$	500ms	报警
			10s	控制系统切换
			120s	单极运行时，功率回降至设定值
				双极运行时，极平衡
NBGS 保护（0060）	I_{DGND}	开关断开后，I（接地直流电流）$>75A$	125ms	控制系统切换
			140ms	重合 NBGS 开关并闭锁
		开关断开后，I（接地直流电流）$>200A$	3s	控制系统切换，发出极平衡指令，换流器闭锁，极隔离，交流断路器跳闸
MRTB 保护（0030）	I_{DEL1}/I_{DEL2}	开关断开后，I（接地直流电流）$>75A$	195ms	控制系统切换
			210ms	重合 MRTB 开关
GRTS 保护（0040）	I_{DME}	开关断开后，I（接地直流电流）$>75A$	125ms	控制系统切换
			140ms	重合 GRTS 开关

续表

名称	测量点	保护定值	延时	动作策略
NBGS后备保护（0060）	$I_{DME}/I_{DEL1}/I_{DEL2}/I_{DNE1}/I_{DNF2}$	开关断开后，I（接地直流电流）$>75A$	130ms	控制系统切换
			150ms	重合 NBGS 开关
		开关断开后，I（接地直流电流）$>200A$	3s	双极运行时，控制系统切换，发出极平衡指令，换流器闭锁，极隔离，交流断路器跳闸
			3s	单极运行时，控制系统切换，发出功率回降指令，换流器闭锁，极隔离，交流断路器跳闸
MRTB后备保护（0030）	$I_{DME}/I_{DGND}/I_{DNE1}/I_{DNE2}$	开关断开后，I（接地直流电流）$>75A$	200ms	控制系统切换
			220ms	重合 MRTB 开关
GRTS后备保护（0040）	$I_{DEL1}/I_{DEL2}/I_{DGND}/I_{DNE1}/I_{DNE2}$	开关断开后，I（接地直流电流）$>75A$	130ms	控制系统切换
			150ms	重合 GRTS 开关
站接地过电流保护	$I_{DEL1}/I_{DEL2}/I_{DME}/I_{DNE1}/I_{DNE2}$	$I_{diff}>100A$	1s	报警
		双极运行时 $I_{diff}>100A$	1.4s	控制系统切换
			1.5s	发出双极平衡指令
			2s	控制系统切换
			2.5s	合上 NBGS 开关
			3s	跳闸
		单极运行时 $I_{diff}>200A$	0.9s	控制系统切换
			2s	Y 闭锁，极隔离，交流断路器跳闸和闭锁
金属回线横差动保护	$I_{DNE1}/I_{DNE2}/I_{DME}$	$I_{diff}>90A$	4s	报警
仅政平侧		$I_{diff}>(0.05+0.2\times I_d/3000)\times3000$	4.1s	控制系统切换
			650ms	控制系统切换
			750ms	换流器闭锁，发出极隔离指令，跳交流侧断路器
金属回线接地电流保护	$I_{DEL1}/I_{DEL2}/I_{DGND}/I_{DNE1}/I_{DNE2}$	I_{DGND} 或 $(I_{DEL1}+I_{DEL2})>(0.1\times I_{DNE}+50)\times0.8$	500ms	控制系统切换

续表

名称	测量点	保护定值	延时	动作策略
仅政平侧		I_{DGND} 或（$I_{DEL1} + I_{DEL2} > 0.1 \times I_{DNE} + 50$）	150ms	控制系统切换
			200ms	发出功率回降指令直至重新启动
			450ms	换流器闭锁，发出极隔离指令，跳交流侧断路器
接地极引线阻抗监视		100Ω	10s	报警
接地极引线不平衡报警	I_{DEL1} / I_{DEL2}	$I_{DEL1} - I_{DEL2} > 60A$	50ms	报警

参考文献

[1]　赵婉君.高压直流输电工程技术[M].2 版.北京：中国电力出版社，2011.

第 7 章 主设备保护

主设备保护与电力线路保护截然不同。主设备仅位于一个地点,便于获取不同引线端的测量值。电力线路两端之间通常具有一定的距离,甚至相距甚远,采集、比较线路两端的测量值相对困难。因此,主设备保护的基本理念是差动保护,测量所有流入一个设备的电流之和。在正常运行中,不管保护对象是发电机、变压器还是母线,这个电流和都等于零。如果电流和不为零且存在较大的流入电流,则说明设备各引线端内发生了故障。同时,主设备保护有其复杂性。现代大型发电机故障类型众多,故障分析困难,具有相间短路、匝间短路、定子绕组故障和转子绕组故障等多种故障类型,基于传统的对称分量法和派克变换的故障分析难以获得准确的故障特征,造成保护方案难以覆盖所有故障。变压器保护原理成熟,科研人员对变压器励磁涌流识别已开展了深入研究并提出了多种励磁涌流甄别方法,但是运行变压器之间的和应涌流导致差动保护误动的事故时有发生,和应涌流识别技术是近期变压器保护研究的重点。本章主要介绍了主设备保护的基本原理、发电机多回路分析法和保护定量化设计,以及变压器和应涌流的分析和甄别方法。

7.1 发电机定子绕组保护

7.1.1 发电机纵差保护

1. 基本原理

纵差保护的基本原理是比较发电机两侧电流的大小和相位。它是反映发电机及其引出线的相间短路故障的主保护,能快速而灵敏地切除发电机内部故障[1-8]。同时,为保证正常运行及外部故障时纵差保护可靠闭锁,发电机纵差保护的启动电流按躲过最大不平衡电流整定。

(1)躲过正常运行时电流互感器二次回路断线引起的不平衡电流,保护装置的启动电流整定为大于发电机的额定电流,引入可靠系数 K_{rel}(一般取 1.3),考虑电流互感器变比,则保护装置和继电器的启动电流分别为

$$\begin{cases} I_{act} = K_{rel} I_{N.G} \\ I_{k.act} = K_{rel} I_{N.G} / n_{TA} \end{cases} \tag{7-1}$$

式中，$I_{N.G}$ 为发电机的额定电流；I_{act} 为保护装置的启动电流；$I_{k.act}$ 为继电器的启动电流；n_{TA} 为电流互感器变比。

（2）躲过外部故障时的最大不平衡电流，继电器的启动电流为

$$I_{k.act} = K_{rel} I_{unb.max} \qquad (7\text{-}2)$$

式中，$I_{unb.max}$ 为外部故障时的最大不平衡电流。

取上述两者中的较大值为保护的启动电流。

发电机纵差保护的灵敏性以灵敏系数来衡量，其定义为

$$K_{sen} = \frac{I_{k.min}}{I_{act}} \qquad (7\text{-}3)$$

式中，$I_{k.min}$ 为发电机内部故障时流过保护装置的最小短路电流，传统上考虑在系统最小运行方式下，发电机出线端发生两相短路时的短路电流。

对灵敏系数的要求一般是不低于 2。对 100MW 及以上的大容量发电机，当灵敏系数不满足要求时，采用具有比率制动特性的差动继电器，使继电器的启动电流随着制动电流的大小而变化，保证外部故障时可靠躲开最大不平衡电流，同时保证内部故障时的灵敏性。

发电机纵差保护可以无延时地切除保护范围内的各种故障，同时又不反映发电机的过负荷和系统振荡，且灵敏系数一般较高。因此，纵差保护毫无例外是大型发电机的主保护。

2. 不完全纵差保护

大容量发电机额定电流大，定子绕组每相由两个或多个并联分支组成，如图 7-1 所示。对图 7-1 所示的每相定子绕组由两个支路并联组成的发电机，电流互感器 TA3 取分支绕组电流，电流互感器 TA1 取机端电流，两个电流互感器的电流共同输入差动继电器 KD，并使电流互感器 TA1 的变比与电流互感器 TA3 的变比满足 $n_{TA1} =$

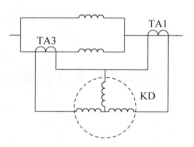

图 7-1　不完全纵差保护原理接线图

$2n_{TA3}$，即构成不完全纵差保护。不完全纵差保护与完全纵差保护一起构成相间短路的双重化主保护，同时能对匝间短路和分支绕组开焊提供保护。

7.1.2　发电机横差保护

1. 基本原理

大容量发电机额定电流大，其每相都由两个或多个并联绕组组成，如图 7-2 所示。正常情况下，两个绕组中的电动势相等，各提供一半的负荷电流。当任一绕组中发生匝间短路时，两个绕组中的电动势不再相等，会由于出现电动势差而产生一

个均衡电流,在两个绕组中环流。因此,利用反映两个支路电流之差的原理即可实现对发电机定子绕组匝间短路的保护,即横差保护。

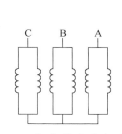

图 7-2　大容量发电机内部
接线示意图

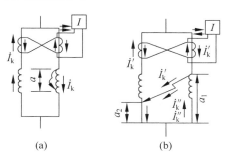

(a)　　　　　　(b)

图 7-3　发电机绕组匝间短路的电流分布
(a) 在某一绕组内部匝间短路;(b) 在同相不同绕组匝间短路

(1) 如图 7-3(a)所示,在某一个绕组内部发生匝间短路,由于故障支路和非故障支路的电动势不相等,产生环流 I_k,差动继电器回路中流过的电流为

$$I = \frac{2I_k}{n_{TA}} \qquad (7\text{-}4)$$

当此电流大于继电器的启动电流时,保护即动作于跳闸。短路匝数 α 越多,则环流越大;而当短路匝数 α 较小时,保护就可能不动作。因此,保护是有死区的。

(2) 如图 7-3(b)所示,在同相的两个绕组间发生匝间短路,当 $\alpha_1 \neq \alpha_2$ 时,由于两个支路的电动势差,将分别产生两个环流 I'_k 和 I''_k,此时继电器中的电流为

$$I = \frac{2I'_k}{n_{TA}} \qquad (7\text{-}5)$$

当 α_1 与 α_2 差值很小时,也会出现保护的死区。例如极端情况 $\alpha_1 = \alpha_2$,表示在电动势等位点上短接,差动继电器中无电流流过。

2. 单元件横差保护

在定子绕组每相分裂成两部分的情况下,可以只用一个电流互感器装于发电机两组绕组的星形中性点的连线上,如图 7-4 所示。由于一台发电机只装一个电流互感器 TA 和电流继电器,所以称为单元件横差保护。

单元件横差保护的实质是把一半绕组的三相电流之和与另一半绕组的三相电流之和进行比较,当发生前述各种匝间短路时此中性点连线上照样有环流流过,差动继电器动作。因为通过保护的是三相电流之和,是零序电流,故保护又称零序横差保护。

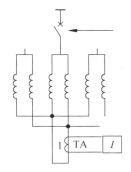

图 7-4　单元件横差保护
原理接线图

单元件横差保护接线简单,对相间短路、匝间短路及分支开焊等故障都有保护作用。单元件横差保护的接线中只有一个互感器,没有由于互感器不一致误差所产生的不平衡电流,因此其启动电流较三元件横差保护更小,灵敏度较高。根据运行经验,单元件横差保护的启动电流(一次值)可选为

$$I_{\text{act}} = (0.2 \sim 0.3)I_{\text{N.G}} \tag{7-6}$$

鉴于单元件横差保护原理及接线简单,对相间短路、匝间短路、开焊故障等都有保护作用,且灵敏度较高,因此该保护成为发电机定子绕组内部故障的主保护之一。与不完全纵差保护相比,单元件横差保护不仅所需互感器和差动电流继电器少,而且其匝间短路保护灵敏度较高。但横差保护对机端外部引线短路无保护作用,而不完全纵差保护对引出线短路有保护作用。

3. 裂相横差保护

对于每相具有三个以上分支的发电机还可以实现裂相横差保护,如图 7-5 所示。该保护的实质是将每相一部分分支电流之和与另一部分分支电流之和进行比较。如果所有的分支都包括在内,称为完全裂相横差保护,否则称为不完全裂相横差保护。裂相横差保护的工作原理和传统的横差保护的原理相同,其区别在于电流互感器的变比选择不同。仔细分析可知,裂相横差保护几乎可反映发电机内部的所有故障,是大型多分支发电机的有效保护方式。

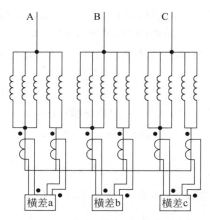

图 7-5　裂相横差保护原理图

7.1.3　发电机单相接地保护

1. 利用零序电流、电压的定子接地保护

发电机中性点都是不接地或经消弧线圈接地的。当发电机定子发生单相接地时,流经接地点的电流为发电机所在电网对地电容电流之总和,接地点的零序电压

将随接地点的位置不同而改变[1-8]。

如图 7-6(a)所示,假设 A 相接地发生在定子绕组距中心点 D 处,a 表示由中性点到接地点的绕组占全部绕组匝数的百分数,则接地点各相电势为 $a\dot{E}_A$、$a\dot{E}_B$ 和 $a\dot{E}_C$,而各相对地电压分别为

$$\begin{cases} \dot{U}_{AD} = 0 \\ \dot{U}_{BD} = a\dot{E}_B - a\dot{E}_A \\ \dot{U}_{CD} = a\dot{E}_C - a\dot{E}_A \end{cases} \tag{7-7}$$

因此,故障点的零序电压为

$$U_{k0(a)} = \frac{1}{3}(\dot{U}_{AD} + \dot{U}_{BD} + \dot{U}_{CD}) = -a\dot{E}_A \tag{7-8}$$

式(7-8)表明,故障点的零序电压将随着故障点位置的不同而改变。由此可作出发电机内部单相接地的零序等效网络,如图 7-6(b)所示。图中 C_{0G} 为发电机每相的对地电容,C_{01} 为发电机以外电网每相对地的等效电容。由此可求出发电机的零序电容电流和网络的零序电容电流分别为

$$\begin{cases} 3\dot{I}'_{0G} = j3\omega C_{0G}\dot{U}'_{k0(a)} = -j3\omega C_{0G}a\dot{E}_A \\ 3\dot{I}'_{01} = j3\omega C_{01}\dot{U}'_{k0(a)} = -j3\omega C_{01}a\dot{E}_A \end{cases} \tag{7-9}$$

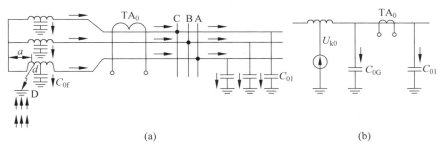

图 7-6 发电机内部单相接地时的电流分布

(a) 三相网络接线;(b) 零序等效网络

则故障点总的接地电流为

$$\dot{I}'_{k(a)} = -j3\omega(C_{0G} + C_{01})a\dot{E}_A \tag{7-10}$$

其有效值为 $3\omega(C_{0G} + C_{01})aE_\varphi$,式中 E_φ 为发电机的相电势。

流经故障点的接地电流与 a 成正比。因此,当故障点位于发电机出线端子附近时,$a \approx 1$,接地电流最大,其值为 $3\omega(C_{0G} + C_{01})U_\varphi$。

当发电机内部单相接地时,如图 7-6(b)所示,流经发电机零序电流互感器

TA_0 一次侧的零序电流为发电机以外电网的对地电容电流 $3\omega C_{01} a U_\varphi$。而当发电机外部单相接地时，如图 7-7 所示，流过 TA_0 的零序电流为流过发电机本身的对地电容的电流。

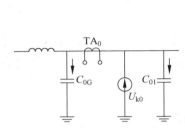

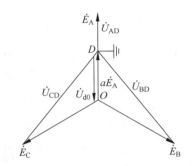

图 7-7　发电机外部单相接地时的零序等效网络　　　图 7-8　发电机内部单相接地时机端的电压矢量图

当发电机内部单相接地时，实际上无法直接获得故障点的零序电压，而只能借助于机端的电压互感器来进行测量。由图 7-6 可见，当忽略各相电流在发电机内阻抗上的压降时，机端各相的对地电压应分别为

$$\begin{cases} \dot{U}_{AD} = (1-a)\dot{E}_A \\ \dot{U}_{BD} = \dot{E}_B - a\dot{E}_A \\ \dot{U}_{CD} = \dot{E}_C - a\dot{E}_A \end{cases} \tag{7-11}$$

其矢量关系如图 7-8 所示。由此可求得机端的零序电压为

$$\dot{U}_{k0} = \frac{1}{3}(\dot{U}_{AD} + \dot{U}_{BD} + \dot{U}_{CD}) = -a\dot{E}_A = \dot{U}_{k0(a)} \tag{7-12}$$

其值和故障点的零序电压相等。

利用发电机定子绕组接地故障时的零序电流和机端零序电压可构成定子绕组单相接地零序电流保护和零序电压保护。但当发电机定子绕组在中性点附近接地时，通过零序电流互感器的对地电容电流很小，保护可能不启动，因此零序电流保护不可避免地存在一定的死区。为了减小死区的范围，应在满足发电机外部接地动作选择性的前提下尽量降低保护的启动电流。换言之，发电机定子绕组单相接地故障时通过保护的零序电流与系统对地电容成正比。当系统对地电容较小时，零序电流也很小，基于零序电流的定子接地保护灵敏度较低，甚至不能动作。零序电压保护同样存在保护死区。

2. 100%定子接地保护

由以上分析可知，利用零序电流和零序电压构成的接地保护对定子绕组都不能达到100%的保护范围。由于发电机气隙磁通密度的非正弦分布和铁磁饱和的影响,在定子绕组中感应的电动势除基波分量外,还含有高次谐波分量。其中三次谐波分量是零序性质的分量,虽然在线电动势中被消除,但是在相电动势中依然存在。

如果把发电机的对地电容等效地看作集中在发电机的中性点 N 和机端 S,且每相的电容大小都是 $0.5C_f$,并将发电机端引出线、升压变压器、厂用变压器以及电压互感器等设备的每相对地电容 C_w 等效在机端,并设三次谐波电动势为 E_3,那么当发电机中性点不接地时,其等值电路如图 7-9(a)所示。这时中性点及机端的三次谐波电压分别为

$$U_{N3} = \frac{C_f + 2C_w}{2(C_f + C_w)} E_3 \tag{7-13}$$

$$U_{S3} = \frac{C_f}{2(C_f + C_w)} E_3 \tag{7-14}$$

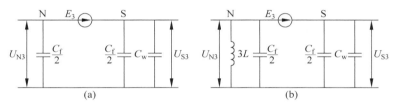

图 7-9　发电机三次谐波电动势和对地电容的等值电路图
(a) 中性点不接地;(b) 中性点经消弧线圈接地

机端三次谐波电压 U_{S3} 与中性点三次谐波电压 U_{N3} 之比为

$$\frac{U_{S3}}{U_{N3}} = \frac{C_f}{C_f + 2C_w} \tag{7-15}$$

由式(7-15)可知,在正常运行时,发电机中性点侧的三次谐波电压 U_{N3} 总是大于发电机端的三次谐波电压 U_{S3}。当发电机孤立运行时,即发电机出线端开路,$C_w = 0$ 时,$U_{N3} = U_{S3}$。

当发电机中性点经消弧线圈接地时,其等值电路如图 7-9(b)所示,假设基波电容电流被完全补偿,即

$$\omega L = \frac{1}{3\omega(C_f + C_w)} \tag{7-16}$$

此时发电机中性点侧对三次谐波的等值电抗为

$$X_{N3} = \frac{3\omega(3L)\left(\dfrac{-2}{3\omega C_f}\right)}{3\omega(3L) - \dfrac{2}{3\omega C_f}} \tag{7-17}$$

整理后得

$$X_{N3} = -\frac{6}{\omega(7C_f - 2C_w)} \tag{7-18}$$

发电机端对三次谐波的等值电抗为

$$X_{S3} = -\frac{2}{3\omega(C_f + 2C_w)} \tag{7-19}$$

因此,发电机端三次谐波电压和中性点三次谐波电压之比为

$$\frac{U_{S3}}{U_{N3}} = \frac{X_{S3}}{X_{N3}} = \frac{7C_f - 2C_w}{9(C_f + 2C_w)} \tag{7-20}$$

式(7-20)表明,接入消弧线圈后,中性点三次谐波电压 U_{N3} 在正常运行时比机端三次谐波电压 U_{S3} 大。在发电机出线端开路后,即 $C_w = 0$ 时,有

$$\frac{U_{S3}}{U_{N3}} = \frac{7}{9} \tag{7-21}$$

在正常运行情况下,尽管发电机的三次谐波电动势 E_3 随着发电机的结构及运行状态不同而改变,但是其机端三次谐波电压与中性点三次谐波电压的比值总是符合以上关系的。

当发电机定子绕组发生金属性单相接地时,设接地发生在距中性点 α 处,其等值电路如图 7-10 所示,此时不管发电机中性点是否接有消弧线圈,总是有 $U_{N3} = \alpha E_3$ 和 $U_{S3} = (1-\alpha)E_3$,两者相比,得

$$\frac{U_{S3}}{U_{N3}} = \frac{1-\alpha}{\alpha} \tag{7-22}$$

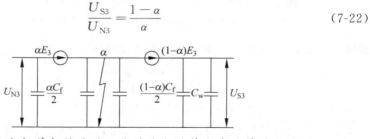

图 7-10 发电机单相接地时三次谐波电动势分布的等值电路图

中性点三次谐波电压 U_{N3} 和机端三次谐波电压 U_{S3} 随故障点 α 的变化曲线如图 7-11 所示。如果利用机端三次谐波电压 U_{S3} 作为动作量,而用中性点三次谐波电压 U_{N3} 作为制动量来构成接地保护,且用 $U_{S3} \geqslant U_{N3}$ 作为保护的动作条件,则在正常运行时保护不可能动作,而当中性点附近发生接地时保护具有很高的灵敏性。利用此原理构成的接地保护可以反映距中性点约 50% 范围内的接地故障。

利用三次谐波构成的接地保护可以反映发电机定子绕组中 $\alpha < 0.5$ 范围内的单相接地故障,并且故障点越靠近中性点,保护的灵敏性就越高;利用基波零序电

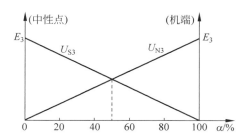

图 7-11 中性点电压 U_{N3} 和机端电压 U_{S3} 随故障点 α 的变化曲线

压构成的接地保护则可以反映 $\alpha > 0.15$ 范围内的单相接地故障,且故障点越靠近发电机端,保护的灵敏性就越高。因此,利用三次谐波电压比值和基波零序电压的组合可以构成 100% 的定子绕组单相接地保护。

7.1.4 大机组故障多回路分析法

大中型发电机定子绕组故障破坏性强,造成的直接和间接经济损失巨大,因此保护配置方案至关重要。传统的配置方案是:配置完全纵差保护应对相间短路,配置横差或不完全纵差保护应对匝间短路,应用机端两相金属性短路作为最小短路电流来校验保护灵敏度。然而发电机定子绕组实际可能发生的内部短路有成千上万种,且内部故障特征随所采用的定子绕组形式的不同而相差甚大,用机端两相短路来校验灵敏度难以保证保护性能,亟须提出发电机定子绕组内部故障的准确分析计算方法。

1. 同步电机定子绕组内部短路的数学模型

基于多回路分析法建立的同步电机定子绕组内部故障的数学模型[9],就是将电机看作由多个相互运动的回路组成的电路,按照定、转子绕组的实际回路来列写电压和磁链方程。下面在建立电机各回路的电压方程和磁链方程时,对各电磁量的正方向规定如下:在所有回路,正值的电流都产生正值的磁链;电压、电流关系都按电动机惯例,即向绕组方向看,回路电压与电流的正方向一致。

1) 定子回路方程

同步发电机一般是联网负载运行的,考虑到定子绕组的电流、电压都要受到机端电网电压的约束,对定子绕组采用回路电压的方程比较方便。图 7-12 以每相 2 分支的电机为例,说明了定子回路与支路的关系。图中实线箭头和相应的数字代表定子各支路的正方向和支路号;虚线箭头和带括号的数字代表定子回路的正方向和回路序号;R_T 和 L_T 分别表示系统的等值电阻和漏电感;R_f 表示短路过渡电阻。

如图 7-12 所示,将每个未发生内部短路的绕组分支当作一个支路,当发生绕

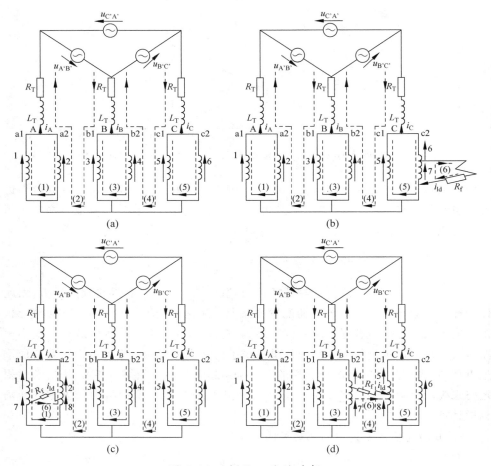

图 7-12 定子回路的选择

(a) 正常绕组；(b) 发生同支路的匝间短路；(c) 发生同相不同支路的匝间短路；(d) 发生不同相间的短路

组内部短路时，从短路点把该分支分成两个支路。如果每相的正常支路数为 n，那么定子绕组的支路数 m 为

$$m = \begin{cases} 3n, & \text{未发生内部故障时} \\ 3n+1, & \text{发生同支路匝间短路时} \\ 3n+2, & \text{发生不同支路间短路时} \end{cases}$$

按照图 7-12 所示选择定子回路，正常绕组有 $N_S = 3n-1$ 个回路；发生内部故障就会增加一个故障回路，形成 $N_S = 3n$ 个回路。回路电流与支路电流之间可以通过下面的线性变换相互转化：

$$\boldsymbol{I}_S = \boldsymbol{H}_1 \boldsymbol{I}_S' \tag{7-23}$$

$$\boldsymbol{I}_S' = \boldsymbol{H}_2 \boldsymbol{I}_S \tag{7-24}$$

式中,向量 $\boldsymbol{I}_S$ 代表定子各支路的电流,$\boldsymbol{I}_S = [i_{S,1}, i_{S,2}, \cdots, i_{S,m}]^T$;$\boldsymbol{I}'_S$ 代表定子各回路的电流,$\boldsymbol{I}'_S = [i'_{S,1} \ i'_{S,2} \cdots i'_{S,N_S}]^T$;变换矩阵 $\boldsymbol{H}_1$ 和 $\boldsymbol{H}_2$ 在后面有介绍。

然后可得到定子各回路电压与电流的关系:

$$\boldsymbol{U}'_S = P\boldsymbol{\Psi}'_S + \boldsymbol{R}'_S \boldsymbol{I}'_S \tag{7-25}$$

式中,P 为微分算子 d/dt;N_S 维向量 $\boldsymbol{U}'_S$、$\boldsymbol{\Psi}'_S$ 和 $\boldsymbol{I}'_S$ 分别代表定子各回路的电压、磁链和电流;$\boldsymbol{R}'_S$ 为定子回路电阻矩阵,是 N_S 阶的常数方阵。

再考虑到电机与电网负载的链接,可得定子回路电压的约束方程为

$$\boldsymbol{U}_\infty = \boldsymbol{U}'_S + \boldsymbol{M}_{S,T} p\boldsymbol{I}'_S + \boldsymbol{R}_{S,T} \boldsymbol{I}'_S \tag{7-26}$$

$$
\boldsymbol{M}_{S,T} =
\begin{array}{cc}
\cdots \quad \text{第} n \text{ 列} \quad \cdots \quad \text{第} 2n \text{ 列} \quad \cdots \\
\begin{bmatrix}
L_{TA} + L_{TB} & -L_{TB} \\
& \\
-L_{TB} & L_{TB} + L_{TC}
\end{bmatrix}
\begin{array}{l}
\vdots \\
\text{第} n \text{ 行} \\
\vdots \\
\text{第} 2n \text{ 行} \\
\vdots
\end{array}
\end{array}
$$

$$
\boldsymbol{R}_{S,T} =
\begin{array}{cc}
\cdots \quad \text{第} n \text{ 列} \quad \cdots \quad \text{第} 2n \text{ 列} \quad \cdots \\
\begin{bmatrix}
r_{TA} + r_{TB} & -r_{TB} \\
& \\
-r_{TB} & r_{TB} + r_{TC}
\end{bmatrix}
\begin{array}{l}
\vdots \\
\text{第} n \text{ 行} \\
\vdots \\
\text{第} 2n \text{ 行} \\
\vdots
\end{array}
\end{array}
$$

$$
\boldsymbol{U}_\infty =
\begin{bmatrix}
\vdots \\
-u_{A'B'} \\
\vdots \\
-u_{B'C'} \\
\vdots
\end{bmatrix}
\begin{array}{l}
\\
\text{第} n \text{ 行} \\
\\
\text{第} 2n \text{ 行} \\
\end{array}
$$

式中,$\boldsymbol{M}_{S,T}$、$\boldsymbol{R}_{S,T}$ 代表变压器的漏感和电阻在定子回路中的作用,都是 N_S 阶的常数方阵;$\boldsymbol{U}_\infty$ 代表无穷大电网的电压,是 N_S 维的已知向量;r_{TA}、L_{TA}、r_{TB}、L_{TB}、r_{TC}、L_{TC} 分别为折算到发电机一侧的 A 相、B 相、C 相系统(包括变压器)的电阻和漏电感,是给定的已知量;$u_{A'B'}$、$u_{B'C'}$ 为折算到发电机一侧的电网线电压。

将式(7-25)代入式(7-26)中,得到定子回路的电压方程:

$$\boldsymbol{U}_\infty = p\boldsymbol{\Psi}'_S + \boldsymbol{R}'_S \boldsymbol{I}' + \boldsymbol{M}_{S,T} p\boldsymbol{I}'_S + \boldsymbol{R}_{S,T} \boldsymbol{I}'_S \tag{7-27}$$

这样选择的定子回路,各回路之间有互电阻,$\boldsymbol{R}'_S$ 的形式会比较复杂。设 $\boldsymbol{R}_{S,i}$ 为

正常绕组的第 i 号支路的电阻($i=1,2,\cdots,3n$)；发生同支路的匝间短路时,用 nsb 代表发生故障的支路号(以图 7-12(b)为例,nsb=6),R_{sa} 代表故障附加支路的电阻(如图 7-12(b)中 7 号支路的电阻)；发生不同支路之间的短路时,用 nsb_1、nsb_2 代表两个故障支路的编号(图 7-12(c)中,$nsb_1=1$,$nsb_2=2$；图 7-12(d)中,$nsb_1=4$,$nsb_2=5$),R_{sa1}、R_{sa2} 分别代表故障附加支路 1 和故障附加支路 2 的电阻(以图 7-12(c)、(d)为例,分别是 7 号、8 号支路的电阻),那么第 i 号定子回路的电阻 r'_i 为

$i=1\sim3n-1$ 时,

$$r'_i = \boldsymbol{R}_{S,i} + \boldsymbol{R}_{S,i+1}$$

$i=3n$ 时,

$$r'_i = \begin{cases} R_{sa} + R_f, & \text{发生同支路的匝间短路时} \\ R_{sa1} + R_{sa2} + R_f, & \text{发生不同支路间的短路时} \end{cases}$$

式中,R_f 为短路过渡电阻。

定子回路电阻矩阵 $\boldsymbol{R}'_S$ 和电流变换矩阵 $\boldsymbol{H}_1$、$\boldsymbol{H}_2$ 可表示如下：

(1) 绕组正常时

$\boldsymbol{R}'_S$ 是 N_S 阶的方阵,$N_S=3n-1$；$\boldsymbol{H}_1$ 是 $3n$ 行、$(3n-1)$ 列的矩阵；$\boldsymbol{H}_2$ 是 $(3n-1)$ 行、$3n$ 列的矩阵。它们的表达式分别为

$$\boldsymbol{R}'_S = \begin{bmatrix} r'_1 & -R_{S2} & & & \\ -R_{S2} & r'_2 & \ddots & & \\ & \ddots & \ddots & \ddots & \\ & & \ddots & r'_{3n-2} & -R_{S,3n-1} \\ & & & -R_{S,3n-1} & r'_{3n-1} \end{bmatrix}$$

$$\boldsymbol{H}_1 = \begin{bmatrix} 1 & & & \\ -1 & 1 & & \\ & \ddots & \ddots & \\ & & -1 & 1 \\ & & & -1 \end{bmatrix}, \quad \boldsymbol{H}_2 = \begin{bmatrix} 1 & & & & 0 \\ 1 & 1 & & & 0 \\ \vdots & & \ddots & & \vdots \\ 1 & 1 & \cdots & 1 & 0 \end{bmatrix}$$

(2) 发生同支路的匝间短路时

$\boldsymbol{R}'_S$ 是 N_S 阶的方阵,$N_S=3n$；$\boldsymbol{H}_1$ 是 $(3n+1)$ 行、$3n$ 列的矩阵；$\boldsymbol{H}_2$ 是 $3n$ 行、$(3n+1)$ 列的矩阵。它们的表达式分别为

$$\boldsymbol{R}'_S = \begin{bmatrix} r'_1 & -R_{S2} & & & & \\ -R_{S2} & r'_2 & \ddots & & & \\ & \ddots & \ddots & \ddots & & \\ & & \ddots & r'_{3n-2} & -R_{S,3n-1} & \\ & & & -R_{S,3n-1} & r'_{3n-1} & \\ & & & & & r'_{3n} \end{bmatrix}$$

$$+\quad \begin{array}{cccccccccc} 1 & 2 & \cdots & \text{nsb}-1 & \text{nsb} & \text{nsb}+1 & \cdots & 3n-2 & 3n-1 & 3n \end{array}$$

$$+\left[\begin{array}{c} \\ \\ \\ -R_{\text{sa}} \ +R_{\text{sa}} \\ \\ \\ \\ -R_{\text{sa}} \ +R_{\text{sa}} \end{array}\right]\begin{array}{l} 1 \\ 2 \\ \vdots \\ \text{nsb}-1 \\ \text{nsb} \\ \text{nsb}+1 \\ \vdots \\ 3n-2 \\ 3n-1 \\ 3n \end{array}$$

$$\boldsymbol{H}_1=\left[\begin{array}{ccccccc} 1 & & & & & & \\ -1 & 1 & & & & & \\ & \ddots & \ddots & & & & \\ & & -1 & 1 & & & \\ & & & \ddots & \ddots & & \\ & & & & -1 & 1 & \\ & & & & & -1 & \\ & & -1 & 1 & & & 1 \end{array}\right]\begin{array}{l} 1 \\ 2 \\ \vdots \\ \text{nsb} \\ \vdots \\ 3n-1 \\ 3n \\ 3n+1 \end{array}$$

$$\begin{array}{ccccccc} 1 & 2 & \cdots & \text{nsb} & \cdots & 3n-1 & 3n & 3n+1 \end{array}$$

$$\boldsymbol{H}_2=\left[\begin{array}{ccccccc} 1 & & & & & & \\ 1 & 1 & & & & & \\ \vdots & \vdots & \ddots & & & & \\ & & & 1 & & & \\ & & & \vdots & & \ddots & \\ 1 & 1 & \cdots & 1 & \cdots & 1 & \\ & & & -1 & & & 1 \end{array}\right]$$

（3）发生不同支路间的短路故障时

$\boldsymbol{R}_S'$ 是 N_S 阶的方阵，$N_S=3n$；$\boldsymbol{H}_1$ 是 $(3n+2)$ 行、$3n$ 列 的矩阵；$\boldsymbol{H}_2$ 是 $3n$ 行、$(3n+2)$ 列的矩阵。它们的表达式分别为

$$\boldsymbol{R}'_{\text{S}}=\begin{bmatrix} r'_1 & -R_{\text{S2}} & & & & \\ -R_{\text{S2}} & r'_2 & \ddots & & & \\ & \ddots & \ddots & \ddots & & \\ & & \ddots & r'_{3n-2} & -R_{\text{S},3n-1} & \\ & & & -R_{\text{S},3n-1} & r'_{3n-1} & \\ & & & & & r'_{3n} \end{bmatrix}$$

$$+\quad \begin{array}{c} 1\,2\cdots\text{nsb}-1\,\text{nsb}\,\text{nsb}+1\cdots\text{nsb2}-1\,\text{nsb2}\,\text{nsb2}+1\cdots3n-2\,3n-1\,3n \\ \begin{bmatrix} & & & & & & & & \\ & & & & & & & & \\ & & & & & & & & \\ & & & & & & & -R_{\text{sa}} & \\ & & & & & & & +R_{\text{sa}} & \\ & & & & & & & & \\ & & & & & & & & \\ & & & & & & & & \\ -R_{\text{sa1}} & +R_{\text{sa1}} & & & +R_{\text{sa2}} & -R_{\text{sa2}} & & & \end{bmatrix} \begin{array}{l} 1 \\ 2 \\ \vdots \\ \text{nsb}-1 \\ \text{nsb} \\ \text{nsb}+1 \\ \vdots \\ 3n-2 \\ 3n-1 \\ 3n \end{array} \end{array}$$

$$\boldsymbol{H}_1=\begin{bmatrix} 1 & & & & & & & & & \\ -1 & 1 & & & & & & & & \\ & \ddots & \ddots & & & & & & & \\ & & -1 & 1 & & & & & & \\ & & & \ddots & \ddots & & & & & \\ & & & & -1 & 1 & & & & \\ & & & & & \ddots & \ddots & & & \\ & & & & & & -1 & 1 & & \\ & & & & & & & -1 & & \\ -1 & 1 & & & & & & & 1 & \\ & -1 & 1 & & & & & & & -1 \end{bmatrix} \begin{array}{l} 1 \\ 2 \\ \vdots \\ \text{nsb1} \\ \vdots \\ \text{nsb2} \\ \vdots \\ 3n-1 \\ 3n \\ 3n+1 \\ 3n+2 \end{array}$$

$$H_2 = \begin{array}{ccccccccc} 1 & 2 & \cdots & nsb1 & \cdots & 3n-1 & 3n & 3n+1 & 3n+2 \end{array}$$

$$H_2 = \begin{bmatrix} 1 & & & & & & & & \\ & 1 & & & & & & & \\ & & \ddots & & & & & & \\ & & & 1 & & & & & \\ & & & \vdots & \ddots & & & & \\ 1 & 1 & \cdots & 1 & \cdots & 1 & & & \\ & & & -1 & & & & 1 & \end{bmatrix}$$

2) 转子回路方程

不考虑转子内部故障时,可把整个励磁绕组看成 1 个回路(见图 7-13),其电压方程为

$$u_{fd} = p\boldsymbol{\Psi}_{fd} + r_{fd} i_{fd} \tag{7-28}$$

式中,$\boldsymbol{\Psi}_{fd}$、r_{fd} 分别为励磁回路的磁链和电阻;励磁回路的电压 u_{fd} 就是电源电压,一般是已知的。

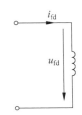

图 7-13　励磁回路示意图

按照图 7-14 所示的实际网形电路选取阻尼回路。设每极下有 N_C 根阻尼条,那么阻尼回路数为 $N_d = 2PN_C$。其中 P 为电机的极对数。

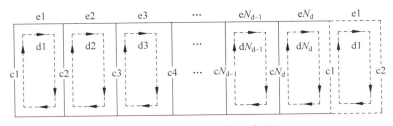

图 7-14　阻尼回路示意图

由于阻尼回路相当于短路,各阻尼回路的电压都为 0,则阻尼绕组的 N_d 个回路的电压方程为

$$\boldsymbol{0} = \begin{bmatrix} u_{d.1} \\ u_{d.2} \\ \vdots \\ u_{d.N_{d-1}} \\ u_{d.N_d} \end{bmatrix} = p \begin{bmatrix} \boldsymbol{\Psi}_{d.1} \\ \boldsymbol{\Psi}_{d.2} \\ \vdots \\ \boldsymbol{\Psi}_{d.N_{d-1}} \\ \boldsymbol{\Psi}_{d.N_d} \end{bmatrix} + \boldsymbol{R}_d \begin{bmatrix} i_{d.1} \\ i_{d.2} \\ \vdots \\ i_{d.N_{d-1}} \\ i_{d.N_d} \end{bmatrix} \tag{7-29}$$

式中,$\boldsymbol{R}_d$ 为阻尼回路电阻矩阵,是 N_d 阶的常数方阵。

设第 i 根阻尼条的电阻为 $r_{c,i}$，第 i 号阻尼端环的电阻为 $r_{e,i}$，则 i 号阻尼回路的电阻为 $r_{d,i}=r_{c,i}+r_{c,i+1}+2r_{e,i}$，那么阻尼回路电阻矩阵可表示为

$$\boldsymbol{R}_d = \begin{bmatrix} r_{d,1} & -r_{c,2} & & & -r_{c,1} \\ -r_{c,2} & r_{d,2} & \ddots & & \\ & \ddots & \ddots & & \\ & & & r_{d,N_{d-1}} & -r_{c,N_d} \\ -r_{c,1} & & & -r_{c,N_d} & r_{d,N_d} \end{bmatrix}$$

3）定、转子所有回路的电压方程

综合式(7-27)～式(7-29)，可得到电机所有回路的电压方程：

$$\boldsymbol{E} = p\boldsymbol{\Psi}' + \boldsymbol{M}_T p\boldsymbol{I}' + (\boldsymbol{R}' + \boldsymbol{R}_T)\boldsymbol{I}' \tag{7-30}$$

设回路总数为 N，则 $N=N_S+N_f+N_d$，其中 N_S、N_f、N_d 分别为定子回路数、转子励磁回路数和转子阻尼回路数，不考虑励磁绕组的内部故障时 $N_f=1$。

式(7-30)中，$\boldsymbol{\Psi}'$ 和 $\boldsymbol{I}'$ 分别为所有回路的磁链和电流，都是未知的 N 维向量；$\boldsymbol{M}_T$ 和 $\boldsymbol{R}_T$ 都是 N 阶的常数方阵；$\boldsymbol{E}$ 是 N 维的向量，由无穷大电网的电压和励磁电压组成，是已知的向量；回路电阻矩阵 $\boldsymbol{R}'$ 也是 N 阶的常数方阵。具体表达式为

$$\boldsymbol{\Psi}' = \begin{bmatrix} \boldsymbol{\Psi}'_{S,1} \\ \boldsymbol{\Psi}'_{S,2} \\ \vdots \\ \boldsymbol{\Psi}'_{S,N_S} \\ \boldsymbol{\Psi}_{fd} \\ \boldsymbol{\Psi}_{d,1} \\ \boldsymbol{\Psi}_{d,2} \\ \vdots \\ \boldsymbol{\Psi}_{d,N_d} \end{bmatrix}, \quad \boldsymbol{I}' = \begin{bmatrix} i'_{S,1} \\ i'_{S,2} \\ \vdots \\ i'_{S,N_S} \\ i'_{fd} \\ i'_{d,1} \\ i'_{d,2} \\ \vdots \\ i'_{d,N_d} \end{bmatrix}$$

$$\boldsymbol{M}_T = \begin{bmatrix} \boldsymbol{M}_{S,T} & \\ & 0 \\ & & \boldsymbol{0} \end{bmatrix} = \begin{matrix} & \cdots\ \text{第}\,n\,\text{列}\ \cdots\ \text{第}\,2n\,\text{列}\ \cdots \\ \begin{bmatrix} L_{TA}+L_{TB} & -L_{TB} \\ & \\ -L_{TB} & L_{TB}+L_{TC} \end{bmatrix} & \begin{matrix} \vdots \\ \text{第}\,n\,\text{行} \\ \vdots \\ \text{第}\,2n\,\text{行} \\ \vdots \end{matrix} \end{matrix}$$

$$\cdots \quad 第\,n\,列 \quad \cdots \quad 第\,2n\,列 \quad \cdots$$

$$\boldsymbol{R}_{\mathrm{T}} = \begin{bmatrix} \boldsymbol{R}_{\mathrm{S,T}} & \\ & 0 \\ & & \boldsymbol{0} \end{bmatrix} = \begin{bmatrix} r_{\mathrm{TA}} + r_{\mathrm{TB}} & -r_{\mathrm{TB}} & \vdots & 第\,n\,行 \\ & & \vdots \\ -r_{\mathrm{TB}} & r_{\mathrm{TB}} + r_{\mathrm{TC}} & 第\,2n\,行 \\ & & \vdots \end{bmatrix}$$

$$\boldsymbol{E} = \begin{bmatrix} \boldsymbol{U}_{\infty} \\ u_{\mathrm{fd}} \\ \boldsymbol{0} \end{bmatrix} = \begin{bmatrix} -u_{\mathrm{A'B'}} & 第\,n\,行 \\ \vdots \\ -u_{\mathrm{B'C'}} & 第\,2n\,行 \\ \vdots \\ & 第\,N_{\mathrm{S}}\,行 \\ u_{\mathrm{f}} & 第\,N_{\mathrm{S}}+1\,行 \\ \vdots \end{bmatrix}, \quad \boldsymbol{R}' = \begin{bmatrix} \boldsymbol{R}'_{\mathrm{S}} & & \\ & r_{\mathrm{fd}} & \\ & & \boldsymbol{R}_{\mathrm{d}} \end{bmatrix}$$

4）磁链方程

由于规定在所有回路中正值的电流都产生正值的磁链，则所有回路的磁链可表示为

$$\boldsymbol{\Psi}' = \boldsymbol{M}'\boldsymbol{I}' \tag{7-31}$$

回路电感矩阵 $\boldsymbol{M}'$ 为

$$\boldsymbol{M}' = \begin{bmatrix}
L_{\mathrm{S'1}} & M_{\mathrm{S'1,S'2}} & \cdots & M_{\mathrm{S'1,S'}N_{\mathrm{S}}} & M_{\mathrm{S'1,fd}} & M_{\mathrm{S'1,d1}} & M_{\mathrm{S'1,d2}} & \cdots & M_{\mathrm{S'1,d}N_{\mathrm{d}}} \\
M_{\mathrm{S'2,S'1}} & L_{\mathrm{S'2}} & \cdots & M_{\mathrm{S'2,S'}N_{\mathrm{S}}} & M_{\mathrm{S'2,fd}} & M_{\mathrm{S'2,d1}} & M_{\mathrm{S'2,d2}} & \cdots & M_{\mathrm{S'2,d}N_{\mathrm{d}}} \\
\vdots & \vdots & \ddots & \vdots & \vdots & \vdots & \vdots & \vdots & \vdots \\
M_{\mathrm{S'}N_{\mathrm{S}},\mathrm{S'1}} & M_{\mathrm{S'}N_{\mathrm{S}},\mathrm{S'2}} & \vdots & L_{\mathrm{S'}N_{\mathrm{S}}} & M_{\mathrm{S'}N_{\mathrm{S}},\mathrm{fd}} & M_{\mathrm{S'}N_{\mathrm{S}},\mathrm{d1}} & M_{\mathrm{S'}N_{\mathrm{S}},\mathrm{d2}} & \cdots & M_{\mathrm{S'}N_{\mathrm{S}},\mathrm{d}N_{\mathrm{d}}} \\
M_{\mathrm{fd,S'1}} & M_{\mathrm{fd,S'2}} & \cdots & M_{\mathrm{fd,S'}N_{\mathrm{S}}} & L_{\mathrm{fd}} & M_{\mathrm{fd,d1}} & M_{\mathrm{fd,d2}} & \cdots & M_{\mathrm{fd,d}N_{\mathrm{d}}} \\
M_{\mathrm{d1,S'1}} & M_{\mathrm{d1,S'2}} & \cdots & M_{\mathrm{d1,S'}N_{\mathrm{S}}} & M_{\mathrm{d1,fd}} & L_{\mathrm{d1}} & M_{\mathrm{d1,d2}} & \cdots & M_{\mathrm{d1,d}N_{\mathrm{d}}} \\
M_{\mathrm{d2,S'1}} & M_{\mathrm{d2,S'2}} & \cdots & M_{\mathrm{d2,S'}N_{\mathrm{S}}} & M_{\mathrm{d2,fd}} & M_{\mathrm{d2,d1}} & L_{\mathrm{d2}} & \cdots & M_{\mathrm{d2,d}N_{\mathrm{d}}} \\
\vdots & \vdots & \ddots & \vdots & \vdots & \vdots & \vdots & \ddots & \vdots \\
M_{\mathrm{d}N_{\mathrm{d}},\mathrm{S'1}} & M_{\mathrm{d}N_{\mathrm{d}},\mathrm{S'2}} & \cdots & M_{\mathrm{d}N_{\mathrm{d}},\mathrm{S'}N_{\mathrm{S}}} & M_{\mathrm{d}N_{\mathrm{d}},\mathrm{fd}} & M_{\mathrm{d}N_{\mathrm{d}},\mathrm{d1}} & M_{\mathrm{d}N_{\mathrm{d}},\mathrm{d2}} & \cdots & L_{\mathrm{d}N_{\mathrm{d}}}
\end{bmatrix}$$

式中，L 代表回路的自感；M 代表不同回路之间的互感；下标 S_i' 代表定子 i 号回路（$i=1,2,\cdots,N_{\mathrm{S}}$），fd 代表励磁回路，$\mathrm{d}i$ 代表阻尼 i 号回路（$i=1,2,\cdots,N_{\mathrm{d}}$，$N_{\mathrm{d}}$ 为阻尼条的总数）。

由于定、转子之间的相对运动,定子绕组与转子绕组之间的互感是时变的;对于凸极同步发电机,由于气隙不均匀,定子各回路的自感、互感也是时变的。

5) 定子绕组内部短路的状态方程

将定、转子各回路的磁链方程式(7-31)代入电压方程式(7-30),可得到以定、转子所有回路的电流为变量的状态方程:

$$(\boldsymbol{M}' + \boldsymbol{M}_{\mathrm{T}})p\boldsymbol{I}' + (p\boldsymbol{M}' + \boldsymbol{R}' + \boldsymbol{R}_{\mathrm{T}})\boldsymbol{I}' = \boldsymbol{E}' \tag{7-32}$$

以上推导得出的状态方程的求解关键在于时变的回路电感矩阵 $\boldsymbol{M}'$ 的计算,时变的电感系数有了准确的表达式,运用四阶龙格-库塔法或其他数值解法对式(7-32)这组变系数的微分方程进行求解,即可得到定、转子各回路电流的数值解,经过式(7-23)的变换亦可得到定子各支路电流的稳态和暂态值。

2. 同步电机定子绕组内部短路时的回路参数

回路参数的计算是多回路分析方法的关键,这里主要是指回路电感系数的计算。由于定子和转子之间有相对运动,其电感参数多是时变的。下面分别计算定子电路、转子电路以及定、转子电路之间的电感系数。

1) 定子回路的电感系数

电机电路的电感系数主要由气隙磁场引起,此外还有由漏磁场引起的。计算与气隙磁场有关的电感系数的基本思路是:根据电感系数的基本概念 $L = \Psi/i$,对流过回路的电流 i 产生的气隙磁通势进行谐波分析,用气隙磁导的概念求出各次谐波磁场,再计算所研究回路的各次谐波磁链,从而得到总的磁链,磁链与电流 i 的比值即是该电机回路的电感。与漏磁场有关的电感系数包括由端部漏磁和槽漏磁两部分。计算端部漏磁场引起的电感系数的基本思路是:把通电的端部绕组分成若干个电流元,依据毕奥-萨伐定理计算该电流元产生的磁场,端部每一点的磁场都是各电流元在该点产生的磁场的叠加。在此基础上计算绕组端部的磁链,得到端部漏磁产生的电感系数。槽漏磁场引起的电感系数,在认为漏磁路不饱和并忽略铁心部分的磁阻时,则只有同槽线棒间才有因槽漏引起的互感,不同槽线棒间则没有因槽漏引起的互感,已知定子绕组的连接后,用计算机逐槽找寻同槽号元件的方法来确定因槽漏磁场引起的定子各回路的电感系数。气隙磁场产生的电感系数与漏磁场产生的电感系数相加即得到总的电感系数。

先求电机的气隙磁导系数,再求定子单个线圈的气隙磁通势,有了气隙导磁系数和气隙磁通势就可求出气隙磁场,从而得到单个线圈与气隙磁场相对应的自感系数:

$$L_\delta = \frac{4\omega_k^2 \tau l}{p\pi^2} \sum_k \sum_j \frac{k_{yk} k_{yj}}{kj} \left[\lambda_{dkj} \cos(k\gamma)\cos(j\gamma) + \lambda_{qkj}\sin(k\gamma)\sin(j\gamma) \right]$$

$$(7\text{-}33)$$

式中，p 为极对数，k 为磁势谐波次数，$k = \frac{1}{p}, \frac{2}{p}, \frac{3}{p} \cdots$；$j$ 为磁密谐波次数，$j = |k \pm 2l|$，$l = 0,1,2\cdots$；ω_k 为单个线圈的匝数；τ 为极距；l 为定子铁心长度；k_{yk}、k_{yj} 分别为 k 次谐波和 j 次谐波短距系数；γ 为转子位置角，是转子 d 轴顺转子转向领先该线圈轴线的电角度，$\gamma = \int_0^t \omega\, dt + \gamma_0$。

从式(7-33)可以看出，单个线圈的分数次谐波很强，计算时必须考虑，否则会导致较大的误差。将式(7-33)改写，并考虑了槽漏磁场和端漏磁场引起的自感系数 L_{01} 后，定子单个线圈的自感系数为

$$L(\gamma) = L_0 + L_2\cos2\gamma + L_4\cos4\gamma + \cdots \tag{7-34}$$

其中

$$L_0 = L_{01} + \frac{2\omega_k \tau l}{p\pi^2} \sum_k \left[\left(\frac{k_{yk}}{k}\right)^2 (\lambda_{dkk} + \lambda_{qkk}) \right] \tag{7-35}$$

$$L_2 = \frac{2\omega_k \tau l}{p\pi^2} \left\{ \sum_k \left[\frac{k_{yk}k_{y(2-k)}}{k(2-k)}(\lambda_{dk(2-k)} - \lambda_{qk(2-k)}) \right] + \right.$$

$$\left. 2\sum_k \left[\frac{k_{yk}k_{y(k+2)}}{k(k+2)}(\lambda_{dk(k+2)} - \lambda_{qk(k+2)}) \right] \right\} \tag{7-36}$$

式(7-35)中求和符号和式(7-36)中第二个求和符号里的 $k = \frac{1}{p}, \frac{2}{p}, \frac{3}{p} \cdots$，

式(7-36)中第一个求和符号里的 $k = \frac{1}{p}, \frac{2}{p}, \cdots, \frac{2p-1}{p}$。

在考虑了两个线圈的偏移角 α 后，同理可得出两个线圈间的互感系数：

$$M_{i,j} = M_{i,j,0} + M_{i,j,2}\cos\left(\gamma + \frac{\alpha}{2}\right) + \cdots \tag{7-37}$$

其中

$$M_{i,j,0} = M_{i,j,01} + \frac{2\omega_{ki}\omega_{kj}\tau l}{p\pi^2} \sum_k \left[\left(\frac{k_{yk}}{k}\right)^2 (\lambda_{dkk} + \lambda_{qkk})\cos k\alpha \right] \tag{7-38}$$

$$M_{i,j,2} = \frac{2\omega_{ki}\omega_{kj}\tau l}{p\pi^2} \left\{ \sum_k \left[\frac{k_{yk}k_{y(2-k)}}{k(2-k)}(\lambda_{dk(2-k)} - \lambda_{qk(2-k)})\cos(1-k)\alpha \right] + \right.$$

$$\left. 2\sum_k \left[\frac{k_{yk}k_{y(k+2)}}{k(k+2)}(\lambda_{dk(k+2)} + \lambda_{qk(k+2)})\cos(1+k)\alpha \right] \right\} \tag{7-39}$$

式中,求和符号里 k 的取值同自感系数;$M_{i,j,01}$ 为槽漏磁场和端漏磁场引起的两线圈的互感系数。

当线圈 i 和线圈 j 的轴线重合时,$\alpha = 0°$,式(7-38)、式(7-39)分别变为式(7-35)、式(7-36),所以自感是互感的特例。

有了单个线圈的电感系数,就可求出定子各个回路的电感系数:

$$M_{S,Q} = \sum_{i=1}^{m} \sum_{j=1}^{n} M_{S(i),Q(j)} = M_{S,Q,0} + M_{S,Q,2}\cos 2(\gamma + \alpha_{S,Q}) + \cdots \quad (7\text{-}40)$$

式中,S、Q 为定子任意两个回路,S 回路有 m 个线圈,Q 回路有 n 个线圈;$M_{S(i),Q(i)}$ 表示 S 回路第 i 个线圈与 Q 回路第 j 个线圈的互感系数。

2) 转子回路的电感系数

励磁绕组的自感系数的表达式为

$$L_{fd} = L_{fd\delta} + L_{fdl} \quad (7\text{-}41)$$

对于凸极同步电机,有

$$L_{fd\delta} = \frac{\tau l p}{\alpha_{fd}^2} \omega_{fd} \lambda_0 \quad (7\text{-}42)$$

式中,L_{fdl} 为励磁绕组漏磁自感系数;$L_{fd\delta}$ 为由气隙磁场引起的励磁绕组自感系数;ω_{fd} 为每极匝数;α_{fd} 为并联支路数。

阻尼绕组任意两个回路间的互感系数为

$$M_{1,2} = \frac{2\omega_r^2 \tau l}{p \pi^2} \sum_j \left\{ \sum_{2l=|k-j|} \frac{\lambda_{2l}}{kj} \sin\frac{k\beta_1\pi}{2} \sin\frac{j\beta_2\pi}{2} \cos(j\alpha_2 - k\alpha_1) + \right.$$
$$\left. \sum_{2l=|k+j|} \frac{\lambda_{2l}}{kj} \sin\frac{k\beta_1\pi}{2} \sin\frac{j\beta_2\pi}{2} \cos(j\alpha_2 + k\alpha_1) \right\} \quad (7\text{-}43)$$

式中,$j = \frac{1}{p}, \frac{2}{p}, \frac{3}{p} \cdots$;$|k-j| = 0, 2, 4 \cdots$;$|k+j| = 2, 4 \cdots$;$\alpha_1$ 和 α_2 分别为阻尼回路 11′和 22′顺转子转向领先转子 d 轴的电角度;β_1 和 β_2 分别为阻尼回路 11′和 22′的短距比;ω_r 为阻尼回路的匝数。当 $\alpha_1 = \alpha_2$、$\beta_1 = \beta_2$ 时即得阻尼回路的自感系数。

励磁绕组与任意阻尼回路 11′之间的互感系数为

$$M_{1fd} = \sum_k \frac{2\omega_r \omega_{fd} \tau l}{\pi} \cdot \frac{1}{\alpha_{fd}} \cdot \frac{\lambda_{dk}}{k} \sin\frac{k\beta_1\pi}{2} \cos k\alpha_1 \quad (k = 1, 3, \cdots) \quad (7\text{-}44)$$

可以看出,转子回路的电感系数与转子的位置角无关。

3) 定子线圈与转子回路之间的电感系数

定子任意线圈 AA′与励磁回路之间的电感系数为

$$M_{\mathrm{fd,a}} = \frac{2\omega_{\mathrm{k}}\omega_{\mathrm{fd}}\tau l}{\pi} \cdot \frac{1}{\alpha_{\mathrm{fd}}} \sum_{k} \frac{\lambda_{\mathrm{d}k}}{k} \sin\frac{k\beta\pi}{2}\cos k\gamma \quad (k = 1,3,\cdots) \tag{7-45}$$

定子任意线圈 AA′ 与阻尼回路之间的电感系数为

$$M_{\mathrm{dl,a}} = \frac{2\omega_{\mathrm{k}}\omega_{\mathrm{fd}}\tau l}{\pi} \sum_{j} \left\{ \sum_{2l=|k-j|} \frac{\lambda_{2l}}{kj} \sin\frac{k\beta_1\pi}{2}\sin\frac{k\beta_1\pi}{2}\cos(j\gamma + k\alpha_1) + \right.$$

$$\left. \sum_{2l=|k+j|} \frac{\lambda_{2l}}{kj}\sin\frac{k\beta_1\pi}{2}\sin\frac{j\beta\pi}{2}\cos(j\gamma - k\alpha_1) \right\} \tag{7-46}$$

从式(7-45)和式(7-46)可以看出,定子单个线圈和转子回路的电感系数与转子的位置角有关。

有了定子单个线圈与励磁绕组、阻尼绕组的互感系数后,就可求出由它们组成的定子各回路与转子各回路之间的互感系数。

上面的参数计算公式是针对凸极同步电机的。对于隐极电机,由于其转子一般是实心转子,可以用等效阻尼绕组代替实心转子的阻尼作用。其转子励磁绕组是由分布式的单个线圈组成,因此在计算它的自感系数以及它与其他回路的互感系数时也从单个线圈出发,最后按叠加原理得到总的电感系数值。

实际上,电机的磁路由空气隙与铁磁材料共同组成,所以前面所求的与气隙磁场有关的电感系数要受电机饱和程度的影响。在用气隙磁导法求电感参数时,一般把铁心磁阻按基波主磁路归算到了气隙中,即认为磁通势全部消耗在气隙里,通过适当放大气隙来考虑铁心磁阻的影响。

7.1.5 大机组主保护定量化设计

发电机主保护配置方案定量化及优化设计的基础是清楚认识发电机实际可能发生的内部故障的特点和各种主保护方案的性能,由于各种主保护方案都存在各自的保护死区,尝试各种主保护方案的组合以实现优势互补是最基本的方法。

首先运用多回路分析法,仿真计算内部故障,清楚了解发电机并网空载运行方式下所有实际可能发生的内部短路时各种主保护方案的性能[10]。

其次,由于零序电流型横差保护或裂相横差保护均不反映机端引线短路,为兼顾定子绕组短路和机端引线短路,主保护配置方案中既包括横差保护,又包括纵差保护,形成"一横一纵"的格局。

最后,对比分析上述"一横一纵"组合的保护性能,考虑在其中性能最好的一种"一横一纵"组合的基础上增加一套零序电流型横差保护,形成"两横一纵"的格局,进一步提高主保护配置方案的性能,实现无保护死区和在一块保护屏上对所有内部故障有两种及以上不同原理主保护灵敏动作的双优目标。

发电机主保护配置方案定量化及优化设计的一般过程如图 7-15 所示。

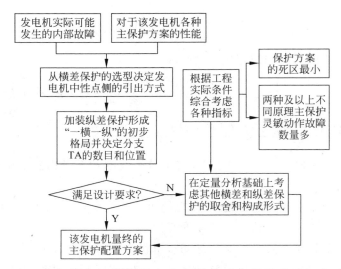

图 7-15   发电机主保护配置方案定量化及优化设计的一般过程

7.2   变压器差动保护

7.2.1   变压器纵差保护

1. 基本原理和接线方式

对双绕组和三绕组变压器实现纵差保护的原理接线如图 7-16 所示。

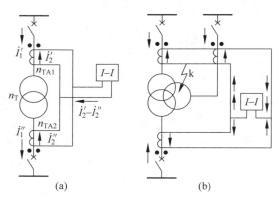

图 7-16   变压器纵差保护示意图

（a）双绕组变压器；（b）三绕组变压器

由于变压器高压侧和低压侧的额定电流不同,为了保证纵差保护的正确工作,
必须适当选择两侧电流互感器的变比,使得在正常运行和外部故障时两个二次电

流相等。例如,在图 7-16(a)中,应使:

$$I'_2 = I''_2 = \frac{I'_1}{n_{TA1}} = \frac{I''_1}{n_{TA2}} \tag{7-47}$$

或者

$$\frac{n_{TA2}}{n_{TA1}} = \frac{I''_1}{I'_1} = n_T \tag{7-48}$$

式中,n_{TA1} 为高压侧电流互感器的变比;n_{TA2} 为低压侧电流互感器的变比;n_T 为变压器的变比(高、低压侧额定电压之比)。

由此可知,要实现变压器的纵差保护,就必须适当地选择两侧电流互感器的变比,使其比值等于变压器的变比 n_T,这是与输电线路纵差保护不同的[1-8]。

实际电力系统中,三相变压器常采用 YNd11 的接线方式,正常运行时变压器三角形侧的相电流相位超前于星形侧相电流 30°。此时,如果两侧的电流互感器仍采用通常的接线方式,则二次电流由于相位不同,会有一个差电流流入继电器。为了消除这种不平衡电流的影响,通常将变压器星形侧的三个电流互感器接成三角形,而将变压器三角形侧的三个电流互感器接成星形,并适当考虑连接方式后,即可将二次电流的相位校正过来。在微机保护中,可以利用软件把相位校正过来。

图 7-17 所示为 YNd11 接线变压器的纵差保护原理接线图和矢量图。图中 $\dot{I}^Y_{A1}$、$\dot{I}^Y_{B1}$ 和 $\dot{I}^Y_{C1}$ 为星形侧的一次电流,$\dot{I}^\triangle_{A1}$、$\dot{I}^\triangle_{B1}$ 和 $\dot{I}^\triangle_{B1}$ 为三角形侧的一次电流,后者相位超前 30°,如图 7-17(b)所示。现将星形侧的电流互感器也采用相应的三角形接线,则其副边输出电流为 $\dot{I}^Y_{A2} - \dot{I}^Y_{B2}$、$\dot{I}^Y_{B2} - \dot{I}^Y_{C2}$ 和 $\dot{I}^Y_{C2} - \dot{I}^Y_{A2}$,它们刚好与 $\dot{I}^\triangle_{A2}$、$\dot{I}^\triangle_{B2}$ 和 $\dot{I}^\triangle_{C2}$ 同相位,如图 7-17(c)所示。这样差动回路两侧的电流就是同相位的了。

但当电流互感器采用上述连接方式以后,在互感器接成三角形侧的差动一臂中电流变为原来的 $\sqrt{3}$ 倍。此时为保证在正常运行及外部故障情况下差动回路中没有电流,就必须将该侧电流互感器的变比也变为原来的 $\sqrt{3}$ 倍,以减小二次电流,使之与另一侧的电流相等,故此时选择变比的条件是:

$$\frac{n_{TA2}}{n_{TA1}/\sqrt{3}} = n_T \tag{7-49}$$

式中,n_{TA1} 和 n_{TA2} 为适应 Yd 接线的需要而采用的新变比。

2. 变压器纵差保护的不平衡电流

变压器正常运行或外部故障时流入纵差保护的差电流为不平衡电流。为保证纵差保护的选择性,差动保护的动作电流必须躲开可能出现的最大不平衡电流。因此,最大不平衡电流越小越好。不平衡电流产生的原因和消除方法介绍如下。

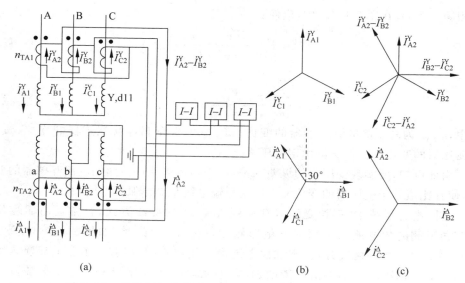

图 7-17   YNd11 接线变压器的纵差保护接线图和矢量图

（图中电流方向对应于正常工作情况）

（a）变压器及其纵差保护的接线；（b）电流互感器原边电流矢量图；（c）纵差回路两侧的电流矢量图

1）电流互感器变比引起的不平衡电流

由于两侧的电流互感器都是根据标准变比选取的，而变压器的变比也是一定的，因此，三者的关系很难满足 $\dfrac{n_{TA2}}{n_{TA1}} = n_T$ $\left($ 或 $\dfrac{n_{TA2}}{n_{TA1}/\sqrt{3}} = n_T\right)$ 的要求，此时差动回路中将出现不平衡电流。

2）由变压器分接头产生的不平衡电流

改变分接头就是改变变压器的变比 n_T。如果差动保护已按照某一变比调整好，则当分接头改换时，就会产生一个新的不平衡电流流入差动回路。因为差动保护的电流回路在带电的情况下不能进行操作，此时不可能采用重新选择平衡线圈匝数的方法来消除这个不平衡电流。因此，对此不平衡电流应在纵差保护的整定值中予以考虑。

3）电流互感器的励磁电流和饱和特性不同而产生的不平衡电流

电流互感器二次侧是通过负载而短路的，其负载主要为传输二次电流的二次电缆，其阻抗主要呈电阻性。折合到一次侧的电流互感器等效电路如图 7-18 所示。图中 $\dot{I}$ 为电流互感器一次侧电流，$\dot{I}'$ 为折合到一次侧的二次侧电流，$\dot{I}_e$ 为励磁电流，Z'_L 为折合到一次侧的负荷阻抗，Z'_2 为折合到一次侧的二次总阻抗。

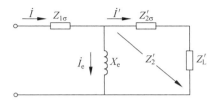

图 7-18 折合到一次侧的电流互感器等效电路

由等效电路图可知,电流互感器的励磁电流为

$$\dot{I}_e = \dot{I} \frac{Z'_{2\sigma} + Z'_L}{Z'_{2\sigma} + Z'_L + X_e} = \dot{I} \frac{Z'_2}{Z'_2 + X_e} \tag{7-50}$$

变压器两侧电流互感器的励磁特性不会完全相同,其二次侧电流分别为 $\dot{I}'_1 = \dot{I}_1 - \dot{I}_{e1}$, $\dot{I}'_2 = \dot{I}_2 - \dot{I}_{e2}$。在进行原理分析时,可假设两侧的电流互感器都接成 Y 形,变压器也是 Yy 接线,以下标 1、2 区分变压器两侧的电流互感器,则在正常运行或保护范围外部故障时 $\dot{I}_1 = -\dot{I}_2$。即使电流互感器变比选择理想化,变压器差动保护中仍有不平衡电流 $\dot{I}_{unb}$,其计算式为

$$\dot{I}_{unb} = \dot{I}'_1 + \dot{I}'_2 = -(\dot{I}_{e1} + \dot{I}_{e2}) \tag{7-51}$$

若近似认为两侧电流互感器的励磁电流滞后于各自一次侧电流的相角差一致,可知 $\dot{I}_{unb}$ 实际上是两个电流互感器励磁电流之差。因此,导致励磁电流增加的各种因素以及两个电流互感器励磁特性的差别,是使不平衡电流增大的主要原因。

从电流互感器等效电路看,励磁电流的大小取决于励磁回路电感 L_e 的大小。励磁电感 L_e 是一个非线性参数,其值随着铁磁材料磁化曲线的工作点而变化。这是因为电流互感器铁心材料的特性及截面积决定了励磁电流与铁心磁通($\psi = N\Phi$)之间的关系,即磁滞回线,如图 7-19 中的曲线 1 所示,近似分析时可用铁心的基本磁化曲线 2 来定性分析 ψ 与励磁电流之间的关系。由电流互感器的等效电路可知,励磁支路上的电压 $u = L_e \dfrac{di_e}{dt}$,而由励磁电流、励磁电感和磁链的关系,u 又可写成一、二次绕组互感磁链的导数,即 $u = \dfrac{d\psi}{dt}$,则励磁电感 $L_e = \dfrac{d\psi}{di_e}$,即图 7-19 中磁化曲线 2 各点的斜率就代表了励磁电感 L_e 的大小,其值是变化的。

显然,当电流互感器的一次电流在铁心不饱和范围内时,电流互感器工作在磁化曲线的线性段。由图 7-19 可知,此时励磁电感 L_e 很大且基本不变,因此励磁电流很小,此时可认为一、二次侧电流成正比且误差很小。当电流互感器的一次侧电流增大后,铁心开始呈现饱和,则 L_e 迅速下降,励磁电流增大,因而二次侧电流的

误差也随之迅速增大,铁心越饱和则误差越大,其关系如图 7-20 所示。由于铁心的饱和程度主要取决于铁心中的磁通密度,因此,对于已经做成的电流互感器而言,影响其误差的主要因素包括以下几点。

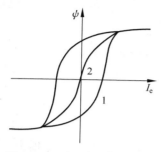

图 7-19 电流互感器铁心
的磁化曲线

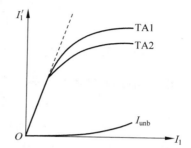

图 7-20 电流互感器 $I' = f(I)$ 的特性
曲线和不平衡电流

(1) 当一次侧电流 $\dot{I}_1$ 一定时,二次侧的负载 Z'_L 越大,要求二次侧的感应电动势越大,因而要求铁心中的磁通密度越大,铁心就容易饱和。

(2) 当二次侧负载已确定时,一次侧电流的升高也将引起铁心中的磁通密度增大。因此,一次侧电流越大,二次侧电流的误差也越大。

由于差动保护是瞬时动作的,因此,还需要进一步考虑在外部短路的暂态过程中差动回路出现的不平衡电流。这时在一次侧短路电流中包含非周期分量,如图 7-21(a)所示。由于非周期分量对时间的变化率 $\dfrac{\mathrm{d}i}{\mathrm{d}t}$ 远小于周期分量的变化率,很难变换到二次侧,而大部分成为电流互感器的励磁电流。另外,由于互感器绕组中的磁通和电流不能突变,也会产生二次非周期分量。因此,在暂态过程中励磁电流含有大量缓慢衰减的非周期分量,这将使差动保护的不平衡电流大为增加。图 7-21(b)、(c)、(d)分别示出了外部短路暂态过程中两个电流互感器的励磁电流以及两个励磁电流之差(I_{unb})。图 7-21(e)所示为通过实验录取的电流波形。显然,暂态不平衡电流大于稳态不平衡电流。

4. 最大不平衡电流的计算

稳态情况下,整定变压器纵差保护所采用的最大不平衡电流 $I_{\text{ub. max}}$ 可由下式确定:

$$I_{\text{ub. max}} = (K_{\text{ss}} \cdot 10\% + \Delta U + \Delta f_{\text{za}}) I_{\text{k. max}}/n_{\text{TA}} \qquad (7\text{-}52)$$

式中,10% 为电流互感器容许的最大相对误差;K_{ss} 为电流互感器的同型系数,取 1;ΔU 为由带负荷调压所引起的相对误差,如果电流互感器二次电流在相当于被调节变压器额定抽头的情况下处于平衡,则 ΔU 等于电压调整范围的一半;Δf_{za}

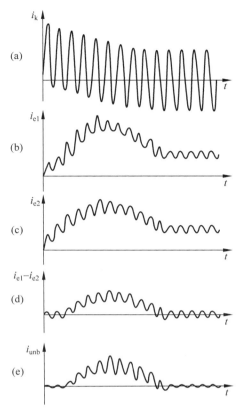

图 7-21　外部短路的暂态过程中电流互感器的励磁电流及不平衡电流波形图

(a)外部短路电流；(b)、(c)两侧电流互感器的励磁电流；

(d)两个励磁电流之差；(e)实验录取的不平衡电流

为所采用的互感器变比或平衡线圈的匝数与计算值不同所引起的相对误差；$I_{k.max}/n_{TA}$ 为保护范围外部最大短路电流归算到二次侧的数值。

7.2.2　变压器励磁涌流

1. 励磁涌流的产生原因及其影响

图 7-22 所示为单相变压器示意图及其折算到一次侧的等效电路。如图所示，变压器具有励磁支路，且变压器的励磁电流是差动继电器中的不平衡电流之一。在正常运行情况下励磁电流很小，一般不超过额定电流的 2%～5%；在外部故障时，由于电压降低，励磁电流更小。因此，变压器励磁电流在正常运行与外部故障情况下对纵差保护的影响往往可以忽略不计。

但是当变压器空载投入或外部故障切除后电压恢复时，则可能出现数值很大的励磁电流，称为励磁涌流。变压器稳态运行情况下，设绕组端电压为 $u(t)=$

$U_m \sin(\omega t + \theta)$，忽略变压器的漏抗和绕组电阻，设匝数 $N = 1$，则用标幺值表示的电压 u 与磁通 Φ 之间的关系为 $u(t) = \dfrac{\mathrm{d}\Phi}{\mathrm{d}t}$，如图 7-22(a)所示。

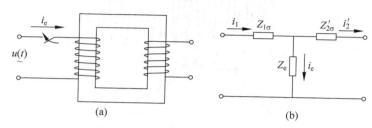

图 7-22　单相变压器等值电路

(a) 单相变压器示意图；(b) 折算到一次侧的等效电路

当变压器空载合闸时，求解电压 u 与磁通 Φ 的微分方程可得

$$\Phi = \int u(t)\mathrm{d}t = -\Phi_m \cos(\omega t + \theta) + C \tag{7-53}$$

式中，$\Phi_m = \dfrac{U_m}{\omega}$；$C$ 为积分常数。

由于铁心中的磁通不能突变，设变压器空载投入瞬间（$t=0$ 时）铁心的剩磁为 Φ_r，则积分常数 $C = \Phi_m \cos\theta + \Phi_r$。于是空载合闸时变压器铁心中的磁通为

$$\Phi = -\Phi_m \cos(\omega t + \theta) + \Phi_m \cos\theta + \Phi_r \tag{7-54}$$

式(7-53)中第一项为稳态磁通，后两项为暂态磁通。若考虑变压器损耗，则暂态磁通随时间衰减。假设 $\Phi_m \cos\theta$ 与 Φ_r 同相，则在空载合闸半个周期后，铁心磁通 $\Phi = 2\Phi_m \cos\theta + \Phi_r$，达到最大值。显然，在电压过零点（$\theta = 0°$）空载合闸时将产生最大磁通 $\Phi_p = 2\Phi_m + \Phi_r$，该值远大于变压器的饱和磁通 Φ_s，如图 7-23(b)所示。

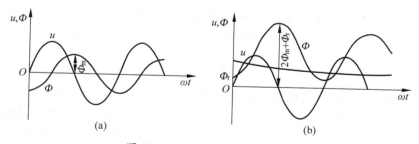

图 7-23　磁通与电压的关系

(a) 稳态运行时；(b) 在 $u=0$ 瞬间空载合闸时

变压器空载合闸时磁通随时间的变化轨迹如图 7-24(a)所示。求得磁通 Φ 后就可以通过磁化曲线得到相应的励磁电流，简化的磁化曲线如图 7-24(b)所示。显然，在铁心未饱和前（$\Phi < \Phi_s$），励磁电流 $i_e < i_s$，其值可以忽略不计；当铁心饱

和后($\Phi > \Phi_s$)，励磁电流将急剧增大，幅值最大可达 i_p，此励磁电流称为变压器的励磁涌流，其数值最大可达额定电流的 6～8 倍，如图 7-24(c)所示。励磁涌流的大小和衰减时间与合闸瞬间电压的初相角、铁心中剩磁的大小和方向、电源容量的大小、回路的阻抗以及变压器容量的大小和铁心材料的性质等有关。例如，正好在电压瞬时值最大时合闸就不会出现励磁涌流，只有正常运行时的励磁电流。

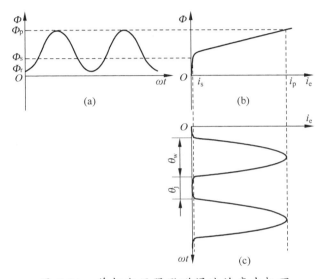

图 7-24　单相变压器励磁涌流的产生机理

(a) 空载合闸时的磁通变化轨迹；(b) 磁化曲线；(c) 励磁涌流

　　励磁涌流由于幅值很大且仅流经变压器一侧，将引起变压器纵差保护产生很大的差流，导致差动保护误动作跳闸。因此，在励磁涌流情况下必须采取有效措施闭锁差动保护，防止误动。

　　变压器励磁涌流具有以下特点。

　　(1) 励磁涌流往往含有大量的非周期分量，使涌流波形偏于时间轴的一侧。

　　(2) 由励磁涌流的频谱分析可知，涌流中包含大量的高次谐波，并且以二次谐波为主。

　　(3) 波形出现间断，在一个周期中间断角为 θ_j。分析图 7-24 可知，铁心饱和度越高，涌流越大，间断角越大。

　　以上分析都是针对单相变压器励磁涌流的分析，三相变压器励磁涌流比单相变压器复杂得多。如假设三相变压器铁心剩磁分别为 $\Phi_{rA} = \Phi_r$，$\Phi_{rB} = \Phi_{rC} = -\Phi_r$，且在 A 相电压过零点时($\theta = 0°$)空载合闸，则变压器三相暂态磁通及各相的励磁涌流波形分别如图 7-25(a)、(b)所示。

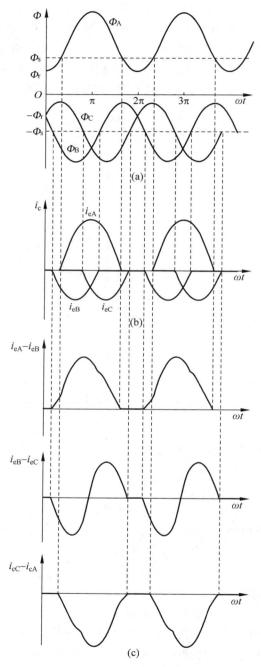

图 7-25   三相变压器励磁涌流特征

（a）三相暂态磁通；（b）三相励磁涌流；（c）差流回路中的涌流

由图 7-25 可知,三相变压器励磁涌流除前文所述特点之外,还具有其他特征。

(1) 由于三相电压相位相差 120°,无论何时空载投入变压器,至少有两相要出现程度不同的励磁涌流。

(2) 对称性涌流波形的出现。对于 YNd11 接线的三相变压器,Y 侧引入每相差动保护的电流为两相绕组电流的差值。因此,变压器从 Y 侧空载合闸时,励磁涌流在差流回路中的电流将是两相绕组励磁涌流的差值,可能形成对称性涌流,如图 7-25(c)所示。发生对称性涌流时,二次谐波含量与间断角均减小,使得励磁涌流的识别与差动保护的可靠闭锁更加困难。

2. 防止励磁涌流引起纵差保护误动的方法

如何防止励磁涌流引起变压器纵差保护误动,以及区分励磁涌流与内部故障是一个固有的、不可回避的难题。目前较为成熟且应用广泛的有如下几种方法。

(1) 二次谐波判别方法。通过检测三相差流中二次谐波含量的大小来判断是否为励磁涌流,从而达到及时闭锁纵差保护、防止保护误动的目的。这被称为变压器纵差保护的二次谐波制动元件,励磁涌流的判据为

$$I_{d2} > K_2 I_{d1} \tag{7-55}$$

式中,I_{d2} 为差流中的二次谐波电流;I_{d1} 为差流中的基波电流;K_2 为二次谐波制动系数,根据经验,二次谐波的制动系数的取值范围为 0.15~0.2。

三相变压器励磁涌流严重程度不同,其二次谐波含量也各异。为了在励磁涌流情况下可靠闭锁差动保护,三相或门制动方案得到广泛应用,即任一相差流满足式(7-55)时,判为励磁涌流,闭锁三相纵差保护;反之,开放三相纵差保护。

(2) 间断角原理识别励磁涌流。对于变压器励磁涌流,无论是偏于时间轴一侧的非对称性涌流,还是对称性涌流,都会呈现明显的间断特征,而内部故障时的电流是正弦波,波形没有明显的间断。通过检测差流间断角的大小就构成了间断角原理,其判据式一般为

$$\theta_j > 65° \quad 或 \quad \theta_w < 140° \tag{7-56}$$

式中,θ_j 为励磁涌流的间断角;θ_w 为励磁涌流正半周、负半周的波宽。

对于非对称性涌流,间断角 θ_j 较大,一般满足 $\theta_j > 65°$,故判定为励磁涌流,闭锁差动保护。对于对称性涌流,其间断角 θ_j 可能小于 65°,但考虑到其波宽 θ_w 一般约等于 120°,即 $\theta_w < 140°$,同样也能可靠闭锁纵差保护。因此,间断角原理能够识别各相励磁涌流,即可以采用分相闭锁纵差保护的方式,从而保证在合闸于变压器内部故障时能够可靠快速跳闸。

7.2.3 变压器和应涌流

和应涌流是当一台变压器空投充电时,在另外一台并联或级联运行的变压器之间产生和应作用,导致运行的变压器中产生涌流,从而引起差动保护误动。因为

运行的变压器本身没有故障,并且误动发生在相邻变压器空投完成一段时间之后,误动原因更具有隐蔽性。

变压器和应涌流模型分为并联和应涌流模型和级联和应涌流模型[11-13]。两台双绕组变压器并联,当变压器 T1 正在空载运行、变压器 T2 空投时的电气连接如图 7-26 所示,它们的时域简化电路如图 7-27(a)所示(不计运行变压器负荷)。时域简化电路可进一步表示为图 7-27(b)。两台变压器级联,当 T1 正在空载运行、T2 空投时的电气连接如图 7-28 所示,它们的时域简化电路如图 7-29 所示,级联和应涌流的时域简化电路可进一步表示为与并联和应涌流图 7-27(b)相同的电路。发生级联和应涌流时,两台变压器的磁链变化形式与并联和应涌流时相同。

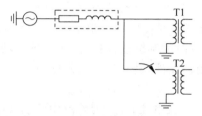

图 7-26　两台单相变压器发生并联和应涌流的电气连接示意图

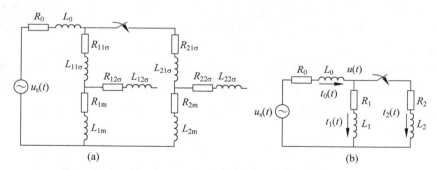

(a)　　　　　　　　　　　　　　　(b)

图 7-27　两台单相变压器并联和应涌流的时域简化电路

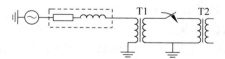

图 7-28　两台单相变压器发生级联和应涌流的电气连接示意图

文献[13]提出了基于基波幅值增量的和应涌流识别方法,其基本原理是和应涌流的基波幅值先增大后衰减。励磁涌流是持续衰减,变压器内部故障时,差动电流中的基波分量近似保持不变。定义差动电流的基波幅值增量 $S(n)$ 如下:

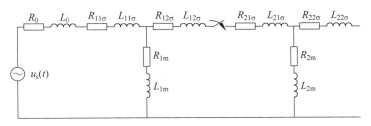

图 7-29　两台单相变压器级联和应涌流的时域简化电路

$$S(n) = \frac{I_d(n) - I_d(n-N)}{I_d(n-N)} \tag{7-57}$$

式中，$I_d(n)$、$I_d(n-N)$ 分别为第 n 点、第 $n-N$ 点的差动电流基波幅值（$n \geqslant N$，N 为每周波采样点数）。为了尽量消除衰减直流分量的影响，采用差分全周傅氏算法计算差流的基波幅值。$S(n)$ 反映了差动电流基波分量的变化规律，给定一个适当的门槛值 S_{th}，对于和应涌流，在其暂态增大阶段 $S(n) > S_{th}$，稳定衰减阶段 $S(n) < 0$；而故障电流满足 $S(n) = 0$，提出基波幅值增量判据：

$$S(n) > S_{th} \tag{7-58}$$

式(7-57)可准确识别和应涌流和故障电流，而门槛值 S_{th} 需要考虑实际变压器的情况以及该判据的具体应用情况。

和应涌流识别方案与逻辑框图如图 7-30 所示。基波幅值增量判据与差动保护判据、涌流制动判据相配合来构成和应涌流识别方案。当差动保护判据和涌流

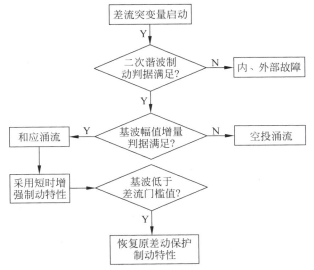

图 7-30　基于基波幅值增量的和应涌流识别方案框图

制动判据(二次谐波制动方法)同时满足时,可判断差流为空投涌流或和应涌流,然后采用基波幅值增量判据来鉴别和应涌流与空投涌流。在这种情况下,基波幅值增量判据只用于鉴别和应涌流与空投涌流,不需要考虑故障电流的情况,因为和应涌流在暂态增大阶段满足 $S(n)>0$,而空投涌流满足 $S(n)<0$,所以门槛值 S_{th} 只需取较小的正值就可以灵敏地识别和应涌流。

和应涌流识别流程如下。

(1) 当差流突变量启动元件动作后,采用二次谐波制动方法可以正确识别涌流(包括和应涌流、空投涌流)和故障电流,当二次谐波制动判据满足时,差动保护被正确闭锁。

(2) 计算差流的基波幅值增量 $S(n)$,当 $S(n)>S_{\text{th}}$ 且持续一段时间 t_1 时判为和应涌流,否则判为空投涌流。需要说明的是,由于全周傅氏算法数据窗的影响,突变量启动后第 1 个周波会因跨数据窗的影响而导致基波幅值计算不正确,相应地前 2 个周波内计算的 $S(n)$ 是不正确的,因此基波幅值增量判据的判断区间应至少从第 3 个周波开始,因为和应涌流的暂态增大过程较长,所以并不会影响判据的可靠性。为了进一步保证可靠性,t_1 可取 1~2 个周波。

(3) 判断差流为和应涌流后,要采取有效措施制动差动保护,同时还要保证内部故障的动作速度。因为和应涌流引起的误动一般发生在比率差动保护的拐点附近区域,所以可采取短时增强制动特性来躲过此区域。短时增强制动特性在和应涌流的出现阶段,通过缩小保护动作区来躲过和应涌流误动区,同时还能保证在此过程中变压器发生内部故障时能快速可靠地切除。

(4) 采用短时增强制动特性后,当检测到差流低于门槛值 I_{d0} 时,说明涌流已衰减到较小值,短时增强制动特性自动返回,恢复原始差动保护特性。

7.3 母线差动保护

母线电流差动保护原理简单可靠,应用最广。该保护按其保护范围可分为完全差动保护和不完全差动保护两种[1-8]。

母线完全差动保护是将母线上所有的连接支路的电流互感器按同名相、同极性接到差流回路;各支路采用具有相同变比和特性的电流互感器,若电流互感器变比不相同,在微机保护中可采用平衡系数平衡方式以保证在母线无故障情况下满足 $\sum i=0$。 保护的原理接线如图 7-31 所示。

在正常运行及外部故障时,母线的流入与流出电流矢量和 $\sum i=0$。 差流回路中的电流是由于各电流互感器特性不同而引起的不平衡电流 I_{unb},其值较小。当母线上 k 点发生故障时,所有与电源连接的支路都向 k 点供给短路电流。此时

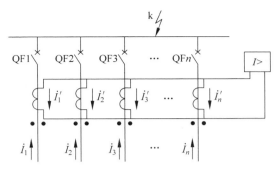

图 7-31 母线完全电流差动保护的原理接线图

母线差流回路中的电流为

$$\dot{I}_d = \dot{I}'_1 + \dot{I}'_2 + \dot{I}'_3 + \cdots + \dot{I}'_n = \frac{1}{n_{TA}}(\dot{I}_1 + \dot{I}_2 + \dot{I}_3 + \cdots + \dot{I}_n) = \frac{1}{n_{TA}}\dot{I}_k$$

$$(7-59)$$

式中，$\dot{I}_k$ 为故障点的全部短路电流，其值很大。

母线完全电流差动保护的动作电流按下述条件整定，并取其最大值：①躲开外部短路故障时产生的最大不平衡电流；②躲开任一电流互感器二次回路断线时产生的不平衡电流，即躲开任一连接支路中的最大负荷电流。

母线完全电流差动保护采用式(7-60)校验灵敏系数 K_{sen}，其值不低于 2。

$$K_{sen} = \frac{I_{k.min}}{I_{act}n_{TA}}$$

$$(7-60)$$

式中，I_{act} 为动作电流；$I_{k.min}$ 为实际运行中可能出现的连接支路最少时，在母线上发生故障的最小短路电流值。

母线的完全电流差动保护原理简单，适用于单母线或双母线经常只有一组母线运行的情况。

母线不完全电流差动保护是将连接于母线的各有电源支路的电流接入差流回路，而无电源支路的电流不接入差流回路。当无电源支路上发生故障时，将被认为是母线差动保护范围内的故障。此时，差动保护的定值应大于所有这种线路的最大负荷电流之和，这样在正常运行情况下差动保护才不会误动作。

实际应用中，为了提高母线完全电流差动保护的灵敏度，普遍采用具有制动特性的母线电流差动保护。

制动电流 i_{brk} 的选取有如下几种方案，其中 n 为母线所连接的支路个数。

(1) 各支路电流的绝对值和：

$$i_{brk} = |i_1| + |i_2| + |i_3| + \cdots + |i_n|$$

$$(7-61)$$

(2) 各支路电流的绝对值和的算术平均值：

$$i_{\text{brk}} = \frac{1}{n}(\mid i_1 \mid + \mid i_2 \mid + \mid i_3 \mid + \cdots + \mid i_n \mid) \tag{7-62}$$

（3）各支路电流的绝对值的几何平均值：

$$i_{\text{brk}} = \sqrt[n]{\mid i_1 \mid \cdot \mid i_2 \mid \cdot \mid i_3 \mid \cdots \mid i_n \mid} \tag{7-63}$$

（4）各支路电流绝对值的最大者：

$$i_{\text{brk}} = \max(\mid i_1 \mid, \mid i_2 \mid, \mid i_3 \mid, \cdots, \mid i_n \mid) \tag{7-64}$$

很显然，上述四种方案中得到的制动电流值是不同的，尤其是用于像母线保护这样连接多个支路的差动元件时，差异非常大。

制动电流的选取方法不同，则差动特性斜率的选取亦不相同。在实际应用中，多采用方案（1）和方案（4）。对这两种方案的比较如下：

方案（1）：外部故障时制动量较大，但内部故障时灵敏度略低。

方案（4）：①外部故障时制动量较小；②内部故障时灵敏度较高；③拐点容易整定；④对某个电流互感器完全饱和的情况较易处理（可以增大斜率整定值到 99％）。

为了实现保护的快速动作，可采用瞬时值算法，直接利用瞬时值来进行差动运算和比较判断。可提高采样率，实现多次计算，这样既能提高动作速度，又能保证可靠性。

取母线上各支路同相电流和的绝对值作为动作量：

$$I_{\text{act}} = \left| \sum_{j=1}^{n} i_j \right| \tag{7-65}$$

而取各支路同相电流绝对值之和作为制动量：

$$I_{\text{brk}} = \sum_{j=1}^{n} \mid i_j \mid \tag{7-66}$$

动作判据为

$$I_{\text{act}} > I_{\text{brk}} \quad \text{或} \quad I_{\text{act}} - K_{\text{brk}} I_{\text{brk}} \geqslant I_{\text{set}} \tag{7-67}$$

式中，K_{brk} 为制动系数；I_{act} 为保护整定的动作值。

只要电流互感器能够真实传变二次电流，差动保护判据对每个采样值都是成立的，与电流波形无关。但如果母线上连接的设备很多，其电容电流也需要考虑。

为了提高保护的可靠性和抗干扰能力，可提高采样率，增加计算、比较次数。例如，采样率取 40 点/周，连续判断 8 个点，如果有 6 个点满足式（7-67），就判为母线内部故障，发出跳闸指令。故障检测时间约需 5ms。

为提高保护抗过渡电阻能力，减少保护性能受故障前系统负荷（电动势间夹角）的影响，还可采用工频故障分量构成比率差动母线保护，其动作判据应满足下式：

$$
\begin{cases}
\left| \Delta \sum_{j=1}^{m} I_j \right| = \Delta \mathrm{DI_f} + \mathrm{DI_g} \\
\left| \Delta \sum_{j=1}^{m} I_j \right| > K_{\mathrm{brk}} \sum_{j=1}^{m} \left| \Delta I_j \right|
\end{cases}
\tag{7-68}
$$

式中，K_{brk} 为工频变化量比例制动系数；ΔI_j 为第 j 个支路的工频变化量电流；$\Delta \mathrm{DI_f}$ 为保护启动的浮动门槛；$\mathrm{DI_g}$ 为保护启动的固定门槛。

参考文献

[1] 贺家李.电力系统继电保护原理[M].4版.北京：中国电力出版社,2010.

[2] 李佑光.电力系统继电保护原理及新技术[M].北京：科学出版社,2003.

[3] 张保会.电力系统继电保护[M].2版.北京：中国电力出版社,2010.

[4] 邰能灵.现代电力系统继电保护原理[M].北京：中国电力出版社,2012.

[5] 施怀瑾.电力系统继电保护[M].2版.重庆：重庆大学出版社,2005.

[6] 毛锦庆.电力设备继电保护技术手册[M].北京：中国电力出版社,2014.

[7] 王维俭.发电机变压器继电保护应用[M].北京：中国电力出版社,2005.

[8] 张保会,尹项根,索南家乐,等.电力系统继电保护[M].北京：中国电力出版社,2005.

[9] 王祥珩,孙宇光,桂林,等.发电机内部故障分析软件的理论基础——多回路分析法[J].水电自动化与大坝监测,2003(4)：72-78.

[10] 桂林,王维俭,孙宇光,等.大中型发电机主保护配置方案定量化及优化设计的重要性[J].电力自动化设备,2004(10)：1-6.

[11] 毕大强,王祥珩,李德佳,等.变压器和应涌流的理论探讨[J].电力系统自动化,2005(6)：1-8.

[12] 王奕,戚宣威,罗航,等.复杂和应涌流及其对电流差动保护的影响[J].电力系统自动化,2014,38(6)：98-105.

[13] 邵德军,尹项根,张哲,等.基于基波幅值增量的变压器和应涌流识别方法[J].中国电机工程学报,2010,30(10)：77-83.

第 8 章　系 统 保 护

8.1　引言

近年来,印度大停电、北美"8·14"大停电、意大利"9·28"大停电、欧洲电网"11·04"大停电和巴西"11·10"大停电等多起大停电事故中,继电保护在过负荷和振荡情况下的不合理动作都充当了连锁跳闸的导火索和直接推手。在继电保护技术日益成熟、安全稳定控制技术广泛应用、通信和计算机技术高度发达的现代化电力系统中,发生这样的事故引人深思。

8.1.1　印度大停电事故过程

以 2012 年的印度大停电为例。印度电网由隶属中央政府的国家电网(由跨区电网和跨邦的北部、西部、南部、东部和东北部 5 个区域电网组成)和 29 个邦级电网组成。各区域电网以 400kV 作为主网架,区域电网间通过 765kV(实际降压运行 400kV)、400kV、220kV 交流和 ±500kV 直流线路互联。北部、西部、东部及东北部 4 个区域电网间采用交直流混联方式同步联网组成 NEW 电网,并通过直流与南部电网实现异步互联。印度总发电装机容量约为 200GW,发电量居世界第五,但人均用电量严重不足,各地限电频繁。

印度是热带季风性气候国家。在停电事故发生前,因季风推迟引发了干旱和炎热,导致北部地区用电负荷因农业灌溉、空调使用而急剧上升。另外,迟来的季风也意味着水电发电量比往常减少。

"7·30"事故前,北部电网发电 32 636MW,需求 38 322MW,存在 5686MW(14.8%)的功率缺口,系统运行频率为 49.68Hz。北部与西部电网间通过 2 回 400kV 联络线联系,北部与东部电网间通过 6 回 400kV 和 1 回 220kV 交流联络线联系。"7·30"事故相关的区域电网联络线如图 8-1 所示。

事故发展过程如下:

(1) 02:33:11.907,北部与西部电网 400kV 联络线 Bina-Gwalior Ⅰ线由于过负荷导致距离保护Ⅲ段动作跳闸。Bina-Gwalior Ⅰ线自然功率为 691MW(未补偿),事故前该线向北部电网输送功率 1450MW,处于过负荷状态,Bina 侧电压已

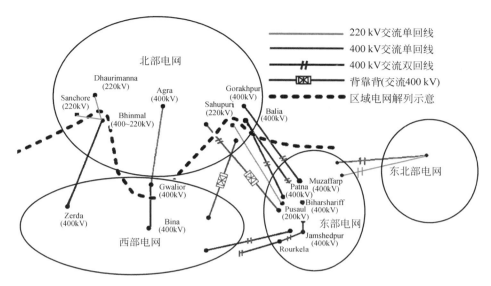

图 8-1 "7·30"事故相关区域电网联络线

降为 374kV。Bina-Gwalior Ⅰ线断开后,西部电网与北部电网之间只剩一条交流联络通道:Zerda(400kV)-Bhinmal(400kV)-Bhinmal(220kV)-Sanchore(220kV)和 Dhaurimanna(220kV)线,西部-北部断面潮流转移至此条联络线。北部电网与西部-东部-东北部电网间的功角差增大,随后系统开始振荡。

(2) 02:33:13.438,北部与西部断面间 220kV Bhinmal-Sanchore 联络线因系统振荡导致距离保护Ⅰ段动作跳闸,随后另一条 220kV Bhinmal-Dhaurimanna 联络线也同样由于振荡被距离保护Ⅰ段切除。至此,北部电网与西部电网失去所有交流联络线。西部-北部电网联络线断开后,断面潮流通过西部-东部-北部路径进行转移送至北部电网,形成大规模潮流转移。

(3) 02:33:13.927,西部-东部-北部潮流转移的一条重要通道——位于东部电网内 400kV Jamshedpur-Rourkela 双回线由于过负荷导致距离保护Ⅲ段相继动作跳闸。此时的北部电网虽然仍连接于东部电网,但网内的发电机转速下降,与西部-东部-东北部电网间的功角差进一步增大,随后导致功角失稳(失去同步)。

(4) 02:33:15.400~02:33:15.542,北部电网与东部电网间的 6 回 400kV 联络线(分别为 Gorakhpur-Muzaffarpur 双回线、Balia-Biharsharif 双回线及 Patna-Balia 双回线)因系统振荡导致距离保护相继跳闸。振荡中心位于北部-东部电网断面。至此,北部电网与东部电网间全部 400kV 交流联络线被切除。原属北部电网的 Sahupuri 负荷通过 220kV Pasauli-Sahupuri 线纳入东部电网。北部电网与西部-东部-东北部电网解列。

（5）解列后的北部电网出现了 5800MW 的功率缺额，频率骤降。由于紧急控制措施（低频减载和 $\mathrm{d}f/\mathrm{d}t$ 滑差减载）切负荷量不足，北部电网崩溃，仅剩 Badarpur、NAPS 少数地区维持"孤岛"运行。同时，西部-东部-东北部电网出现 5800MW 功率盈余，频率上升至 50.92Hz，在特殊保护系统切除 3340MW 机组后频率稳定在 50.6Hz。

"7·30"事故停电恢复后，北部电网电力需求仍然紧张。"7·31"事故发生前，北部电网发电 29 884MW，需求 33 945MW，存在 4061MW(12.0%)的功率缺口，系统运行频率为 49.84Hz。北部与西部电网间通过 1 回 400kV 和 2 回 220kV 联络线联系，北部与东部电网间通过 1 回 765kV、9 回 400kV 和 1 回 220kV 交流联络线联系，西部与东部电网间通过 6 回 400kV 和 3 回 220kV 联络线联系。"7·31"事故相关区域电网联络线如图 8-2 所示。

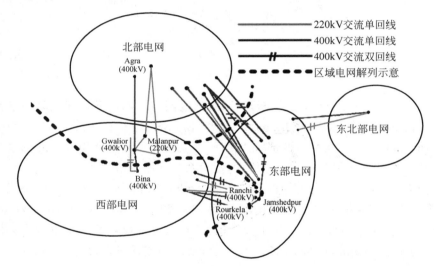

图 8-2 "7·31"事故相关区域电网联络线

事故发展过程如下：

（1）13:00:13，北部与西部电网 400kV 联络线 Bina-Gwalior Ⅰ线由于过负荷导致距离保护Ⅲ段动作跳闸。随后，220kV Bina-Gwalior 双回线断开，Gwalior 地区与西部电网断开。至此，北部电网与西部电网解列，断面潮流通过西部-东部-北部路径送至北部电网，北部电网与西部电网功角失稳。

（2）13:00:13.600，东部电网内重要的潮流转移通道 400kV Jamshedpur-Rourkela Ⅰ线由于过负荷导致保护动作跳闸。跳闸前，线电压约 362kV，线电流 1.98kA，视在功率约为 1241MV·A。随后，系统开始振荡。

（3）13:00:17.948～13:00:20:017，东部电网内多条 400kV 线路因振荡而保

护动作跳闸。系统振荡中心位于东部电网内部（靠近西部-东部电网断面处）。原属东部电网的 Ranchi 和 Rourkela 等地区纳入西部电网，东部电网与西部电网解列。解列后，西部电网频率升至 51.4Hz，通过切机措施和提升送至南部电网的直流功率，西部电网频率最终稳定在 51Hz。北部-东部-东北部电网出现约 3000MW 的功率缺额，由于切负荷量不足和机组跳闸引起系统功角振荡，频率降至 48.12Hz。

（4）随后，北部、东部电网内部及北部-东部电网联络线由于距离Ⅲ段保护、过电压保护、失步保护动作导致超过 50 条线路跳闸，使北部电网与东部-东北部电网解列。北部电网、东部-东北部电网除少数地区"孤岛"运行外，大部分地区崩溃，再一次酿成大停电事故。

8.1.2 印度大停电中的继电保护行为分析

大停电事故往往是由一系列偶然事件引发的，然而在这些偶然事件背后也隐藏着诸多技术、体制等多层面上的"必然"缺陷。薄弱的输电网架结构、不合理的继电保护动作和不完备的安稳控制系统等原因共同导致了印度这两起大停电事故的发生。下面对印度大停电中的继电保护行为进行分析探讨[1]。

"7·30"和"7·31"两起停电事故都因西部-北部输电断面的同一条 400kV Bina-Gwalior Ⅰ线距离保护Ⅲ段动作跳闸引起。当时线路并未发生故障，线路电流也远未超过导线热稳定极限。随后系统发生潮流转移并开始振荡，在此过程中继电保护因过负荷和振荡发生连锁跳闸，推动了大停电事故的发展。这两起大停电事故反映了继电保护（尤其是距离保护Ⅲ段）的明显缺陷：过负荷跳闸和振荡跳闸。下面就继电保护对过负荷和振荡的动作进行分析。

1. 继电保护对过负荷的动作分析

过负荷是一类较常见的异常运行状态，可分为正常过负荷和事故过负荷。正常过负荷是指线路承载超过正常运行时的最大负荷；事故过负荷是指输电断面的一条或多条线路发生故障或无故障跳闸，造成潮流转移导致其他运行线路潮流增加，超过正常运行时的最大负荷，也可称之为潮流转移过负荷。

系统长期过负荷或严重过负荷运行，将对电网和设备安全造成严重威胁，增加大停电事故风险。正常情况下，过负荷是由调度从系统层面进行协调；当系统处于紧急状况时，由安全稳定系统进行切机，切负荷及电压、频率紧急控制以维持稳定。然而，大停电从来都不会按预想发生，北美"8·14"停电事故和意大利"9·28"停电事故中的调度、安稳控制系统的故障和疏忽就是很好的例证。这也暴露了继电保护和安稳控制系统及调度之间的问题：在控制采取措施或措施生效之前，快速动作的继电保护已经把过负荷元件切除，进一步加剧了潮流转移和系统振荡。大停电中的过负荷情况及继电保护动作参见图 8-3。

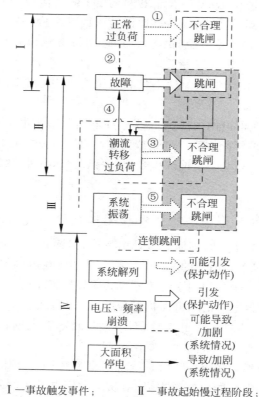

Ⅰ—事故触发事件；　　　　　Ⅱ—事故起始慢过程阶段；
Ⅲ—事故扩大快过程阶段；　　Ⅳ—系统解列崩溃阶段

图 8-3　停电事故发展及继电保护动作示意图

　　从事故起始慢过程发展到系统失稳振荡，进入事故扩大的快过程阶段，随后系统解列崩溃，大停电无可避免。整个过程伴随着过负荷相关的继电保护动作。正常过负荷情况下，可能因线路电压降低、电流增大（低阻抗）而引发保护不合理动作跳闸（①），也可能也因线路过载发热、弧垂增大进而引起短路跳闸（②）。潮流转移过负荷情况下，保护可能误把潮流转移当作故障，切除非故障过负荷线路（③），导致更大规模的潮流转移，进一步增加系统失稳的风险，也可能造成潮流转移过负荷线路因过载弧垂增大而引发短路跳闸（④）。这样的案例在各大停电事故中比比皆是，其中，正常过负荷引发的继电保护跳闸往往是引发大停电事故的第一张"多米诺骨牌"，而潮流转移过负荷引发的保护跳闸却是连锁跳闸的直接推手，推动了系统崩溃的进程。

　　一旦事故进入快过程及解列阶段，系统已经处于高度危险情况，短短几秒甚至更短时间内大量保护和安全自动装置动作，此时实施挽救措施无疑杯水车薪，难挽狂澜。因此,防微杜渐,将大停电扼杀在初始阶段是最直接高效的防御手段。

从图 8-3 不难看出,如果要阻断连锁跳闸的发生,必须及时避免过负荷直接引起的不合理跳闸(如图 8-3 中①、③所示)和过负荷引发短路导致的间接跳闸(如图 8-3 中②、④所示)。然而,如果线路持续过负荷尤其是持续严重过负荷,一则可能导致线路过热损坏,二则可能因线路弧垂增大而引发短路故障。因此,在考虑线路过负荷下保护动作问题时,继电保护的基本原则应是:

(1)线路发生故障时,继电保护应快速动作,切除故障元件。

(2)线路处于过负荷状态且不危及元件安全时,继电保护应确保可靠不误动,并积极采取措施减轻过负荷,降低线路故障风险和系统安全隐患。

2. 继电保护对振荡的动作分析

振荡是电力系统的重大事故之一。振荡时各点的电压、电流和功率的幅值和相位都将发生周期性变化,容易影响保护装置的电流继电器和阻抗继电器误动作,不影响纵联保护。

我国继电保护装置具有良好的振荡闭锁功能,而且还具备振荡过程中的故障解锁功能。然而,印度、北美和西欧的距离保护不具备有效的振荡闭锁功能。对比 2006 年“7·1”华中电网大停电和近期的“7·30”“7·31”印度大停电,不难发现在事故发展第一阶段至失稳,其过程是类似的。但第二阶段却完全不同,印度事故中的距离保护在振荡中误动作(如图 8-3 中⑤所示),导致电网毫无计划地四分五裂,大停电愈演愈烈;而华中电网在异常的 $500\sim220\mathrm{kV}$ 电磁环网结构发生失稳振荡时,由于所有国产 $500\mathrm{kV}/220\mathrm{kV}$ 线路的距离保护都能可靠地防止失稳误动,保持了电网的完整性,即便在振荡中心附近可能损失局部负荷,大多数也会在短时内自动恢复同步,防止了崩溃瓦解,从而防止了全网大停电。振荡闭锁是我国电网安全运行的一条重要的成功经验,对防止大范围停电作出了宝贵的贡献。

结合我国电力系统“三道防线”框架来看大停电事故中继电保护的行为(见表 8-1),不难发现现有继电保护在正常过负荷和潮流转移过负荷情况下的动作存在缺陷,并且快速动作的继电保护与相对较慢的能量管理系统(EMS)及紧急控制之间也存在配合不当的问题,难以满足大规模互联系统防御大停电的要求。要构建保障现代电网安全的继电保护,不得不重新审视继电保护的行为准则,结合现有电力相关技术的发展,充分挖掘继电保护的潜能。

大面积停电事故的发生是一个过程,其起因是故障,发展动因是故障线路停运造成的负荷转移。未发生故障的线路由于负荷转移而出现过负荷,导致保护动作停运,从而进一步加剧了其他非故障线路的过负荷,导致保护相继动作跳闸,造成大面积停电。

表 8-1 系统框架内继电保护缺陷

防线及缺陷	具 体 内 容
正常运行	EMS
缺陷 1 正常过负荷	引发继电保护不合理跳闸或导致故障跳闸
第一道防线	继电保护、预防控制
缺陷 2 潮流转移过负荷	引发继电保护不合理跳闸,促成连锁跳闸,加剧系统失稳
第二道防线	切机、切负荷、FACTS 等紧急控制
第三道防线	失步解列、低频、低压减载等紧急控制

在上述过程中,根据现有的继电保护准则,保护均正确动作,但系统却崩溃了,这与保护电力系统安全运行的理念是相悖的。现有继电保护的确保护了电气设备的安全,电气设备没有因流过短路电流或过负荷电流而损坏,但却造成了系统停运和大面积停电,其后果和单台电气设备损毁同样严重,甚至更严重。所以,现有的保护尽管在保障电力系统安全稳定运行中发挥了重要作用,但是尚不能完全保护电力系统的安全,根本原因在于现有的继电保护准则是以保护电气设备安全为目标,并不以保护电力系统安全为己任。

围绕保护电力系统安全稳定运行这个重要问题,电力系统紧急控制、调度决策分别扮演着不同的重要角色。例如在电力系统的紧急控制策略中,当系统出现大的功率缺额或者功率不平衡时,会出现频率或者电压偏差。检测该偏差,快速切除部分失速或者超速的发电机组(群、厂),或者快速减载、解列,都可能使得整个系统或者局部系统建立起新的平衡状态,保证整个系统或者部分系统的安全稳定运行。但是紧急控制大多是基于响应的被动措施,可以说是“亡羊补牢”,其响应时间普遍过长,无法和快速动作的继电保护相配合,河南大停电事故就是一个典型的例子。

不难发现,在继电保护动作(尤其是后备保护)与紧急控制之间存在一个盲区——非故障电气设备出现了过负荷(不正常运行状态)后,后备保护快速动作予以切除,而紧急控制是其后续的动作。出现了由于事故造成的负荷转移后,切除该过负荷线路或者电气设备只能加重其他安全电气设备的过负荷,对于系统安全无补。

但这并不意味着要对过负荷不管不问,相反应采取更加积极的措施,不是简单地切除过负荷的电气设备,而是设法消除产生过负荷的原因,这也是本节的核心思想。

如果上述措施得力、可行,就可以达到既能保护电气设备不因过负荷而损坏,也不因过负荷造成该电气设备的切除而导致负荷转移和连锁跳闸,从而有效防止大停电事故的发生。

从理论方面来看,大停电的发生是由于继电保护和紧急控制之间衔接不够紧密,存在漏洞或者盲区;从技术层面上来讲,继电保护的快速动作和紧急控制的相对慢速动作之间也很难协调。这是由于继电保护不依赖于系统调度,独立做出发生故障或者过负荷的判断,进而切除故障或过负荷电气设备,而紧急控制更多的是从系统(全局)的角度出发,通过对系统信息的综合判断(甚至通过调度)做出减载的决定。此时由于继电保护的快速动作性能,故障电气设备、过负荷电气设备都已经被保护切除,所有应采取的紧急控制措施从时间上来讲都已经失效了,因此,消除过负荷的时间要和后备保护动作时间相配合,即

$$t_{消除过负荷} < t_{过负荷保护} \qquad (8\text{-}1)$$

式中,$t_{消除过负荷}$为消除过负荷的根源所要花费的时间;$t_{过负荷保护}$为过负荷保护动作的时间。

换句话说,如果不能快速消除过负荷,后备保护必然动作,事故停电范围必然要扩大。

因此,为了从根本上防止大面积停电事故的发生,措施之一就是从具有快速动作性能的继电保护入手,改变现有继电保护准则,使其同时具有保护电气设备安全和系统安全的双重使命,这是解决大停电事故的正确途径。这样的保护不同于传统保护,也不同于紧急控制:它是从继电保护的角度出发的,它的保护对象是电气设备安全和系统安全。因此,在不引起混淆的情况下,将它命名为系统保护。

8.2　国内的安全稳定控制系统

《电力系统安全稳定导则》规定,我国电力系统承受大扰动能力的安全稳定标准分为三级[2]:

第一级标准:保持稳定运行和电网的正常供电[单一故障(出现概率较高的故障)]。

第二级标准:保持稳定运行,但允许损失部分负荷[单一严重故障(出现概率较低的故障)]。

第三级标准:当系统不能保持稳定运行时,必须尽量防止系统崩溃并减少负荷损失[多重严重故障(出现概率很低的故障)]。

对应的,设置三道防线来确保电力系统在遇到各种事故时的安全稳定运行:

第一道防线:快速可靠的继电保护、有效的预防性控制措施,确保电网在发生常见的单一故障时保持稳定运行和正常供电。

第二道防线:采用稳定控制装置及切机、切负荷等紧急控制措施,确保电网在发生概率较低的严重故障时能继续保持稳定运行。

第三道防线:设置失步解列、频率及电压紧急控制装置,当电网遇到概率很低的多重严重事故而稳定性被破坏时,依靠这些装置防止事故扩大,防止大面积停电。

三道防线的概念很清晰、明确,易于操作实施。近年来我国电网没有出现全网性事故和大范围停电,应该说得益于三道防线的建设。

随着计算机技术和通信技术的发展,基于三道防线的新一代稳控技术也在发展中,特别是基于广域测量系统(wide area measurement system,WAMS)的广域保护技术(wide area protection system,WAPS)。目前的广域保护技术主要分为两大类:一类侧重于控制功能,如电压稳定控制、频率稳定控制等;另一类侧重于继电保护功能,如识别潮流转移过负荷、广域差动保护、广域后备保护等。

基于专家系统的广域后备保护方案,其中心思想是用专家系统建立各种不同类型保护单元的动作因子,根据专家规则和元件的动作因子判别故障元件。基于专家系统的广域后备保护主要是用于电网中故障元件的快速识别和隔离,达到加快后备保护动作、尽可能减小停电区域的目的。广域电流差动后备保护将传统的双端差动保护的基本思想拓展到了多端系统中。输电断面保护利用 WAMS 采集信息,实时搜索输电断面,计算断面的过载情况,实现输电断面安全性保护,维持输电断面的完整性和输电能力,避免连锁过载跳闸的发生。可识别潮流转移过负荷的广域后备保护,其主要思想是利用 WAMS 获取网络拓扑和运行参数后,通过对保护的干预使保护识别出潮流转移过负荷,闭锁跳闸以获取足够的时间,通过减载、切机等方式消除线路过载。功率平衡保护是从功率平衡的角度消除紧急状态,防止连锁跳闸。

相对于传统的监测与控制系统,广域保护系统对通信提出了更高的要求。首先,需要考虑传输时延对系统响应的影响;其次,系统发生事故时,通信网络可能因为数据量太大而发生阻塞,此时,如何保证优先、可靠地传送最关键的数据也是需要解决的一个问题;此外,在通信系统发生故障时,如何避免影响数据通信、造成数据丢失也需要进一步研究。广域保护需要实时收集全网或局部电网所有的动态信息,每一次网络拓扑的改变都需要对网络参数进行重新计算,存在计算量过大、难以确定合理的保护范围等缺点,对目前的通信等支撑技术水平提出了很高的要求。

8.3　北美的特殊保护系统

北美学者提出的特殊保护系统(special protection system,SPS)或补救控制系统(remedial action scheme,RAS)是近年来继电保护与紧急控制融合的研究热点。北美电力可靠性协会(NERC)规划标准中指出:"一个特殊保护系统(SPS)或补救控制系统(RAS)的目的是监测系统非正常状态并采取预先制定的校正措施(而不是故障的切除),从而提供可接受的电网系统指标。在可接受的电压或者可接受的负荷水平下,SPS 和其他控制设备联合动作,通过改变电网需求(如切负荷)、发电量或电网结构来维持系统稳定。"SPS 详细措施及使用比例见表 8-2。

SPS 与常规保护的区别在于：

（1）常规保护的作用是隔离故障、保证设备和人员安全；特殊保护系统是用于检测异常的系统状态，并执行预定的操作，以维持系统的正常运行并提供可以接受的系统性能。

（2）常规保护主要是通过继电保护装置控制断路器动作来实现故障隔离；特殊保护系统则是通过调节发电机组和负荷的有功、无功及节点电压来实现的。

（3）常规保护是基于故障点及附近的就地设备的控制；特殊保护系统基于广域测量系统的分散监测、集中控制。

现在学术界基本达成一种共识，SPS 就是由安全稳定控制装置组成的，与继电保护系统严格区分，作用在于通过合理的控制措施，保障系统的安全稳定运行。以巴西电网事故为例，巴西的南里奥格兰德州由 2 条 500kV 和 3 条 230kV 输电线路供电。该区域负荷是 3350MW，发电容量是 1300MW，由互联系统输入 2050MW。一条 500kV 输电线路断开可能引起不稳定而断开其他互联线路，结果使该州停电。为避免这种现象，装设了连锁切机切负荷设备，当一条 500kV 线路断开后，适当切除等量的发电机和负荷，减小剩余线路的有功功率的传输，使新的有功功率传输与剩余输电线路相匹配。SPS 并不承担检测和隔离故障的功能，而是在扰动发生后通过安全稳定控制措施来保障系统的可靠运行。现有应对潮流转移过负荷的 SPS 措施主要是切机切负荷（改变网络拓扑结构不切实际），尤其是在有功功率保护平衡（频率稳定），无功功率在输电线路上传输较少（电压稳定）时，低频减载装置和低压减载装置都将失效，只能依靠连锁切机切负荷（基于事件）或者调度集中切负荷来消除线路的过负荷状态。

表 8-2 各种 SPS 措施使用的比例

措 施	比 例	措 施	比 例
切发电机	21.6%	失步保护	2.7%
切负荷	10.8%	离散励磁控制	1.8%
低频减载	8.2%	动态电阻制动	1.8%
系统解列	6.3%	机组滑降	1.8%
汽轮机快关汽门	6.3%	无功补偿	1.8%
切机/切负荷	4.5%	各种装置组合	11.7%
稳定器（PSS）	4.5%	其他	12.6%
高压直流控制	3.6%		

对照表 8-2 可以看出，欧美提出的 SPS 的措施与我国电力系统安全稳定运行的第二道防线和第三道防线所采取的措施完全相同；SPS 的结构、终端和运行方式与我国广泛使用的区域性安全稳定控制系统十分相似。

8.4　国家电网公司提出的特高压交直流电网系统保护

随着特高压交直流输电技术及其联网技术的快速发展、风电和光伏等新能源机组大量并网、远距离跨区输电规模持续增长,电网格局与电源结构发生重大改变,电网发展过渡期安全稳定特性不断恶化:

(1) 故障对系统的冲击全局化,即特高压交直流电网中,系统扰动甚至正常设备的操作都可能引发多回大容量直流输电线路换相失败乃至发生直流闭锁,随着单回直流输送容量的不断增加,换相失败乃至直流闭锁产生的冲击不断加大;

(2) 电网调节能力严重下降,即新能源机组、电源均不具备常规机组的转动惯量特性,系统的转动惯量和等效规模不断减小,频率调节能力呈下降趋势,在大功率缺额的情况下,极易引发频率越限甚至系统稳定破坏;

(3) 电力电子设备的广泛应用使得系统特性复杂化,即传统交流系统以同步发电机多质量块、惯性、阻尼运动、机电暂态控制为特征,而电力电子设备呈现出非惯性、高速、离散、刚性等特征,电力电子设备及其控制系统与传统交流系统相互交织,控制规律及运行特性相互作用,导致系统动态特性复杂。

为解决电网问题,电网安全稳定运行控制新框架、新技术不断涌现,一批大电网安全防御系统被开发出来投运,并按照相关技术规范和导则,形成了不断发展完善的安全稳定三道防线体系,有力保障了电网安全稳定运行。然而,当前电网的安全防御体系特别是工程实践,总体来讲主要还是针对传统交流电网(或者含小规模、小容量直流输电)设计的,随着特高压交直流电网和新能源快速发展带来了电网特性新变化,现有防御技术和措施出现若干不适应性,亟须根据当前及未来一段时间内电网特性的变化,从"大系统"安全角度出发,在进一步巩固、完善、拓展三道防线内涵的基础上,对电力系统运行控制举措进行重新审视和提升。

国家电网公司提出了构建新一代大电网安全综合防御体系,即"特高压交直流电网系统保护"(简称"系统保护")[3]。本节结合当前电网主要稳定特性,进一步提出了系统保护的体系设计,并着重介绍了全景状态感知、实时决策与协同控制、精准负荷控制技术的关键技术需求及框架;最后简述了国家电网有限公司在系统保护建设上的实施方案,为特高压交直流大电网安全稳定运行控制提供了解决方案。

8.4.1　构建系统保护的必要性及关键问题

1. 构建系统保护的必要性

传统的安全稳定三道防线体系、控制措施在交流电网发展的各个阶段,为保障电网安全运行发挥了重要作用。随着电网结构特性的不断变化,传统单一的稳定控制措施、措施量、防御范围和防御技术在一定程度上滞后于特高压交直流大电网运行实践,已难以满足系统安全防御要求。体现在以下 3 个方面:

(1)现有特高压交直流电网故障对安全稳定控制量的需求激增。应对严重故障的稳控系统一般仅针对局部稳定问题设防,控制措施量相对较小、措施类型相对单一。特高压交直流电网单一通道输电容量很大,例如在同送端同受端多直流输电格局下,多回直流换相失败会在数百毫秒内引发上千万千瓦的有功波动,对送受端电网均造成严重冲击,原有基于局部稳控的设防模式不能满足严重故障后对控制措施量的需求。根据国家电网历年来的实际运行情况及仿真结果,得出交流 $N-1$ 或 $N-2$ 故障对于传统电网与特高压交直流电网的冲击,以及需要采取的措施量比较,见表 8-3。

表 8-3 控制措施比较

电网	故障类型	故 障 后 果				控制措施
		引起的潮流涌动	无功冲击	电压波动	直流连锁故障风险	
交流电网	交流 $N-1$,$N-2$	最大 3GW(尖山故障)	3Gvar	30kV	无	集中切机、切负荷
特高压交直流混联电网		30GW(华东 $N-1$,多回直流换相失败)	20Gvar	200kV	极易引发受端多直流连续换相失败、闭锁送端交流薄弱断面失步	大范围切机、切泵、精准切除可中断负荷、切低容、直流调制

(2)特高压交直流电网连锁故障问题凸显。特高压电网交直流相互耦合、送受端交互影响增强,需要不断拓展防控措施,应对交直流连锁故障防御要求。

不同送端、受端输电格局和稳定形态复杂,在现有安全控制体系下措施组织和协调难度大,需要重构电网安全防御体系。特高压交直流电网同送端、不同受端多直流输电格局(见图 8-4)与同受端、不同送端多直流输电格局(见图 8-5)同时存在,使得电网薄弱断面的稳定形态更加复杂,控制措施的需求量大、种类多,防御范围涵盖多频带、多时间尺度、多控制资源,控制网络化特征突出,协调难度大,突破了原有稳控系统局部、分散的配置理念,需要重构新的电网安全综合防御体系。

(3)电力电子特性引发的问题在电网中不断涌现。电力电子设备接入程度较低的传统交流电网中,谐波主要来自大型设备操作和轧钢、冶炼等工业负荷,通常仅短时影响配电网电能质量,对系统稳定不造成影响;新能源、新型负荷、直流输电的大规模发展,使得电力电子特性在电网中不断显现。例如:风电、光伏等新能源机组通过电力电子变流器大规模并网后,易形成持续次同步谐波注入系统,并激发近区机组轴系扭振,造成火电机组连锁跳闸、直流闭锁等连锁反应。亟须突破故障触发安控的设计理念,将稳定控制从工频问题扩展到更宽频带。

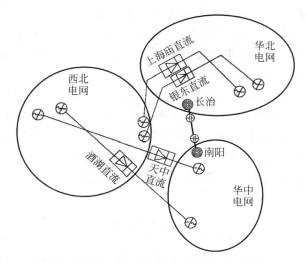

图 8-4　同送端不同受端多直流输电格局

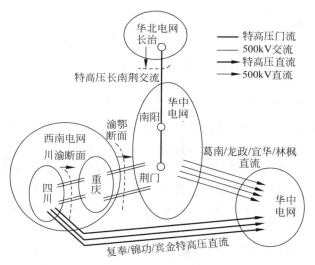

图 8-5　同受端不同送端多直流输电格局

电网的安全防控主要依赖三道防线,在电网发展的不同阶段保障了电网安全稳定运行。然而,随着过渡期电网运行特性的深刻变化,传统保障电网安全运行的防控理念或技术与电网运行新特征不相适应,集中体现在以下几个方面:

(1) 元件保护和直流控保与系统稳定运行要求不适应。现有的重合闸动作逻辑、失灵保护动作时间难以满足系统稳定运行要求,直流控保侧重于考虑设备本体安全,均需提升对系统安全的适应性。

（2）按单一工程、单一目标配置的控制系统间缺乏整体性考虑。例如：现有稳控系统按单一工程配置，一般解决局部稳定问题，单一稳控系统动作，容易成为其他稳控系统动作的触发条件，多个稳控系统存在无序动作风险。

（3）控制措施缺乏大范围整合协同。现有控制措施局部部署，难以满足特高压大容量直流换相失败、闭锁等严重故障形态的设防需求，需充分调动各种控制资源并形成合力，提升电网对故障的抵御能力。

2．构建系统保护的关键问题

1）大规模复杂电力系统安全稳定性的准确评估问题

当前特高压交直流电力系统与传统交流系统在特征上存在显著差异：①在电源结构上，以风电、光伏为代表的新能源机组通过多层级变流变压器接入大电网，为维持新能源发电并网特性的厂站侧，柔性交流设备得到广泛应用；②在电网结构上，特高压交直流、高压柔性直流、特高压分层接入等输电技术得到广泛应用，远距离跨区输电格局凸显；③在负荷结构上，电力电子技术在负荷侧广泛应用，新型负荷的频率、电压、谐波特性发生重大变化，如大量负荷呈现反频率特性。

源网荷侧结构的重大变化、电力电子设备及其控制系统的大量接入，使得物理系统的模型和控制规律更加多样、复杂。系统中出现了新的扰动形式（如多回直流换相失败、再启动等）和稳定形态（如次同步振荡、超低频振荡等），故障的连锁反应风险加大。当前电力系统建模仿真和安全稳定评价体系仍然滞后于电网的发展。系统保护对于严重故障形态进行设防，需要明确设防的对象、设防场景下存在的问题及其严重程度。因此，对当前电力系统复杂故障下稳定性机理的揭示及安全稳定性的准确评估显得尤为重要和迫切，是构建系统保护的关键问题。

2）广域多措施时序协调的控制策略制定问题

当前特高压交直流电网中即使是单一故障，其严重程度也可能很大，加之因常规机组被大量直流或新能源机组替代，系统动态调节能力被大大削弱，系统抗风险能力严重不足。以华东电网某一方式的仿真结果为例，当直流大容量馈入时，若发生直流双极闭锁，电网频率下跌会触发华东电网低频减载多个轮次动作。

为了快速平息故障下的大扰动冲击，使得系统保持安全稳定运行，新形态下的电网安全防御需要在数百毫秒内快速抑制数百万乃至上千万千瓦有功能量对系统的冲击。局部范围的控制措施、单一的控制措施类型难以满足控制需求。因此，首先需要挖掘现有控制资源潜力、研究新型控制资源，拓展可控空间；然后综合考虑多种约束条件，衔接多时间尺度动态过程，研究协调有序、优化精准的控制策略。由于不同类型措施的响应速度、作用范围、控制量不同，局部范围的控制还可能导致跨区域影响，因此广域多措施时序协调的控制策略的制定构建了系统保护的另一关键问题。

8.4.2　系统保护的体系设计

1. 总体思路

对于一般性、局部性故障,仍然秉持原有的设防理念和设防措施。在电网一体化特征下,传统的基于就地或局部模式的控制理念难以适应,需要在更大范围内统筹考虑。为此,针对冲击能量大、波及范围广的全局性故障,通过构建系统保护进行设防。

围绕 8.4.1 节提到的两方面难题,系统保护的总体设计思路如下:以分区电网为对象,进行差异化设计。在分区范围内,通过在目标、时间和空间三个维度上进行拓展,统筹协调集中与分散的控制模式、区域与局部的控制范围、多重与单一的控制对象,通过降低故障发生概率、全方位感知系统状态,实时立体协调控制,阻断系统连锁反应,防止系统崩溃,支撑复杂严重故障下大系统的安全稳定运行。系统保护立体协调控制的内涵如图 8-6 所示。

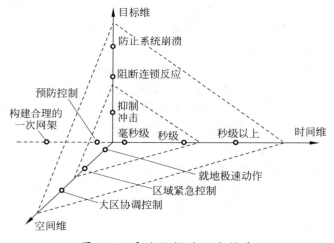

图 8-6　系统保护的三个维度

2. 系统保护总体构成

系统保护仍以传统的交流电网三道防线为基础,通过巩固第一道防线、加强第二道防线和拓展第三道防线,扩展原有三道防线的内涵和措施,形成特高压交直流电网新的综合防御体系。系统保护与传统三道防线的关系如图 8-7 所示。

(1) 巩固第一道防线。其目的是降低故障的严重程度,从故障发生的源头抑制故障给电网带来的扰动冲击。巩固第一道防线的思路与措施如图 8-8 所示。例如:①应用交直流保护新技术,提升保护性能,快速可靠隔离故障;②应用电力电子新技术实施大功率电气制动,或应用虚拟化同步技术模拟交流电网自愈特性,抑制扰动冲击。通过弱化交直流系统元件故障对电网的扰动冲击,可避免或减弱交直流相互作用对系统安全稳定性的影响。

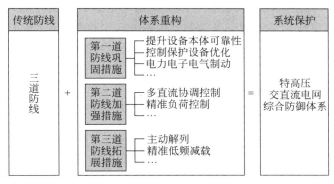

图 8-7 系统保护总体构成

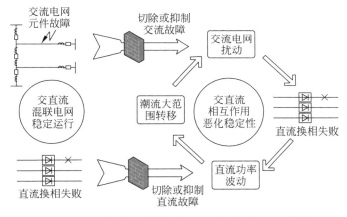

图 8-8 故障快速隔离与冲击抑制原理示意图

当交流系统发生元件故障时,对交流系统产生扰动冲击,极易诱发直流系统换相失败或闭锁,进而可能因直流功率波动、交流电网潮流大范围转移等交直流相互作用,带来进一步的恶性连锁反应。因此,需要在元件故障给交流系统带来扰动冲击的第一环节,采取诸如快速切除故障、自适应重合闸、站域保护等措施,抑制元件故障对系统的冲击,切断或抑制后续连锁反应的诱发源头。

当初始故障为直流设备故障(如因直流本体设备可靠性不高或控保整定不当所致)时,同样可能因交直流相互作用带来一系列连锁反应。为了遏制这种现象的发生,同样需要在直流故障对交流系统带来扰动冲击的第一环节,采取类似交流系统继电保护、重合闸的新的技术手段,切除或抑制直流故障。

此外,需转变对于涉网设备设计、保护和检测仅从设备自身出发的理念,从提升所接入系统安全运行程度出发,提高涉网设备运行可靠性和涉网性能,降低设备故障发生的概率。

（2）加强第二道防线。当发生对系统安全稳定运行影响较大的严重故障时,协同大范围、多电压等级源网荷各类控制资源和新型控制手段,实现基于事件触发或结合响应驱动的主动紧急控制,阻断系统连锁反应,防止系统失稳。

具体而言,面向特高压交直流一次骨干电网,在智能电网调度控制系统(D5000)稳态监测与调控体系之外,平行构建控制功能相对独立的实时、紧急、闭环控制体系,实现对电网所有重要元件的全景状态感知、各种可控资源的多维协同控制。

（3）拓展第三道防线。其内涵包括:① 拓展控制资源类型(例如抽水蓄能机组、直流输电系统等),将更多的控制设备纳入基于电气量越限检测的就地分散控制;②结合故障事件和响应信息,实施基于事件触发的紧急控制模式下控制量不足时基于响应信息的追加控制等。

近年来,随着特高压工程的投运,已经通过完善三道防线及相关措施,保障了不同工程投产下电网的安全稳定运行。例如,通过调整重合闸时间、直流换相失败闭锁逻辑、失灵保护延时等措施,提升第一道防线的适应能力;通过配置直流功率紧急控制、换相失败切机、次同步振荡切机等措施,拓展第二道防线的广度和深度;通过统一优化配置低频减载,提升第三道防线的协调性。然而,随着电网侧一体化特征、源荷侧不确定性特征、电力电子设备广泛接入等特征的持续深化,以大电网安全稳定运行为中心的系统保护思维和举措需要不断滚动研究并落实。

8.4.3　系统保护的关键技术

系统保护建设是一个复杂的系统性工程,需要适应多种运行场景,协调各种控制资源,整合多类先进技术。其中,系统保护的集中控制系统主要体现在电网安全稳定第二道防线(图 8-9),需要统合系统分析、自动控制、信息通信、智能决策等多个专业领域,设计大范围信息交互、多层次策略分解的一体化软硬件系统架构,实现多目标、多资源、多时间尺度、多约束条件的综合协调控制。此外,既需要充分借鉴其他领域的先进适用技术,又需要结合电网控制要求,推动理论和技术创新,集成难度大。

作为电网最重要的二次防护系统,在技术研发特别是集中控制系统的研发上,应具备实时性、安全性、可靠性和可扩展性等特点。需要通过构建安全、高速、可靠的通信网络保证信息传输和决策实时性,通过物理隔离和逻辑隔离保证防御系统的安全性,利用多源信息互校和冗余配置保障策略执行的可靠性,利用标准化的设计保障功能的可扩展性。

按照系统保护体系设计,系统保护涵盖了三道防线全过程,关键技术众多。基

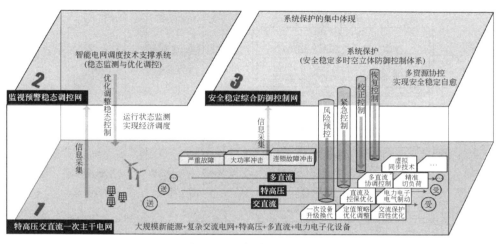

图 8-9 系统保护在第二道防线的体现

础类支撑技术包括全景状态感知技术、实时智能决策及多资源广域协同控制技术、安全可靠的系统保护专网技术等；面向实际工程的适用技术包括精准负荷控制技术、新能源厂站馈线或单机精益化控制技术、自适应重合闸及站域保护技术、在线预决策闭环控制技术等；前瞻性技术包括大功率储能支撑电网安全稳定运行的并网控制等多项技术。以下简单介绍其中三项技术的需求及内容。

1. 全景状态感知技术

基于广域信息采集，实现对电网重要元件、控制资源、控制装置状态和行为的全景感知，支持综合分析评价和集中监视告警。同时，为实时决策和协同控制提供信息支撑，为电网暂态特性和故障演化途径分析提供基础。需要研究系统保护本体运行状态、控制策略、可控资源以及电网动态稳定水平全时段监视技术，研究多类信息有序存储及高效共享技术，研究系统保护装置录波、相量测量单元录波和故障录波构成的三位一体全网同步录波技术。系统保护全景状态感知要素、结构如图 8-10 所示。

2. 实时智能决策及多资源广域协同控制技术

基于全景状态感知，进行在线故障智能诊断和系统暂态特征综合识别，对系统存在的问题进行定位和甄别，综合考虑约束条件，结合就地与系统判据，实现控制分区、控制对象及控制量多目标实时智能决策。进一步，根据实时控制资源，进行控制策略协调分解，实现源网荷多类控制资源的紧急、有序、协同控制。需要研究基于故障事件与响应信息的电网扰动场景可靠、快速判别技术，研究适应电网送受端协调的多稳定约束、多变量混合优化技术。源网荷多资源综合优化协调控制如图 8-11 所示。

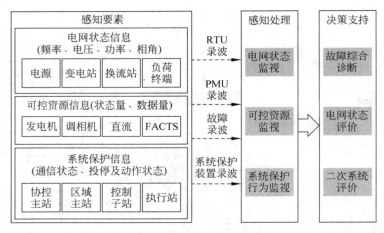

图 8-10 全景状态感知技术示意图

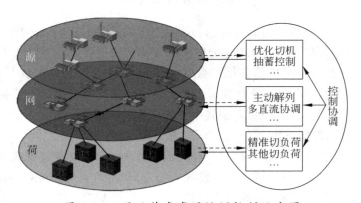

图 8-11 源网荷多资源协调控制示意图

例如,面对特高压交直流混联格局下的直流多馈入受端电网运行特性变化,需要研究利用直流输电功率快速可控特性,协同直流、抽水蓄能和大规模可中断负荷等措施,解决大功率缺额冲击下的电网频率稳定问题,满足跨区直流、特高压直流工程快速发展形势下的电网频率稳定控制技术需求。

3. 精准负荷控制技术

传统的负荷控制技术以切除主变压器和高压负荷线为主,对用户影响大,可选择容量小,实施困难,在目前政策和社会容忍的范围内,传统的大规模切负荷已不具备实际应用条件。以华东电网为例,宾金、锦苏、复奉三大送华东特高压直流满送时,若同时发生双极闭锁的严重故障,华东电网将产生超过 20GW 的功率缺额,需要切除超过 10GW 负荷才能保持系统稳定。大规模粗放切负荷社会难以容忍,且对安全自动装置及分散布置、缺乏协调的三道防线控制措施提出巨大挑战。

　　精准负荷控制技术将控制对象细分到用户,根据负荷特点、用户意愿进行精确匹配,具有点多面广、选择性强、对用户用电影响小的优势,通过与传统的负荷控制系统协同作用,可满足直流换相失败和闭锁故障对大量切负荷的客观要求,是保障过渡期电网安全的最有效手段。传统的负荷控制技术与精准负荷控制技术对比情况见表 8-4。

表 8-4　传统的负荷控制技术与精准负荷控制技术对比

序号	对比项目	传统的负荷控制技术	精准负荷控制技术
1	控制特点	刚性,对用户影响大	柔性,对用户影响小
2	控制站点	100 个以下	10 万个以上
3	可控容量	百万千瓦以下	省级千万千瓦级
4	响应时间	200ms 内	200ms 至分钟级,可灵活控制用户
5	控制风险	对社会影响大	可通过签订协议获得经济补偿,社会可接受程度高

　　精准负荷控制技术需根据稳态及暂态不同时间尺度的负荷控制需求,对大范围、大规模的可中断负荷进行统筹管理,对负荷控制对象的控制效果、时机及控制量进行定量分析,给出负荷控制经济性与电网安全性相协调的优化控制,形成完善的精准负荷控制策略和技术方案,降低故障导致的经济损失。根据电网需求,精准负荷控制应实现千万千瓦级、多时间尺度的负荷柔性控制。其中,300ms 内的负荷控制,主要解决电网暂态稳定、动态稳定、电压稳定等紧急控制问题;300ms～1s 的负荷控制,主要解决系统的频率稳定控制问题;1s 到分钟级的负荷控制,主要解决交流断面的热稳问题和电压稳定问题;分钟级以上的负荷控制,主要用于增加系统旋转备用等恢复控制。

8.4.4　系统保护的实施方案建议

　　以分区电网为主体,进行电网安全稳定特性分析,确定系统保护设计目标,整合各类控制资源,分别确定感知、决策、控制功能架构,分别形成分区电网系统保护实施方案。在第二道防线建设上,分别建设"集中决策、分散协调"的协控系统,实现严重故障下的紧急控制,快速阻断连锁反应。在特高压直流落点省级电网建设精准负荷控制系统,有步骤地将该系统纳入所属分区电网的协控系统的统筹范围。

　　如图 8-12 所示,按照可扩展性的要求,系统保护提供标准化的功能体系,分为核心功能包与扩展功能包两类。系统保护建设主体部门可根据电网特性和风险,部署核心功能,选择性部署相关扩展功能。系统保护建设已经纳入国家电网公司重大工程实施计划,后续可根据电网特性的动态变化和新兴技术的不断发展,对系统保护的架构设计、关键技术与实施方案进行滚动研究和发展。

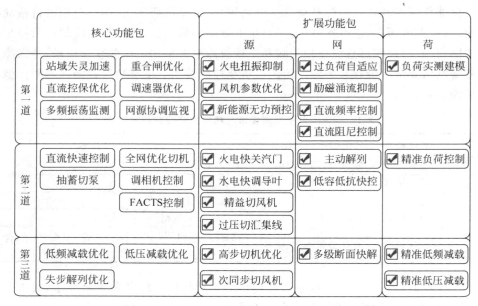

图 8-12　系统保护应用功能框架

8.5　基于本地信息的系统保护

8.5.1　基于本地信息的系统保护思想

传统的继电保护在设计时主要从保护电气设备自身的角度出发,一般不刻意区分被保护电气设备的正常过负荷和事故转移过负荷,从而当过负荷出现时,毫不犹豫地切除发生了过负荷的电气设备,引起连锁反应。如果继电保护能够明确判断并识别出被保护电气设备的过负荷状态是由于事故造成的转移过负荷,就可以采取非常明确并具有针对性的措施:对于正常过负荷,迅速可靠地定位隔离;对于因事故造成的转移过负荷,应与紧急控制措施(如减载)相协调,就有可能提高电力系统的安全运行水平。

基于上述思想,需要从系统安全的角度重新审视继电保护的动作机制,深入研究继电保护识别不同性质过负荷状态的能力,并促进继电保护和紧急控制的融合[4]。

继电保护主要根据本地量测信号来进行决策、作出判断,利用目前的原理和算法很难判断系统中发生的潮流转移过负荷。为了有效识别过负荷的性质并采取相应的保护策略,必须扩大信息来源。

可扩展利用的信息包括通过通信网络获取的空间域信息(广域信息),以及本地获取的事件发展和后续过程中的时间域信息。前者是广域保护的信息来源和获取手段,而后者就是本节所要利用的信息。因此,利用本地信息构建面向系统安全的保护技术,被称为基于本地信息的系统保护[5]。

具体体现为,在时间域内,潮流转移过负荷和后备区域内故障过电流在事件发展过程中有着明显的区别。当某线路故障跳闸引起潮流转移过负荷时,过载线路的保护可以感受到故障发生、断路器动作故障切除、本线路电流增大等一系列事件发展过程。如图 8-13(a)所示,当线路 L_1 上 F_1 点发生故障后,L_1 的保护动作,相继跳开 K_1 和 K_2,L_1 线路上的潮流将转移到 L_2 和 L_3 上。假设 L_2 因此过载,以 L_2 的保护 A 为例,保护 A 所感受到的电气量变化如图 8-13(b)所示;而当 L_2 线路末端 F_2 点发生故障时,保护 A 感受到的电气量变化如图 8-13(c)所示。通过深入挖掘保护检测到的本地时间域信息,提取故障后由于开关跳闸或者故障发生转换所引发的二次扰动或多次扰动信息,即可识别潮流转移过负荷。识别潮流转移过负荷后,如果允许线路和电气设备承受合理的短时过负荷,则可以为消除或缓解线路过负荷争取时间,从而避免连锁跳闸。因此,当线路发生过负荷时,不应当急于切除线路,而应当一方面充分挖掘电气设备的潜力(例如在电气设备未达到极限之前,自动延长保护动作时间),为采取紧急控制措施争取宝贵的时间;另一方面积极采取措施,利用切机切负荷等措施减缓或消除线路过载,使线路恢复正常运行状态。线路的稳定运行主要受热载荷能力、稳定极限的影响,其中热载荷能力满足热平衡方程,影响线路的弧垂、温度和应力等。变压器过负荷能力则受温度和绝缘等因素的影响。通过对线路载流容量模型和变压器载流模型的研究,可以构造电气设备元件承受过载能力的曲线,即"负载-承受时间"曲线,根据"负载-承受时间"曲线即可计算出当前过载量下的承受时间。

消除线路过载是一个系统层面的问题,这涉及控制点和控制量的合理确定问题,其中也存在快速有效的本地措施和优化的系统措施之间的合理取舍和配合问题。目前,在电力系统中普遍采用本地措施(连锁切机切负荷等)和系统优化措施(调节发电机出力、调整发电计划、系统重构等)相结合的方式。能够触发保护动作的电气设备过负荷往往是严重过负荷,电气设备承受严重过负荷的时间一般很短,来不及等待系统层面的集中决策。为了保护电气设备不受损害,可利用部分本地或区域信息,实现可能非全局最优但最有效的本地措施,尽快缓解紧急状态。

任何一个负荷,包括引起线路过载的负荷都是连接到某一个变电站或其下级变电站的。对每个变电站而言,通过本变电站同一电压等级出线和进线的保护对过载情况的判断,可以判别出是否可以通过在该变电站减载消除电气设备严重过载(定位引起线路过载的负荷),并且可以确定需要多少减载量才能使线路从严重过载状态恢复到正常运行或轻微过载状态。

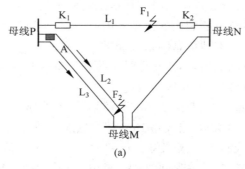

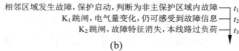

图 8-13　非故障线路潮流转移过负荷示意图

（a）潮流转移示意图；（b）F_1 点故障引起潮流转移时保护 A 检测到的信息；

（c）后备区域 F_2 点故障时保护 A 检测到的信息

　　利用变电站进线出线的过载情况，找到引起线路严重过载的负荷，从而判断该变电站是否需要减载，属于快速有效的措施，从理论上讲是可行的，而且与线路连锁切机切负荷相比较，对切机切负荷点的确定更加合理，具有局部优化的特点。

　　基于本地信息的系统保护应当介于传统保护和紧急控制之间，保护的动作行为应该在过负荷保护（自适应）的动作时段之内。如图 8-14 所示，从时间、所利用的信息和保护区域三方面，基于本地信息的系统保护均位于传统保护和稳控技术的结合区域。与广域保护相比，系统保护更倾向于与传统的继电保护（尤其是后备保护）相结合，利用继电保护的思想和视角解决系统问题。系统保护可以根据本地信息识别潮流转移过负荷，并自适应改变保护的定值，从而降低对通信网络和通信实时性的依赖，与广域保护互补。当然，消除线路过载还可能要用到通信网络，但对网络的依赖已经大大降低了。

　　实现系统保护需要一个坚强的统一平台，它必须能够采集和处理全站的电气量信息，能够识别每条线路的潮流转移过负荷，实现各线路后备保护或协调后备保护的动作，完成减载策略的判断和执行等功能。实际上，系统保护的框架中包含了变电站电气设备的后备保护功能和紧急控制功能，从而可以协调后备保护与紧急控制的配合。

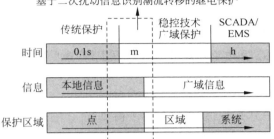

图 8-14　基于本地信息的系统保护

8.5.2　基于本地信息的系统保护构成方案

1. 识别潮流转移过负荷

如图 8-15 所示,系统保护的关键技术主要包括识别潮流转移过负荷、自适应过负荷保护和减载策略。

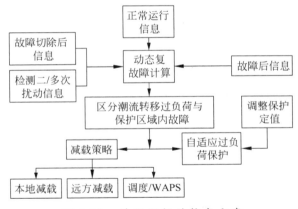

图 8-15　系统保护的构成方案

正常运行的电力系统发生简单故障或复故障,可称为一次扰动,对应的故障电压和电流为一次扰动信息;随后出现的转换性故障或断路器动作可称为二次扰动,转换性故障和断路器动作产生的电压和电流称为二次扰动信息。二次扰动和一次扰动的差别是显而易见的,二次扰动和复故障的区别在于二次扰动是继发性的,两个扰动之间存在时间差,而习惯上认为复故障是同时发生的。

通过挖掘本地的故障后时间域信息(故障后的一系列事件发展过程,包含一次扰动、二次扰动和多次扰动信息),线路保护仅根据线路自身的电压和电流信息即可识别潮流转移过负荷,具体步骤如下:

（1）采集和计算每条线路的电压、电流幅值及序分量,判断后备保护区域内是否发生故障。

（2）判定故障是否发生,对于不对称故障,可采用电流负序分量有效值 I_2、电流零序分量有效值 I_0 和电流正序分量有效值 I_1 构成的继电器 R_s 进行判断。继电器 R_s 的表达式为

$$R_s = (I_0 + I_2)/I_1 \geqslant R_{set} \qquad (8-2)$$

式中,R_{set} 在 0.2～0.4 内取值,以躲过不平衡负荷。

对于对称故障,可通过判断相间电压 $U_{\phi\phi}$ 和相间电流 $I_{\phi\phi}$ 的夹角 $\arg(U_{\phi\phi}/I_{\phi\phi})$ 来实现。判据为

$$\theta_L - \theta' < |\arg(U_{\phi\phi}/I_{\phi\phi})| < \theta_L + \theta' \quad 且 \quad U_\phi < U_{set} \qquad (8-3)$$

式中,θ_L 为线路阻抗角,典型值为 70°～85°；θ' 为可靠范围,取 10°；U_ϕ 为相电压有效值；U_{set} 为低电压阈值,取值范围为 0.4～0.6。

（3）若后备区域内发生故障,在整定时间 T 内判断故障特征是否消失,T 的取值范围为 0.5～5s。整定时间 T 需要考虑由重合闸带来的多次扰动信息的存在时间。

（4）若整定时间内故障特征未消失,发出跳闸命令,完成后备保护功能；若故障特征消失,且线路出现过负荷,则判为潮流转移过负荷。

（5）判定故障特征消失。

对于不对称故障,可采用继电器 R_s 判定。$R_s < R_{set}$ 时,判定故障特征消失。

对于对称故障,可采用判断相间电压 $U_{\phi\phi}$ 和相间电流 $I_{\phi\phi}$ 的夹角 $\arg(U_{\phi\phi}/I_{\phi\phi})$ 来实现。判断故障特征消失的判据为

$$\theta_f - \theta' < |\arg(U_{\phi\phi}/I_{\phi\phi})| < \theta_f + \theta' \quad 且 \quad U_\phi > U_{setting} \qquad (8-4)$$

式中,θ_f 为最大负荷角,根据线路常规运行时的最大负荷确定,典型值为 20°～40°。

2. 自适应过负荷保护

自适应过负荷保护需要研究线路和变压器等电气设备的短时过负荷能力,对热载荷能力、稳定极限等进行研究,构造电气设备元件承受过载能力的曲线——"负载-承受时间"曲线,根据"负载-承受时间"曲线即可计算出当前过载量下的承受时间。在识别潮流转移过负荷后,保护可根据线路过载量实时调整保护的定值,使得继电保护可以在被保护对象的承受范围内,为紧急控制尽量争取时间,为系统安全稳定作出贡献。

自适应过负荷保护动作时间的确定本质上是导线温度预测,基于变电站内导线温度、环境温度监测数据进行实时温度预测,尤其是对电流或气象条件变化下的暂态温升过程进行预测。

架空线路温度是由导线自身产热、从外界吸热及向外界散热的共同结果。其中,焦耳吸热 P_J 和日照吸热 P_S 是主要的热量来源；对流散热 P_C 和辐射散热

P_R 是主要的散热部分。导线的热平衡方程为

$$mC_p \frac{dT_c}{dt} = P_J + P_S - P_C - P_R \tag{8-5}$$

式中，m 为导线质量(也可由密度表示)；C_p 是导线比热容。

当总吸热量与总散热量相等时，导线处在热平衡状态，温度不变；当吸热量大于散热量时，线路温度不断上升，直至吸热与散热平衡，这个温升过程称之为暂态温升。

为提高求解效率，通常将暂态热平衡公式近似视为常系数一阶微分方程，可求得通解，即可得到导线暂态温升近似表达式：

$$T_c(t) = T_a(t) - \frac{A}{B} + \left[T_c(t_0) - T_a(t) + \frac{A}{B} \right] e^{\frac{B(t-t_0)}{mC_p}} \tag{8-6}$$

式中，t 为当前时刻；t_0 为暂态温升初始计算时刻；$T_c(t_0)$ 为导线初始温度；$T_a(t)$ 为 t 时刻环境温度。参数 A 包含了焦耳吸热温度不相关分量和日照吸热分量，参数 B 包含了焦耳吸热温度相关分量、对流散热分量和辐射散热分量。根据 IEEE 与 CIGRE 的计算公式可对各项热量进行计算。

由式(8-6)可知，当导线温度导数为 0 时，导线最高温度计算值 $T_{cmax.CAL}$ 为

$$T_{cmax.CAL} = T_a(t) - \frac{A}{B} \tag{8-7}$$

导线过负荷运行造成的损伤是温度与时间共同作用的结果，而且影响随着温度的增高非线性增长。综合以上试验数据和计算数据，当线路在 100℃ 下短时运行时，导线机械强度、弧垂及金具损失可以忽略；当线路温度过高时，如高于 120℃，会对线路造成较大的永久性损伤，应迅速切除。

因此，提出警戒温度、紧急温度、极限温度三个概念。所谓警戒温度，是指可允许线路长期运行于该温度及以下，一旦超过后就应引起注意，该温度可取现有规程最大允许运行温度；所谓紧急温度，是指当导线温度超过该值后，如果长时间运行，将对线路造成损伤，情况较为紧急，进入延时跳闸阶段；所谓极限温度，是指当线路温度超过该值后，将对导线的机械强度等性能造成永久性损伤，需立刻切除。

对自适应过负荷保护逻辑及热定值整定，以 500kV 架空输电线典型钢芯铝绞线为例，可做出如下方案：

1) 警戒温度 T_w

定义警戒温度 T_w 为 60℃，当导线温度不断上升并超过 60℃ 时，进入警戒状态。自适应过负荷保护对 10min 之内的温度变化进行预测，如果预测时间内线路温度将升到紧急温度，则向调度中心发出预警报文(通过 IEC 61850 到 IEC 61970 通信接口发送报文)，告知到达紧急温度的剩余时间。

2）紧急温度 T_E 与紧急热定值 C_{max}

定义紧急温度 T_E 为长期运行最高允许温度，我国电网普遍取 70℃，华东电网取 80℃。本节以 70℃ 为例进行说明，当导线温度高于 70℃ 时，自适应过负荷保护进入紧急状态。

过负荷对导线性能及寿命的影响是温度与时间共同作用的结果，具有热累积效应。当导线温度在 70℃ 及以上时，计算温度时间积 C。当实时计算的温度时间积 C 超过线路紧急热定值 C_{max} 时，自适应过负荷保护出口跳闸，判据如下：

$$C = \int T_C \mathrm{d}t \geqslant C_{max} \tag{8-8}$$

其中，紧急热定值 C_{max} 由紧急温度 T_H 和紧急支撑时间 t_H 确定：

$$C_{max} = T_H t_M \tag{8-9}$$

以输电网普遍使用的钢芯铝绞线为例，在 100℃ 下线路运行 60min，导线机械强度、弧垂、金具性能损失较小，因此，可设置线路紧急热定值 $T_H = 100℃$，t_H 视线路老化程度及输电走廊情况（导线对地间距、植被生长情况）而定，可在 $1 \sim 60min$ 内取值。

当自适应过负荷保护进入紧急状态时，可通过回声状态网络法对暂态温升进行预测，预估线路到达紧急热定值的时间，作为自适应过负荷的跳闸时间，并上报给调度中心。

3）极限温度 T_L

定义极限温度 T_L 为 120℃。为防止因温度飙升对线路造成永久性损伤，当导线温度大于 T_L 时，应迅速切除。此时需考虑短路情况下与主保护、后备保护的动作配合。

设线路短路电流分别为 70kA、50kA、30kA、10kA，故障前线路初始温度为 70℃，环境温度为 40℃，风速为 0.5m/s，风向角为 0°，日照强度为 2000W/m²，故障后 0.1s 和 5s 线路跳闸，被切除前线路的最高温度见表 8-5。

由表 8-5 可知，即便线路发生非常严重的短路故障且 5s 后才被切除，线路温度也未达到极限温度 T_L，不会出现自适应过负荷保护在短路情况下早于常规保护（主保护及后备保护）跳开线路的情况。

表 8-5　短路电流下线路最高温度

短路电流	70kA	50kA	30kA	10kA
0.1s 切除	70.19℃	70.10℃	70.03℃	70.00℃
5s 切除	79.48℃	74.81℃	71.72℃	70.19℃

4）其他功能

对沿线火灾等险情的探测告警：当沿线与站内最大温度差突增，且最高温度与当前载流、气象条件无法对应时,发出异常告警并上传至调度中心,并闭锁自适应过负荷保护出口。

综上所述,架空输电线路的自适应过负荷保护独立于反映故障的线路保护,根据线路的热稳定性进行整定,并充分考虑线路紧急载流能力和暂态温升过程,尽可能合理地为系统安全稳定控制措施的实施争取时间。其动作逻辑如图 8-16 所示。当线路沿线最高温度 T_{cmax} 大于极限温度 T_L,或者线路处于紧急状态且满足线路温度时间积 $C \geqslant C_{max}$,则保护跳闸。在线路处于警戒状态、紧急状态或检测出沿线温度异常,报告调度中心。

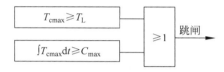

图 8-16 线路自适应过负荷保护动作逻辑

3. 减载策略

对每个变电站而言,根据本变电站同一电压等级出线和进线的保护对过载情况的判断,可以判别出是否可以通过在该变电站减载消除电气设备严重过载,并确定合理的减载量。

以图 8-17 为例,线路两端保护均具有识别潮流转移过负荷的能力,保护 A/保护 B:计算出本线路过载 ΔL_1,方向为 A→B。保护 C/保护 D:计算出本线路过载 ΔL_2,方向为 C→D。保护 E/保护 F:计算出本线路过载 ΔL_3,方向为 E→F。根据线路 i 的负荷电流 I_i 和额定电流 I_{ei},计算出线路的过载量 ΔL_i,计算公式为

$$\Delta L_i = I_i - K I_{ei} \tag{8-10}$$

式中,K 为一般过载系数,典型值为 $1.1 \sim 1.5$。

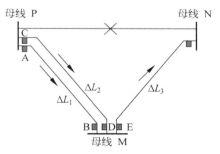

图 8-17 系统保护示意图

其中,保护 B、保护 D 和保护 E(同一个变电站 M 上的保护)通过交换信息(过载量、承受时间、潮流大小和方向),可确定需要减载的区域和量值。共有如下几种

紧急状态：

(1) 如果进线(保护 B 和 D)、出线(保护 E)均有过载,且进线过载量等于出线过载量,即 $\Delta L_1 + \Delta L_2 = \Delta L_3$,变电站 M 不需要减载,由线路 EF 潮流方向的下级变电站(N 及下级)判断。

(2) 如果进线(保护 B 和 D)过载,出线(保护 E)不过载,即 $\Delta L_1 + \Delta L_2 > 0$, $\Delta L_3 = 0$,可以确定变电站 M 及下级变电站(N 及下级)有过载负荷。如果变电站 M 有足够的可减负荷,可以在变电站 M 减载 $H(\Delta L_1 + \Delta L_2)$($H$ 为系数),消除线路 AB 或 CD 的过载。若变电站 M 没有足够的可减负荷,则发出请求信号,请求下级变电站减载。

(3) 如果进线(保护 B 和 D)过载大于出线(保护 E)过载,即 $\Delta L_3 > 0$,且 $\Delta L_1 + \Delta L_2 > \Delta L_3$,则需要在母线 M 减掉部分负荷,并请求下级变电站配合。

(4) 如果进线(保护 B 和 D)不过载,出线(保护 E)有过载,即变电站 M 属于功率发送端,也可参照减载策略确定切机策略。

总之,由潮流受端的保护和同一变电站的其他保护相配合,可确定减载区域(是否在该变电站)及量值。若不是该母线负荷过载,则由系统层面协调下级变电站执行减载,本级变电站可以作后备或发出告警;同样,潮流始端的保护及其相邻保护的配合,可形成切机(功率进线)的策略。为了保证有功功率的平衡,每次的系统切机总量应与减载总量相同。需要特别指出的是,这种方法是作为紧急控制措施而非最优控制措施,目的是减缓线路过载而非消除线路过载,只需将线路从严重过载状态转到一般过载状态,为进一步采取全局最优控制措施争取时间。

通过对时间域信息的数据挖掘,可以加强继电保护识别紧急状态的能力,使其具有系统视角;结合自适应技术,可以根据电气设备的承受能力修改保护的定值,为采取进一步紧急控制措施争取时间;利用变电站内的区域信息可以判定引起过载的负荷是否位于本变电站,并通过减载措施消除或缓解线路过载,实现不完全依赖于通信网络、基于本地或区域信息的继电保护与紧急控制的紧密融合,提高系统的安全运行水平。

8.5.3　仿真验证

图 8-18 所示为 500kV 简化仿真系统,其线路参数为：正(负)序阻抗 $Z_1 = 0.018\,76 + j0.2761\Omega/km$,正(负)序电纳 $B_1 = 13.293nF/km$;零序阻抗 $Z_0 = 0.1638 + j1.1524\Omega/km$,零序电纳 $B_0 = 8.77nF/km$;每段线路长度是 200km。系统等效阻抗为：$Z_{M1} = 5.628 + j82.83\Omega$, $Z_{M0} = 49.14 + j345.84\Omega$, $Z_{N1} = 5.628 + j82.83\Omega$, $Z_{N0} = 49.14 + j345.84\Omega$, $Z_{p1} = 11.256 + j165.66\Omega$, $Z_{P0} = 98.28 + j691.68\Omega$。

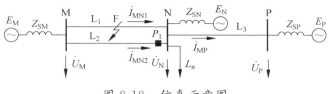

图 8-18 仿真示意图

如图 8-18 所示,线路 L_1 上 F 点发生 A 相接地故障(0.1s),L_1 被保护切除 (0.16s),线路 L_2 因潮流转移过负荷。变电站 N 的系统保护检测到线路过载并确定减载量,于 0.3s 动作,切除本变电站部分 110kV 负荷,线路 L_2 载流量恢复到潮流转移过负荷前的水平。线路 L_2 的保护 P_1 所检测到的电流波形如图 8-19 所示。由图 8-19(b)可知,在时间域内,保护 P_1 所检测的信息经历了正常运行、故障发生、故障切除线路过载、过载负荷切除线路恢复正常运行等一系列状态。

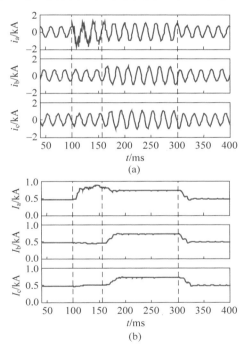

图 8-19 保护测量点电流波形图
(a) 瞬时值;(b) 有效值

由上述仿真可知,系统保护可以实现基于时间域信息的潮流转移过负荷识别、自适应保护以及基于站域信息的减载策略制定等功能。

参考文献

[1] 董新洲,丁磊,刘琨,等.基于本地信息的系统保护[J].中国电机工程学报,2010,30(22):7-13.

[2] 王梅义.大电网事故分析与技术应用[M].北京:中国电力出版社,2008.

[3] 陈国平,李明节,许涛.特高压交直流电网系统保护及其关键技术[J].电力系统自动化,2018,42(22):2-10.

[4] 董新洲,曹润彬,王宾,等.印度大停电与继电保护的三大功能[J].电力系统保护与控制,2013,41(2):19-25.

[5] 曹润彬.基于站域共享信息的事故过负荷保护技术研究[D].北京:清华大学,2014.